Urban
Regeneration
and
Urban
Design

城市更新与
城市设计

U0334568

卓 健 主编

同济大学 出版社
TONGJI UNIVERSITY PRESS
·上海·

图书在版编目(CIP)数据

城市更新与城市设计 / 卓健主编. —上海:同济大学出版社,2023.1

(国土空间规划培训丛书 / 彭震伟总主编;4)

ISBN 978-7-5765-0410-1

Ⅰ.①城… Ⅱ.①卓… Ⅲ.①城市规划 Ⅳ.①TU984

中国版本图书馆 CIP 数据核字(2022)第 190960 号

国土空间规划培训丛书

城市更新与城市设计

卓　健　主编

丛书策划　　翁　晗

责任编辑　　武　蔚

责任校对　　徐春莲

封面设计　　王　翔

出版发行　　同济大学出版社　www.tongjipress.com.cn
　　　　　　(地址:上海市四平路 1239 号　邮编:200092　电话:021 - 65985622)
经　　销　　全国各地新华书店、建筑书店、网络书店
排版制作　　南京文脉图文设计制作有限公司
印　　刷　　上海安枫印务有限公司
开　　本　　787mm×1092mm　1/16
印　　张　　20
字　　数　　499 000
版　　次　　2023 年 1 月第 1 版
印　　次　　2023 年 2 月第 2 次印刷
书　　号　　ISBN 978-7-5765-0410-1
定　　价　　172.00 元

国土空间规划培训丛书
编委会

总 主 编　彭震伟

主　　任　吴志强

编　　委　(以姓氏笔画为序)

王　兰　刘　颂　李翔宁　吴志强　张　立

张尚武　卓　健　周　俭　胡如珊　袁　烽

耿慧志　章　明　彭震伟

序　一

我国辽阔的陆地和海洋是极其珍贵的财富,保护并充分利用好丰富的国土空间资源,建设富裕美好的家园,实现社会主义现代化强国目标是国土空间规划重要的使命。

随着改革开放逐步深化,与传统的国土规划和区域规划相比,我国的空间规划发生了巨大变化,特别是2019年发布的《中共中央　国务院关于建立国土空间规划体系并监督实施的若干意见》,不仅明确了国土空间开发保护的指导思想、目标和相应的战略,构建了比较完整的规划体系,规划的编制也有重大的发展与突破,体现了党和国家提出的"多规合一""优化国土空间布局"以及"区域协调发展"等一系列重要的思想和国策,突出了规划战略性、综合性和地方性的特色。

规划的核心是"五级三类"规划编制审批体系。"五级"是空间范围,从全国、省、市、县一直分解到乡镇基层单位,对每个空间层级,规划都提出了不同的要求。"三类"的含义更为丰富,既体现了主体功能区规划、城乡规划、土地利用总体规划的"三规合一",又包含总体规划、详细规划和多项相关专项规划的内容,涉及多个学科领域。面对这一新的变化,我国高等学校现有的规划专业,乃至各类规划设计队伍和管理机构,如果不按新型国土空间规划的要求进行必要的调整、充实,是难以完成国家赋予的这项重要任务的。

可喜的是,为了适应新形势的发展,普及国土空间规划的基本知识和技术,同济大学在短期内组织力量编写5册共百万余字的"国土空间规划培训丛书"。纵观5个分册的内容,既包含对国土空间规划理论体系的探索,规划核心技术的构架,不同空间层次规划的编制和传导等具有战略性、全局性的议题,还用大量的篇幅提供与详细规划、国土空间规划相关的专项规划在编制过程中的经验和案例。全书基本上覆盖了国土空间规划的方方面面,内容十分丰富。"国土空间规划培训丛书"的出版,不仅有益于需要学习这方面知识、技能的专业读者,同时对正在探索创办国土空间规划专业的高等院校也有重要的借鉴意义。

作为长期从事城乡规划与土地利用总体规划的教育工作者,面对国土空间规划的变化,深感紧跟时代步伐的重要性,那就要扩大视野,不断吸收新鲜事物,拓宽原有的专业领域,与时俱进,决不能吃老本,止步不前。回想20世纪70年代末,北京大学地理系应国家需要创办了城市规划专业,为了弥补原有专业的不足,我曾两度赴同济大学取经,在人才培养、教学计划、课程设置、生产实习等方面获取了大量办学的有益经验。通过院校之间的不断交流,同济大学也吸纳了地理学中的一些理论方法,进一步充实城市规划专业的教学内容。这种理工互补、取长补短的方法,也是我国城乡规划教育界的一种创新。1998年6月,建设部组织专业人员分别对6所工科院校的城市规划专业进行评估。作为评估专家组成员,我有机会再次比较全面地了解同济大学改革开放以来该专业发展变化的过程。为适应国家对城市规划人才的需要,同济大学在保持原有专业特色的同时,根据发展需要增设一些新的课程,如城市地理、城市经济、区域规划、城市生态等,同时还吸纳一部分来自地理院校的人员充实教师队伍,通过校际之间的交流,不断优化城市规划专业。同济大学不仅在传统的规划领域——城市总体规划、详细规划、道路交通规划、城市设计等方面展现自身的优势,而且开拓了新的领域,被学界公认为我国城乡规划最全面、实力最雄厚的高校之一。由此看来,同济大学编写出版"国土空间规划培训丛书"并非偶然,如果没有丰厚的专业基础和长期探索积累结下的硕果,是不可能承担国土空间规划培训任务的。

作为一套普及国土空间规划的培训丛书,当然还有可以提高完善的空间。总的来看,文集式的读本虽然内容丰富,但在系统性上仍可提升。丛书收集的文章风格各异,有可能还存在观点碰撞,这也正是当前国土空间规划改革中的时代特点。

还要看到,当前国土空间规划虽然已经形成较完整的编制审批体系,由于尚未经历实践的检验,加之国土空间规划法规尚未完全出台,在规划编制和实施过程中必然会出现各种各样的变数和问题。举例来说,从宏观层面看,国土空间规划虽然实现了"三规合一",但如何将空间规划与发展规划整合成为既有分工又相互补充、相互依存的规划体系,如何将城镇群、都市圈的发展规划与中心城市的总体规划融为有机整体等问题仍需要进一步探索。从微观层面看,当前对于城市设计、城市更新、历史文化遗产保护、基础设施建设规划的编制,职能部门之间缺乏明确的分工,造成了不必要的交叉重叠。如何理顺这层关系,加强各职能部门之间的分工协作,对完善空间规划的编制体系至关重要。

总之,当前我国国土空间规划仍处于起步阶段,面临种种机遇与挑战,国土空间规划任重道远。我坚信,今后随着更多的相关学科和规划工作者不断地探索和创新,必然会将我国国土空间规划推向一个又一个的高峰。

董黎明

北京大学城市与环境学院教授

2022年7月

序 二

国土空间规划是在原有的主体功能区规划、土地利用规划、城乡规划等空间规划的基础上，经过"多规合一"试点之后，逐步形成的一类新的空间规划。国土空间规划是"国家空间发展的指南、可持续发展的空间蓝图，是各类开发保护建设活动的基本依据"①。它不是原有各类空间规划的拼合与叠加，而是在"融合"与"化合"后产生的质的飞跃。它具有鲜明的"三全"与"三高"的本质特征与属性。

所谓"三全"指的是"空间规划对象是'全域、全要素和全行动方略'，涉及山、水、田、林、湖、草、沙、海岛等自然空间要素以及城、镇、村等人工环境的保护、开发利用、修复和治理等"②。所谓"三高"指的是"实现高质量发展、高品质生活、高效能治理"。国务院组建自然资源部，"中央给予自然资源部的职能定位是：履行统一行使全民所有自然资源资产所有者职责，统一行使所有国土空间用途管制和生态保护修复职责。'两统一'的要求，意味着自然资源部门仅仅做好土地、生态等资源的守护者是不够的，更要转变为一个高效的资产经营者……对国土空间规划而言，就不能只是一个简单解决空间安排、用途管制的问题，而是还要研究如何通过空间规划来促进自然资源的保值增值。"③任何空间的安排与使用都有其正与负的外部效益；因此，在空间资源的配置中必须权衡各类空间使用的需求关系。国土空间规划既要"守底线"，也要"谋发展"，在"生态优先"（刚性管控）的前提下，谋划地方"绿色发展"，并确保规划能用、管用、好用。总之，国土空间规划是国家空间治理行为，是实现国家治理现代化的重要手段，它面临着诸多新的挑战，需要探索。

在以往的各类规划中，好的经验是值得传承的，但更多的经验还需要我们去探索和积累。"国土空间规划培训丛书"正是探索之路上的阶段成果。从理论到实践，包括《国土空间规划理论与前沿》《国土空间规划编制技术》《国土空间专项规划》《城市更新与城市设计》《国土空间精细化治理》5 个分册，75 个章节可谓博览，是一次理论与实践的大检阅。

当然，面对国土空间规划的"三全"与"三高"，书中有些内容尚未深入涉及，例如"双评价""三线划定""一张底图""海洋及海岸线""自然保护区""国家公园"等。要完成国土

① 《中共中央 国务院关于建立国土空间规划体系并监督实施的若干意见》[EB/OL].(2019-05-23).http://www.gov.cn/zhengce/2019-05/23/content_5394187.htm.
② 孙施文.从城乡规划到国土空间规划[J].城乡规划学刊,2020(4):11-17.
③ 张京祥."国土空间规划体系的战略引领与刚性管控的关系"学术笔谈[J].城乡规划学刊,2021(2):6-14.

空间规划,必须要在原有城乡规划的基础上,扩充土壤学、农学、林学、海洋学、水利学、生物学等相关专业知识。显然,国土空间规划的编制绝不是一个专业能够完成的,它一定是多专业团队的集体工作。然而,从当前我国各地在编制国土空间规划时的实际状况来看,编制国土空间规划的主力军依旧是原来从事城乡规划的专业人员。也许,其根本原因不仅仅在于知识结构,更在于:①原有的城乡规划人员有着比较强的综合思维能力,已经养成了网状的思维习惯,即一旦触及网上一个点(问题),他们马上就会针对许多相关问题进行综合分析、比较、权衡、判断。处理城乡规划空间问题,既是二维的——定点的位置,又是三维的——要考虑高度、容积率,同时还要考虑四维的时序,甚至有人说还有"五维"——要想到人,因为人是问题的核心,要以人为本。这种立体的、多维的、动态的思维习惯是要长期培养才能形成的。②城乡规划工作人员有着较强的政策观念,因为规划不是单纯的技术问题,更重要的是为当前的政策服务,是公共政策的体现。

前面提到了国土空间规划的编制需要知识的扩充,在这里要讲一个历史上的经验与教训。1980年,同济大学恢复城市规划专业不久,在联合国教科文组织的资助下,美国波士顿大学华裔教授华昌宜来同济讲学。我们主动邀请他到教学现场(教室)观摩,学生当时正在编制甘肃省平凉市的城市总体规划。他看后十分感慨地说:这跟我10多年前在美国的时候一样,教师就像一个司令员,指挥各个兵种,你负责土地使用,他负责交通、绿化等。可是美国现在不是这样了,不搞城市的总体规划了。在讲课中,他用了一张城市规划知识膨胀图(图1):第1圈(核心圈)包括建筑、工程、地景;第2圈包括土地使用、交通设计;第3圈包括经济、社会、政治、法律、人口、地理;此外,还有第4、5、6圈。由于城市规划知识的膨胀,许多自称为"城市规划专业"的人士彼此间却不能很好地沟通,原因在于核心圈的内容被空洞化了。这个经验教训对我们今天的国土空间规划有所启示:虽然国土空间规划涉及的内容很丰富,除山、水、田、林、湖、草、沙等信息外,还有海洋知识、农业知识等,但不能失去共同的核心——人与地。

在知识膨胀的大背景底下,重要的不在于你掌握了哪些知识,而是你要知道有哪些相关知识,并且知道可以到哪里去寻找这些知识。本丛书应该就是能找到国土空间规划相关知识的地方之一。

我们已深切地感受到,从马车时代到汽车时代,城乡空间结构和人们的生活方式都发生了巨大的变化。随着科学技术的迅猛发展,信息技术、大数据所构成的虚拟空间、"元宇宙"等概念又会给国土空间规划带来什么问题呢? 这些都值得关注——我们永远走在探索的路上。

图 1 华昌宜教授课上使用的城市规划知识膨胀图

陈秉钊

同济大学建筑与城市规划学院教授

2022 年 7 月

丛书前言

2019年5月23日,《中共中央 国务院关于建立国土空间规划体系并监督实施的若干意见》(以下简称《若干意见》)发布,标志着中国国土空间规划体系建立和相关改革的正式启动。同年5月30日,自然资源部印发《关于全面开展国土空间规划工作的通知》,要求"各级自然资源主管部门要将思想和行动统一到党中央的决策部署上来,按照《若干意见》要求,主动履职尽责,建立'多规合一'的国土空间规划体系并监督实施"。在自然资源部的大力推动下,全国各地都依据中央和部委文件要求,持续推进国土空间规划的研究与实践。

同济大学作为优势工科引领的世界一流大学建设高校,城乡规划学科发展与人才培养已有百年历史,并在发展中不断拓展与建筑、风景园林、土地规划、环境规划、生态、自然资源开发与利用、海洋工程以及基础设施等相关学科专业的交叉与融合,构建了城乡规划学科专业的教学、科研和实践的一体化发展体系。同济大学积极为国家经济社会发展服务,为全国规划建设系统培训了一批又一批的专业领导干部。自1980年代初期同济大学成立城市建设干部培训中心以来,迄今已为全国培训了3万余名专业领导干部,他们活跃在全国各地城乡规划建设领域,为中国城镇化的健康发展做出了巨大的贡献。

2020年正是推进我国国土空间规划体系建设的重要时刻,但新冠肺炎疫情席卷全国,极大地影响了社会经济的运行,规划专业人员无法赴野外作业。为了慰问武汉市奋战于抗疫前线的规划工作者,同济大学城市建设干部培训中心于2020年3月组织了首场国土空间规划线上公益培训直播活动,点对点为武汉市的规划建设领导干部、专业技术人员、教师及科研群体开设了国土空间规划专题培训班,之后扩展到湖北省,再逐步扩展到全国其他各省。在短短3个月的时间内,邀请了包括中国工程院院士、同济大学吴志强教授在内的国内知名规划专家,共开展了36场线上公益直播培训,累计惠及20余万人。从培训学员反馈来看,这些公益培训课程大大促进了对国土空间规划理论与规划编制技术方法的学习,推动了国土空间管理相关法规与知识的普及,为进一步提高我国国土空间规划体系建设水平作出了贡献。

通过这些公益培训,我们积累了大量宝贵的国土空间规划教学资源。结合这些培训课程的课件和录音录像等资料,并融入最新的国土空间规划发展理念和情境变化,相关授课老师精心打磨形成专题,同时结合国土空间规划的内容结构,增补了少量已在期刊发表的学术论文,形成共计75个章节的"国土空间规划培训丛书"。

丛书 5 个分册的主题和板块内容分别为：

（1）国土空间规划理论与前沿（理论探索、技术前沿）；

（2）国土空间规划编制技术（技术架构、总体规划、详细规划）；

（3）国土空间专项规划（交通与基础设施、生态系统、历史保护、专项研究）；

（4）城市更新与城市设计（城市更新、城市设计、实践案例）；

（5）国土空间精细化治理（大城市、乡村地区、城市社区、建成环境，法规依据和技术支持）。

"国土空间规划培训丛书"的出版能加强我国规划行业的深度交流，在当前国土空间规划体系建设的关键时期，推动规划从业人员业务能力与水平的提升，引导和形成良好的国土空间规划行业发展生态。

彭震伟

同济大学党委副书记、教授

2022 年 7 月

前　言

2017年10月,党的第十九次全国代表大会在北京隆重开幕。习近平总书记在大会报告中强调:中国特色社会主义进入新时代,我国社会主要矛盾已经转化为人民日益增长的美好生活需要和不平衡、不充分的发展之间的矛盾。新时代中国特色社会主义建设要坚持创新、协调、绿色、开放、共享的发展理念,坚持人与自然和谐共生。建设生态文明是中华民族永续发展的千年大计,要坚定走生产发展、生活富裕、生态良好的文明发展道路,形成绿色发展方式和生活方式,加快生态文明体制改革,建设美丽中国。在此大背景下,为了确保国土空间保护与开发的平衡关系、加大生态系统保护力度、优化生态安全屏障体系,国家成立自然资源部,全面构建国土空间规划体系。一方面,通过"三区三线划定"等管控手段,落实全域全要素的空间资源管理;另一方面,通过多规合一、多审合一、多证合一,强化规划的纵向传导和横向协同,提高规划的权威性,简政增效。经过不懈努力,国土空间总体规划的编制工作已全面展开,详细规划和专项规划将成为下一阶段的工作重点。

在当前阶段,我们需要遵循新发展理念的指导,重新审视和思考城市建设与再建设的工作。城镇作为国土空间中社会经济活动最重要的物质空间载体,经过改革开放40多年来的快速城镇化进程和大规模建设,目标任务已经逐步从以往讲求速度和数量转向追求高质量发展和高品质生活;发展模式也需要摆脱以空间扩张、资源占用为特征的增量模式,逐步适应资源紧约束条件,转向以存量提质增效为主的发展模式;城镇规划建设的主要挑战也从以往工程设施建设的技术问题,逐步转变为建成后全周期视角、多主体参与的治理问题,侧重保障城镇建成环境的有序运维和持续更新。

城市作为一个有机生命体,更新是其正常的新陈代谢活动。从广义上讲,城市新区建设也可以被视为城市功能更新的一种极端方式。首先,城市更新需要摆脱只面向老旧城区的认识局限,凡是物质空间特征与其所承载的城市功能不相匹配的城市街区(包括城市新区)都需要更新,以适应功能需求的不断变化。其次,城市更新的对象并不局限于空间要素,还包括社会人群的社会关系、功能业态经济联系,以及与空间要素关联的权属关系、历史文化、地方民俗等人文要素。在城市更新过程中,物质空间的改造与重塑固然重要(物质载体的变化是加快社会、经济、人文等要素连锁反应的重要触媒);但是,物质空间的改善并非城市更新的唯一手段,也并非城市更新的唯一目的。城市更新的核心任务不仅在于改善空间和功能之间的匹配关系,同时还要保护空间所承载的社会关系和人文价值。在物质空间难以改变的情况下,改善社会关系、提升经济活力，也可以产生良好的更新动力，反向促进空间品质的改善。

城市设计作为规划体系的重要组成部分，其设计范围覆盖了从城市、街区到建筑组群和公共空间等各层级的空间尺度。它以城市空间形态要素为切入点，不仅关注城市空间美学特征和风貌特色的塑造，同时融合城市历史人文和社会文化内涵，兼顾公共政策影响和城市治理模式，长期以来在世界各国的城市更新中发挥了重要的作用。近年来，城市设计在中国取得了长足的发展，逐步成为一个相对独立的学科领域，不仅与城市规划、建筑学保持着密切的联系，而且逐渐与城市工程学、城市经济学、城市社会学、心理学、人类学、政治经济学、城市史学、市政学、环境科学、公共管理学等学科，以及社会组织、城市营造、空间治理、公众参与、可持续发展等实务范畴相结合，体现出复杂、综合的跨学科领域特征。在国土空间规划体系中，城市设计的综合创新方法和品质价值导向将继续发挥积极的作用，成为存量发展阶段推动城镇更新的重要规划工具。

为了更好地促进新规划体系下对城市更新及其规划方法的研究与实践，在自然资源部空间规划局和同济大学城市建设干部培训中心的共同推动下，我们邀请相关专家，从理论认识、设计方法和实践案例三个方面，针对当前的城市更新和城市设计发表学术观点、介绍规划经验，以期抛砖引玉。本书共汇集了15篇文章，分成"城市更新""城市设计""实践案例"三部分。作者既有来自城乡规划、建筑学、风景园林等不同专业的教授学者，也有来自上海同济城市规划设计研究院等实践一线的规划师。因编者学识有限，编著时间较紧，难免疏漏，还请各位读者批评指正。

卓　健

同济大学建筑与城市规划学院城市规划系主任、教授

目　录

城市更新篇

URBAN REGENERATION

1 关于完善上海城市更新体系的思考[*]

周　俭　阎树鑫　万智英^{**}

　　新中国成立后,上海的城市更新一直在时快、时慢地进行着,直到 2015 年,上海才正式以"城市更新"的名义出台相关工作指导文件,即《上海市城市更新实施办法》(下文简称《实施办法》)和《上海市城市更新规划土地实施细则(试行)》(下文简称《实施细则》)。同时,开展了在城市更新实践方面的新一轮探索:2015 年,选择了全市 10 个区的 17 个项目作为城市更新的试点。在此基础上,2016 年又推出"共享社区计划、创新园区计划、魅力风貌计划、休闲网络计划"四大更新行动计划,形成"12 + X"^①的示范重点项目,希望通过示范项目的带动,推动全市的城市更新工作。2017 年 12 月,《上海市城市总体规划(2017—2035)》获批,明确了上海市规划建设用地总规模"负增长"的要求,这意味着城市更新将正式成为上海城市规划的核心工作。

　　与深圳、香港以及台北等城市相比,上海开始城市更新规划变革的时间稍晚,配套文件与相应的政府机构设置也相对滞后,整体层面更是缺乏明确的框架设计,以上问题在实践中明显制约了更新工作的开展。本文在梳理、总结上海城市更新体系现状的基础上,借鉴深圳、香港、台北等城市的经验,提出适合上海实际情况的城市更新体系建构框架,并针对当前更新体系中主要环节的难点问题提出解决思路和建议。

1.1　研究综述

1.1.1　城市更新体系相关研究

　　目前国内学术界针对城市更新体系的研究还较少。一般认为,城市更新与新区开发、

---

*　本文刊发于《城市规划学刊》2019 年第 1 期第 20—26 页,题目:关于完善上海城市更新体系的思考。
** 周俭,同济大学建筑与城市规划学院教授,全国工程勘察设计大师。邮箱:zhouj@ tongji.edu.cn。阎树鑫,上海同济城市规划设计研究院有限公司主任总工,社区规划与更新设计所所长、高级工程师。邮箱:108315549@qq.com。万智英,上海同济城市规划设计研究院有限公司规划师。邮箱:119578389@qq.com。
① 根据上海市规划和国土资源管理局详细规划管理处提供的资料,上海市 2016 年为了将城市有机更新的理念融入规划管理、土地管理、其他城市管理等每个工作层面,加强机制创新,计划开展"共享社区计划、创新园区计划、魅力风貌计划、休闲网络计划"四个更新行动计划。每个行动计划里面包括 3 个在典型性、创新性、公众性和实施性四方面表现均比较突出的项目。此外,每个行动计划里还有若干个弹性项目,最终形成"12 + X"的项目清单。

历史保护一样,都是基于城市空间的一种规划发展手段。与传统城市规划不同的是,城市更新的对象为存量建设用地,主要回答如何将现有资源通过最小的成本转移给能为城市贡献最大的使用者①。

关于城市更新体系所包含的内容还没有形成共识。范颖参考城市规划体系经验,将城市更新体系分为规划法规体系、规划行政体系和规划编制体系三个部分②;阳建强、吴明伟将城市更新体系分为更新规划体系和更新实施体系两大类③;林苑认为更新体系主要包括更新目标、更新地区分类(或更新类型分类)、实施模式、制度保障和机构设置等方面④;唐燕将城市更新体系概括为机构设置、管理规定、对象分类、规划体系、运作实施等几个方面⑤;杨毅栋、洪田芬将城市有机更新体系分为更新对象、更新措施、规划控制、实施路径和政策保障五个部分⑥;杨涛将城市更新机制分为政策体系、组织管理体系和参与合作体系三个部分⑦。

1.1.2 上海城市更新相关研究

上海较大规模的城市更新始于 20 世纪 80 年代以住房改造和建设为主的旧区改造,2010 年以后,上海开始注重历史文化的保护,推行小规模渐进式开发的城市更新⑧⑨。2015 年,随着《实施办法》等政策文件的发布和更新试点项目的开展,上海城市更新进入一个新阶段,形成具有上海特色的"城市有机更新"理念,其主要特点是关注空间重构和社区激活、生活方式和公共空间品质、功能复合和空间活力、历史传承和魅力塑造、公众参与和社会治理、低影响和微治理;主要工作原则是政府引导、规划引领,注重品质、公共优先,多方参与、共建共享,依法规范、动态治理⑩。

与深圳的策略分类更新模式不同,上海的城市更新被认为是用地分类更新模式⑪,分为旧区改造、工业用地转型、城中村改造,以及按照市政府规定程序认定城市更新地区⑫。

---

① 赵燕菁.存量规划:理论与实践[J].北京规划建设.2014(4):153-156.

② 范颖.重庆市主城区城市更新规划体系研究[D].重庆:重庆大学,2016.

③ 阳建强,吴明伟.现代城市更新[M].南京:东南大学出版社,1999.

④ 林苑.香港与台湾城市更新体系及对广州的启示[J].城市建筑,2016(12).

⑤ 唐燕.城市更新制度的转型发展——广州、深圳、上海三地比较[EB/OL].[2017-08-07]. https://sh.focus.cn/zixun/bfaac9f548322bdd.html.

⑥ 杨毅栋,洪田芬.城市双修背景下杭州城市有机更新规划体系构建与实践[J].上海城市规划,2017(5):35-39.

⑦ 杨涛.柏林与上海旧住区城市更新机制比较研究[D].上海:同济大学,2008.

⑧ 于海.上海城市更新的空间生产:从土地价值到城市文化的叙事转变[G]//苏秉公.城市的复活:全球范围内旧城区的更新与再生.上海:文汇出版社,2011.

⑨ 庞啸.旧区改造与文化选择[G]//苏秉公城市的复活:全球范围内旧城区的更新与再生.上海:文汇出版社,2011.

⑩ 庄少勤.上海城市更新的新探索[J].上海城市规划,2015(5):10-12.

⑪ 杨毅栋,洪田芬.城市双修背景下杭州城市有机更新规划体系构建与实践[J].上海城市规划,2017(5):35-39.

⑫ 《上海城市更新实施办法》第二条(定义和适用范围):本办法适用于本市建成区中按照市政府规定程序认定的城市更新地区。已经市政府认定的旧区改造、工业用地转型、城中村改造的地区,按照相关规定执行。

在核心政策导向上,与广州偏政府和深圳偏市场的方向不同,上海力求把二者结合在一起,提出"政府引领、双向并举"的导向①。

当前上海城市更新存在的主要问题有《实施办法》适用范围狭窄、更新实施缺平台、更新实施程序繁冗②、政策体系尚待完善、更新规划引领作用不足③、激励方式与手段待完善、实施与技术瓶颈待突破④等。

1.2 上海城市更新体系现状与问题

1.2.1 上海城市更新体系现状

当前上海市城市更新体系虽然仍在探索中,但在更新政策、组织机构、规划编制和实施路径等方面已经初步确定了大致框架。

政策文件以《实施办法》和《实施细则》为核心,以《关于本市盘活存量工业用地的实施办法》(以下简称《盘活工业用地办法》)等文件为补充,多个政策文件并行(表1-1)。制度保障主要由政策文件给予限定,包括土地和规划政策、产权处置方式、管控机制、利益分配机制、更新规划流程。《实施办法》以"补短板"为核心;《盘活工业用地办法》以提高存量工业用地利用质量和综合效益、促进产业转型为核心目标;《上海市旧住房综合改造管理办法》以推进旧住房综合改造,改善市民居住条件为主要目标。

表1-1 上海市城市更新相关政策文件

文件类型	政策文件	发布时间
政策法规	《关于本市开展"城中村"地块改造的实施意见》	2014年03月
	《上海旧住房拆除重建项目实施办法(试行)》	2014年12月
	《上海市旧住房综合改造管理办法》	2015年01月
	《上海市城市更新实施办法》	2015年05月
	《上海市城市更新规划土地实施细则(试行)》	2015年08月
	《关于本市盘活存量工业用地的实施办法》	2016年03月
技术标准	《上海市城市更新区域评估报告成果规范》	2015年06月
操作规程	《上海市城市更新规划管理操作规程》	—

来源:根据上海市规划与国土资源管理局提供的资料整理

---

① 唐燕.城市更新制度的转型发展——广州、深圳、上海三地比较[EB/OL].[2017-08-07].https://sh.focus.cn/zixun/bfaac9f548322bdd.html.
② 匡晓明.上海城市更新面临的难点与对策[J].科学发展,2017(3):32-39.
③ 关烨,葛岩.新一轮总规背景下上海城市更新规划工作方法借鉴与探索[J].上海城市规划,2015(3):33-38.
④ 葛岩,关烨,聂梦遥.上海城市更新的政策演进特征与创新探讨[J].上海城市规划,2017(5):23-28.

组织机构包括领导机构、政策制定与部门管理机构、更新实施机构以及咨询与监督机构（图1-1）。领导机构是由市政府及市相关管理部门组成的城市更新工作领导小组，政策制定与部门管理机构由设在市规划国土资源主管部门的城市更新办公室负责，区政府是推进本行政区城市更新工作的主体。

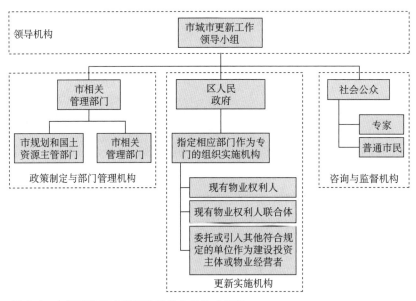

图1-1　上海当前城市更新各相关主体构成示意

更新规划编制内容包括区域评估和实施计划两个阶段，当涉及容积率、用地性质等指标变动时，仍需按常规的控规（控制性规划）调整程序进行调整。

根据《实施办法》和《实施细则》，上海城市更新的实施路径分为区域评估和实施计划两个阶段（图1-2）。其中，区域评估阶段包括基础准备、编制区域评估报告、区域评估审

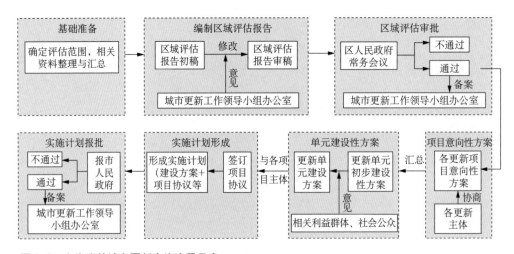

图1-2　上海当前城市更新实施流程示意

来源：根据《上海市城市更新规划土地实施细则（试行）》内容绘制

批三个步骤；实施计划阶段包括编制更新项目意向性方案、编制更新单元建设性方案、形成实施计划、报批实施计划四个步骤。

1.2.2 存在的主要问题

通过对既有政策文件的研究以及大量更新试点项目的跟踪调研可以看出，上海当前城市更新工作仍存在诸多问题，其中很重要的原因在于上海的城市更新体系尚未完全形成，有待进一步的梳理和完善。具体表现为以下四个方面。

1）政策法规缺乏整合

当前上海市关于城市更新的政策多条线各自运行，针对城中村、旧住房、存量工业用地等不同对象的政策文件目标不同、实施路径不同、组织管理机构不同，并且各种政策文件与《实施办法》和《实施细则》之间多有交叉重叠，缺乏系统整合。例如《实施办法》和《盘活工业用地办法》两个文件在管理要求的细节上有差异，但适用对象间并没有明确的区分。根据《实施办法》，城市更新需先编制区域评估，评估范围不小于控规单元，之后再编制实施计划。然而，根据《盘活工业用地办法》，在符合控规及年度计划的情况下，可直接将转型方案报区政府常务会议，通过之后就进入补地价与项目实施阶段。以上问题导致计划更新的工业用地具体操作时在选择依据上没有明确的方向。

2）政府常设实施机构缺乏，实施主体不明确

无论是自上而下以政府实施为主的城市更新项目，还是自下而上以市场实施为主的城市更新项目，实际上都需要政府背景的常设机构负责协调和推进。《实施办法》规定上海市各区人民政府是推进本行政区城市更新工作的主体，由其指定相应部门作为专门的组织实施机构①。目前，上海市各区还没有固定的常设机构作为城市更新实施的主体，而是根据具体项目由不同政府机构临时负责。例如微更新项目，实施主体有的是街道，有的是城市管理署②。当更新项目规模较小时，街道和城市管理署可临时承担实施责任，但涉及跨行政边界的项目或需要更专业的协调和管理能力的项目时，就可能力不从心。

3）更新规划体系不完善

根据《实施办法》和《实施细则》，上海当前的更新规划主要包括区域评估和实施计划两个层次，都是属于项目层面的实施性规划，缺乏市区层面的战略性规划进行总体指导和

---

① 根据《上海市城市更新实施办法》第七条（区人民政府职责）：区政府是推进本行政区城市更新工作的主体。区政府应当指定相应部门作为专门的组织实施机构，具体负责组织、协调、督促和管理城市更新工作。

② 指浦东新区陆家嘴城市管理署，成立于 1998 年 10 月 27 日，是副处级行政事业单位，隶属于浦东新区环保市容局，管辖区域东起罗山路、西至黄浦江、南起龙阳路、北至黄浦江，对口陆家嘴街道、潍坊街道、塘桥街道、花木街道、洋泾街道等行政区划。2005 年 7 月，为适应浦东新区综合配套改革的需要，根据有关精神，上海市陆家嘴金融贸易中心区城市管理委员会办公室与上海市浦东新区陆家嘴城市管理署合并划归至陆家嘴功能区域管理委员会，成为现在陆家嘴功能区域的城市管理部门。

协调。在实际工作中,上位规划的缺失使得各个城市更新项目彼此缺乏联系,处于"头疼医头,脚疼医脚"的状态。

4)更新程序繁琐,时间周期难以预测

当前上海城市更新的流程除进行区域评估和编制实施计划外,涉及容积率、用地性质等指标变更时,仍需要按常规的控规调整程序进行调整①。从实际反馈看,人们普遍认为流程过长,一般至少需要一两年时间,而涉及控规调整时,周期将变得更长且难以准确预测。

以某产业片区的更新为例,政府对该地区的转型诉求是希望由传统的工业企业向科研创新企业转型。最早有更新转型想法的企业,从开始策划到开始编制规划用了两年时间,编制规划用了一年时间,成果上报之后,八个月还未获批,企业的投资计划已经安排好,但因规划迟迟没有通过而陷于停滞。规划通过之后,还有补地价等后续的流程。整个周期耗时太长,对时间较敏感的研发型企业来说,时间的不可预测性是极大的风险,导致一些原本有转型意愿的企业放弃转型。

1.3 其他城市更新体系的经验借鉴

香港与台北较内地(大陆)先进入经济腾飞期,也更早面对城市更新的命题,在多年的实践与探索中积累了大量的经验。深圳是全国最先遭遇空间资源约束的城市,自2004年便开始了在城市更新政策方面的探索,成为内地(大陆)最早开始城市更新变革的城市。深圳、香港、台北与上海相比,在文化背景和城市规模上有一定的相似性,在发展阶段上略微领先。因此,借鉴这几个城市的经验,对完善上海的城市更新体系有着重要意义。

1.3.1 借鉴1:相对完整的城市更新体系框架

香港、台北以及深圳都较早就开始了对城市更新立法以及实践方面的探索,城市更新体系相对完整和成熟。从整体框架来看,这些城市的更新体系所包含的内容可大致分为组织系统、政策与法规系统(包括更新目标)、规划编制系统和实施系统四个部分(表1-2)。

---

① 根据《上海市城市更新规划土地实施细则(试行)》第十四条(区域评估与控、详规划的关系),涉及控制性详细规划调整的,由区和土地管理部门根据区域评估报告明确的规划调整要求编制控制性详细规划设计任务书,同步上报市规划和国土资源管理局。区域评估报告由区人民政府批复并送城市更新工作领导小组办公室备案通过的,由市规划和国土资源主管部门同步完成规划设计任务的审核或备案,启动控规调整工作。

表 1-2 上海与其他城市更新体系对比

		上海	深圳	香港	台北
组织系统	垂直结构	市层面:规土局 区层面:由区政府临时指定	市级层面:市规土委(下设城市更新局) 区层面:区域市更新局	市级层面:市区重建局	省级层面:内政主管部门 市层面:台北市都市发展局(下设都市更新处)
	政府实施机构	还没有特定的机构,目前由区政府临时指定,对象包括街道、城管署、园区管委会等	区城市更新局	市区重建局	都市更新处
政策与法规系统	目标	适应城市资源环境紧约束下内涵增长、创新发展的要求,进一步节约集约利用存量土地,实现提升城市功能、激发都市活力、改善人居环境、增强城市魅力的目的	进一步完善城市功能,优化产业结构,改善人居环境,推进土地、能源、资源的节约集约利用,促进经济和社会可持续发展	总目标为缔造优质的城市生活,令香港充满朝气,成为更美好的家园。分目标包括范围划定、道路交通、土地利用、楼宇修复、文化保育、设施配套、景观环境等	促进都市土地有计划再开发,复苏都市机能,改善居住环境,增进公共利益
	法规	■《上海市城市更新实施办法》 ■《上海市城市更新规划土地实施细则(试行)》	■《深圳市城市更新条例》(在编) ■《深圳市城市更新实施办法》 ■《深圳市城市更新办法实施细则》	■《市区重建条例》	■《台湾都市更新条例》 ■《都市更新条例施行细则》 ■《都市更新团体设计管理及解散办法》 ■《台北市都市更新自治条例》
	政策	无	■《深圳市宝安区、龙岗区、光明新区及坪山新区拆除重建类城市更新单元旧屋村范围认定办法(试行)》 ■《关于加强和改进城市更新实施工作的暂行措施》 ■《深圳市城市更新清退用地处置规定》	■《市区重建策略》 ■市区更新基金 ■市区重建项目救援基金	■《都市更新基金收支保管及运用办法》 ■《都市更新建筑容积率奖励办法》 ■《都市更新权利变换实施办法》 ■《台北市整建住宅更新初期规划费补助办法》 ■《台北市协助民间推动都市更新事业经费补助办法》

续表

		上海	深圳	香港	台北
政策与法规系统	技术标准	■《上海市城市更新区域评估报告成果规范》	■《深圳市城市更新项目保障性住房配建比例暂行规定》 ■《深圳市城市更新单元规划编制技术规定(试行)》 ■《深圳市城市更新项目创新型产业用房配建比例暂行规定》	■《强制验楼资助计划》 ■《楼宇维修综合支援计划》 ■《楼宇修复资助计划》 ■《楼宇修复贷款计划》 ■《楼换楼先导计划》 ■《楼宇更新大行动》 ■《[招标妥]楼宇修复促进服务》	■《台北市都市更新单元规划设计奖励容积率评定标准》 ■《台北市未经划定应实施更新之地区自行划定更新单元建筑物及地区环境评估标准》 ■《台北市自行划定更新单元重建区段空地过大基地认定基准》
	操作规程	■《上海市城市更新规划管理操作规程》	■《深圳市城市更新土地、建筑物信息核查及历史用地处置操作规程》(试行) ■《深圳市城市更新单元规划制订计划申报指引(试行)》		■《都市更新前置作业融资计划贷款要点》 ■《台北市都市更新权利变换调处作业要点》 ■《台北市政府受理都市更新事业案涉及同意书重复出具时之处理要点》
规划编制系统	规划层次	■ 区域评估 ■ 实施计划	■ 深圳市城市更新专项规划 ■ 区城市更新专项规划(部分区制订) ■ 更新单元规划	■ 业务纲领草案 ■ 业务计划草案 ■ 发展项目(发展计划)	■ 都市更新计划(五年) ■ 都市更新事业计划(一年)
实施系统	更新类型	无	■ 综合整治 ■ 功能改变 ■ 拆除重建	■ 重建发展 ■ 楼宇修复 ■ 旧区活化 ■ 文物保育	■ 重建 ■ 整建 ■ 维护
	实施模式	■ 现有物业权利人 ■ 现有物业权利人联合体	■ 自行改造 ■ 政府统一组织实施	■ 市建局自行开展实施模式 ■ 由业主提出需求、委托市建局执行实施模式 ■ 由业主提出需求并自主开展更新、市建局提供政策与技术支持的促进实施模式	■ 民间实施 ■ 政府实施

来源:作者根据各城市相关资料整理

1.3.2　借鉴2：系统周密的政策与法规体系

台北、深圳、香港均已形成相对系统和周密的政策与法规体系。以台北为例，台湾有关城市更新的政策和法规分为省级和市级两个层面：省级层面以法规和政策为主，如《台湾都市更新条例》《都市更新条例施行细则》和《都市更新团体设计管理及解散办法》等；市级层面除了地方性法规和政策之外，还有大量技术标准和操作规程类文件，如《台北市都市更新单元规划设计奖励容积率评定标准》《台北市政府受理都市更新整建维护案件处理原则》①等。这些政策法规之间环环相扣，实施起来比较容易落实②。

深圳的城市更新政策体系除了《深圳市城市更新办法》和《深圳市城市更新办法实施细则》两个核心文件之外，还陆续出台了从法规政策到操作规程的一系列文件，如《深圳市城市更新清退用地处置规定》《深圳市城市更新单元规划编制技术规定》和《深圳市城市更新单元规划容积率审查技术指引》等。

香港采用欧美法系，成文的政策与法规文件相对较少，核心政策文件只有《市区重建条例》和《市区重建策略》，但与之配套的还有一系列更新计划，包括《强制验楼资助计划》《楼宇维修综合支援计划》《楼换楼先导计划》《楼宇修复计划》等。

1.3.3　借鉴3：与政治体制及政府架构相契合的更新实施机构

香港随着完全由市场机制主导、以商业模式运作、忽略社会功能的旧的城市更新体制的失败，开始在市场机制前提下强化政府的角色。更新实施主体经历了由最早的私人发展商到后来的土地发展公司（LDC）最后到政府背景更强的市区重建局（URA）的变化过程③。URA于2001年成立，是专门负责城市更新工作的机构，特区政府会对URA的运作、资金来源、财政、回收土地、政策制度等方面给予支持，但它仍是一个独立于政府的法人团体，资金运作独立并被允许适当盈利④。

深圳与台北在机构设置上很接近。台北市都市发展局下设城市更新处，负责实施或委托其他机构实施公办都市更新；深圳各区下设城市更新局，负责辖区内综合整治和市政府确定由其实施的拆除重建类更新项目的实施。

---

① 资料均源于各城市政府城市更新相关部门官方网站。
② 邓志旺.城市更新政策研究——以深圳和台湾比较为例[J].商业时代,2014(3):139-141.
③ 张更立.变革中的香港市区重建政策——新思维、新趋向及新挑战[J].城市规划,2005(6):64-68.
④ 黄文炜,魏清泉.香港的城市更新政策[J].城市问题,2008(9):77-83.

1.3.4　借鉴 4：从宏观到微观顺畅衔接的更新规划体系

更新规划内容大致可分为战略性和实施性两大类。战略性规划相当于总规层面的规划，需与城市总规进行衔接。深圳的城市更新规划经过多年实践和创新，从最初游离于法定规划体系之外，逐步迈入城市更新常态化和体制化的阶段，已经形成了从城市总体规划到城市更新专项规划再到发展单元规划和更新单元规划的完整的更新规划体系①。香港也有从宏观到微观的《业务纲领草案》《业务计划草案》和具体的《发展项目》。台北的城市更新规划编制体系主要针对公办都市更新项目，包括《都市更新计划》和《都市更新业务计划》两个层面。

1.3.5　借鉴 5：简明清晰、便于执行的实施路径

城市更新项目从计划到实施完成，有不同的更新对象、不同的实施主体；不同类型的项目可能需遵循不同的实施路径，参照不同的政策与法规。整个更新过程参与角色众多，流程繁琐冗长。简明清晰、便于执行的实施路径是城市更新顺利实施的重要保障。

从宏观的视角，台湾城市更新的整个流程大致可分为四个阶段：第一个阶段，政府机构将城市地区分为划定更新地区和未经划定更新地区两大类，划定更新地区需由政府机构拟定都市更新计划。第二个阶段是确定实施主体，划定更新地区主要由政府负责组织协调，具体项目可由政府自行实施或委托其他机构实施，也可同意其他主体实施；未划定更新地区主要由民间实施，可自行组织更新团体，也可委托专业机构实施，需增加都市更新事业概要的编制，政府审批通过之后才可进入下一步。第三个阶段是编制都市更新事业计划，并拟定实施计划，通过审批之后，就可以进入第四个阶段——都市更新事业的执行阶段。

1.4　上海城市更新体系框架整合与完善建议

1.4.1　上海城市更新体系框架整合的基本思路

为了系统全面地指导上海的城市更新工作，借鉴其他城市更新体系经验，本文提出将上海城市更新体系分为更新目标、更新规划与实施、制度保障三个层次。其中，更新规划与实施层次又可分为组织系统、规划编制系统和规划实施系统三个部分。制度保障主要

---

① 关烨，葛岩.新一轮总规背景下上海城市更新规划工作方法借鉴与探索[J].上海城市规划，2015(3)：33-38.

是指政策与法规系统(图1-3)。

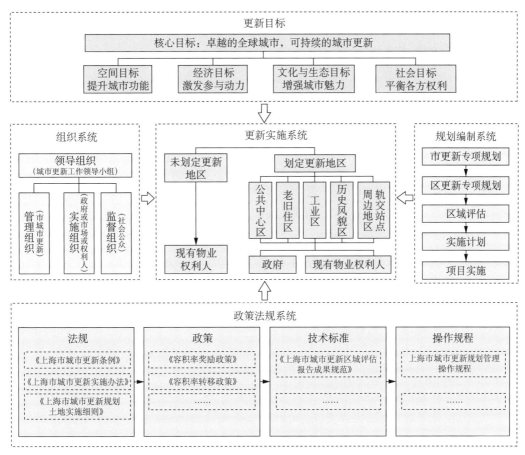

图1-3 上海城市更新体系框架示意图

第一层次的更新目标包含引导上海市城市更新总体方向的指引性内容,应当与上海2035总规提出的"卓越的全球城市"目标相结合,进一步可细化为空间、经济、文化和生态、社会等四个维度的目标。

第二层次以实施系统为核心,以组织系统和规划编制系统为辅助。实施系统延续上海原有的更新分类方法,根据不同的更新对象,区分不同的实施模式以及由此产生的不同的更新路径。可以将整个城市分为划定更新区和未划定更新区。划定更新区又可以分为公共中心区、老旧住区、工业区、历史风貌区以及轨交站点周边地区等,实施主体可以分为政府主导实施和现有物业权利人主导实施两大类。组织系统中,行政组织已有大致雏形,负责自上而下更新项目实施的机构有待进一步明确。规划编制系统目前执行的只有区域评估和实施计划两个层次,都属于较微观的层次。宏观层次的更新专项规划有待补充。

第三层次的制度保障是指用于保障城市更新实施的政策法规系统,已形成了以《实施办法》和《实施细则》为核心的大致框架，还需要在政策、技术标准和操作规程等方面进行补充和完善。

1.4.2　更新政策与法规方面

上海现有的更新政策与法规文件政出多门，不同部门和针对不同对象的政策文件之间存在相互冲突和覆盖不全面的情况。建议对不同的政策文件进行整合，即参考深圳将不同政策文件整合成一个整体核心文件。如将城市更新模式分为综合整治类城市更新、功能改变类城市更新和拆除重建类城市更新三大类，分别对其进行说明，也可在现有文件的基础上，对《盘活工业用地办法》《关于本市开展"城中村"地块改造的实施意见》等文件进行修改和整合，形成以《实施办法》为核心，配套《盘活工业用地办法》《城中村更新办法》《旧住房更新办法》等组成核心文件体系。此外，在核心文件或核心文件体系的基础上，再增加其他相关的配套政策文件，如在技术标准和操作规程等方面，形成从法规到操作各个层面相对完善的政策文件体系。

1.4.3　更新实施机构设置方面

在城市更新机构设置方面，上海目前最主要的问题是缺乏政府背景的常设机构作为实施自上而下更新项目的主体。建议参考深圳经验，可先在区层面设立半临时性质的城市更新办公室负责城市更新相关事务，待时机成熟再转变成类似城市更新局的常设机构。

1.4.4　更新规划编制方面

根据上海当前的实践工作，区域评估和实施计划两个阶段的规划都属于项目层面的实施性规划，缺乏市区层面的战略性规划进行总体指导和协调。深圳、台北等城市通常都有总体性的更新规划统筹整个城市的更新工作，有较好的实践效果。建议上海增加宏观层次的战略性规划，形成分级的城市更新规划体系。具体办法是在城市总体规划层面增加城市更新专项规划，在区总体规划层面编制区层面的更新专项规划，再下一层级才是项目层面的区域评估及实施计划。整体上形成从全市更新专项规划、区更新专项规划、区域评估到实施计划的完整的城市更新规划编制体系。

1.4.5　更新实施与管理方面

当前上海所有类型的更新项目都沿用同一套更新流程，自上而下由政府实施的更新项目与自下而上由市场实施的更新项目没有进行区分，导致责任主体不明确。建议参考深圳和台北经验，区分政府实施和市场实施的项目类型，明确责任主体。对自下而上的市场实施的项目,由相应的实施主体(上海主要是现有物业权利人)编制实施计划,政府负责审批;对自上而下由政府主导的项目,分政府实施和现有物业权利人实施两种情况。由政府实施的项目,由政府负责编制实施计划,上级政府负责审批;由现有物业权利人实施的项目,政府负责区域或更新单元层面的统筹和协调,可通过编制导则的方式,控制和引导具体的更新项目。

1.5 结语

城市发展由增量扩张向存量优化的模式转变已是大势所趋。随着城市更新在上海、北京、深圳等特大城市逐渐成为城市建设的主流途径,城市更新体系的建构也必将成为各个城市规划变革的重点。本文对上海城市更新体系建构方面的思考以及对政策法规制定、机构设置、更新规划编制和实施组织几个方面的初步建议,希望能从系统层面为完善上海城市更新体系提供思路。

参考文献

[1] 吕晓蓓.城市更新规划在规划体系中的定位及其影响[J].现代城市研究,2011(1).
[2] 赵燕菁.存量规划:理论与实践[J].北京规划建设,2014(4).
[3] 阳建强,吴明伟.现代城市更新[M].南京:东南大学出版社,1999.
[4] 范颖.重庆市主城区城市更新规划体系研究[D].重庆:重庆大学,2016.
[5] 林苑.香港与台湾城市更新体系及对广州的启示[J].城市建筑,2016(12).
[6] 杨毅栋,洪田芬.城市双修背景下杭州城市有机更新规划体系构建与实践[J].上海城市规划,2017(5).
[7] 杨涛.柏林与上海旧住区城市更新机制比较研究[D].上海:同济大学,2008.
[8] 苏秉公.城市的复活:全球范围内旧城区的更新与再生[M].上海:文汇出版社,2011.
[8] 庄少勤.上海城市更新的新探索[J].上海城市规划,2015(5).
[9] 匡晓明.上海城市更新面临的难点与对策[J].科学发展,2017(3).
[10] 关烨,葛岩.新一轮总规背景下上海城市更新规划工作方法借鉴与探索[J].上海城市规划,2015(3).
[11] 葛岩,关烨,聂梦遥.上海城市更新的政策演进特征与创新探讨[J].上海城市规划,2017(5).
[12] 邓志旺.城市更新政策研究——以深圳和台湾比较为例[J].商业时代,2014(3).
[13] 张更立.变革中的香港市区重建政策——新思维、新趋向及新挑战[J].城市划,2005(6).
[14] 文炜,魏清泉.香港的城市更新政策[J].城市问题,2008(9).

2 从"单数城市"到"复数城市"*
——绿色人本导向的城市交通空间更新策略

卓 健**

随着交通技术的进步,城市交通的速度不断提高,为更大空间范围内人与要素的集聚互动创造了条件,大都市区化(metropolization)正成为全球城市化的主导趋势[1]。为了确保城市地区日常的功能组织与运行,快速高效的交通联系是必不可少的。大型交通设施作为高速交通的物质载体,正在当代城市中加速建设,给未来绿色交通发展带来重要挑战。

然而,长期以来,城市环境中交通空间的规划设计并没有得到应有的重视。由于这些项目技术性强,建筑规划师往往望而却步,具体设计一般以交通工程师或市政工程师为主导。后者通常专注于交通的技术问题,未能兼顾设施与所处城市环境的空间融合,设施的设计建造主要依循技术规范与要求。在我国,控制性详细规划划定的道路红线事实上成了用地规划和市政设计的工作分界线,进而导致交通建设项目缺乏城市整体空间发展的全局思维,虽然局部改善了城市的交通状况,却对城市空间带来了一定的负面影响。这一现象在西方发达城市同样存在,但近年来的一些新举措扭转了上述现象。如法国一些大城市在建设有轨电车项目时,任命建筑规划师作为项目总负责人,由他来统领交通工程、市政工程等各技术工种的工作,将现代有轨电车建设作为城市空间更新的组成部分,因此得以在城市中心区建成高品质的、与周边城市空间高度融合的、具有公共空间特征的有轨电车线路和站点(图2-1)。

交通空间和大型交通设施的规划建设只是城市交通一个具体的局部问题,却集中反映了项目背后的发展理念和原则导向,是剖析我国前阶段城市交通规划存在问题的有效抓手。当前,转入"以人民为中心"、追求"高质量发展、高品质生活"的新时代,城市绿色交通有了新的更为宽广的内涵。城市综合交通系统不仅要满足低消耗、低排放、低污染、高效能等可持续发展要求,更要回归以人为本的总原则,以满足人的实际需求为先,兼顾社会公平问题[2]。为了探讨新时代绿色交通理论和方法,本文以城市交通空间和大型设施的发展演变为切入点,通过在前阶段建设过程中其对城市发展的负面影响分析,揭示城市交通发展理念的偏差,提出基于"复数城市"的新规划理念,总结、借鉴既有规划实践的有

---

* 原文刊发于《规划师》2020年第1期第13—19页,题目:从"单数城市"到"复数城市"——大型交通基础设施的绿色人本规划设计策略,本文略有删改。

** 卓健,同济大学建筑与城市规划学院城市规划系主任、教授,全国高等教育城市规划硕士专业学位教育指导委员会秘书长。邮箱:jian.zhuo@tongji.edu.cn。

图 2-1　巴黎新建的现代有轨电车线路和站点

益经验,从三方面提出以绿色人本为导向的城市交通空间更新的策略建议。

2.1　作为当代城市特征的大型交通基础设施

2.1.1　大型交通基础设施的产生

现代交通出现以前,城市交通工具较为简单,主要依靠人力或畜力牵引,外形尺寸不大,通常与行人共用城市街道,并不需要特别的基础设施。"林荫大道"(Grand boulevard)可以说是较为早期的大型交通基础设施。法国巴黎从 1670 年开始在失去防御功能的城墙上兴建散步道,形成环绕城市北部的高架游览线路,宽为 30～38 米,栽种多排行道树,中央供马车和骑马者通行,两侧树下道路则为行人使用。相对于当时仅 7 米多宽的大部分城市街道,这是相当大的设施了。18 世纪 50 年代,在奥斯曼(B. Haussmann)巴黎改建以后,林荫大道在欧美主要城市中迅速发展并持续到 20 世纪初,随后扩展到亚洲、中南美洲的一些主要城市,成为马车时代城市的代表性交通空间[3]。

工业革命后,现代机动化交通诞生。蒸汽火车、内燃机车、有轨电车……新型交通运载工具不仅尺寸扩大,而且需要配合专门的基础设施方能使用。火车站被誉为是蒸汽火车时代"现代的教堂",快速路和立交桥是小汽车时代城市的典型构筑物,而在当下全球化时代,轨道交通、高铁站、空港枢纽、深水港等大型交通基础设施已经成为城市国际化和当代性的重要标志。

在城市发展进程中,有两个作用力推动着交通设施尺度的不断扩大。一是城市交通的技术进步：新型交通工具行驶速度越来越快，运载能力越来越高，带来人流、物流的快速集聚和疏解，基础设施尺度随之放大。二是城市空间的扩张：扩大了的城市空间需要大型交通基础设施进行连接，而扩张后的城市也为容纳大型交通设施提供了更多的空间。

2.1.2　大型交通设施与经济发展

交通对城市发展的重要性不言而喻，而作为交通体系主体结构的交通空间和基础设施对城市经济发展的推动作用更为明显。大型交通站点可以明显提升周边地区的交通可达性，加上人流等要素的集聚，给地方发展带来更多机会[4]；骨干线网是城市人流、物流、信息流的物质载体和流动通道，其连通度决定了各地区间的联系水平和交流程度。根据卡斯特尔（M. Castells）广为认同的网络城市理论，"流空间"及其组织模式对城市发展的重要性未来将超过传统的"场所空间"[5]。

2.1.3　大型交通设施与社会生活

在当代城市社会中，交通出行是人们参与各项社会活动的必备条件。城市交通空间除了交通运输功能外，还具有重要的社会空间职能。大型交通设施集聚了大量客流，其社会空间属性更为明显。地铁车厢不仅是通勤工具，也是乘客休息、阅读、交谈的场所和观察、了解城市动态的窗口。城市的大型交通枢纽不只是单纯的换乘点，由于大量的客流集聚且开放时间长，已经成为市民约会、购物、休闲的热点去处，并为周边地区注入活力。实际上，它们已经成为多功能的公共生活中心[6,7]。借助迎接2024年奥运会的契机，巴黎正把各大火车站的综合改造作为城市更新的重点，并将对城市交通枢纽的新认识付诸实施。例如巴黎北站的改建方案，计划将其改造成一个集数万平方米商业和办公功能于一体的巨型商业综合体（图2-2）。

图2-2　巴黎北站改建方案
来源：景观中国网站（http://www.landscape.cn/）

2.1.4　大型交通设施与城市营销

大型交通设施尺度恢宏,造价高昂,对地方决策者来说是需要谨慎决策的百年大计。对外交通场站是彰显城市形象的门户,城市交通主干系统是人们体验城市的重要路径。因此,大型交通设施的设计建造往往还肩负着塑造城市形象、展现精神风貌的任务。在竞争日益加剧的经济全球化背景下,具有可见性和标志性交通空间和设施经常成为城市营销的战略手段,可以展示技术实力,体现发展活力,增强地方自信。例如旧金山的金门大桥早已成为城市的标志物;由福斯特事务所参与设计的法国米约高架桥(Millau Viaduct),为世界最高的高架桥,建成后即成为该地区引以为豪的新地标,并使该地区成为新兴的旅游观光地。

2.1.5　大型交通设施与未来城市

在交通技术进步的推动下,当今城市组织运行的空间范围不断扩大,从单个城市逐渐扩展到组群城市。不难预见,城市交通设施的尺度和重要性还将进一步提高,未来的城市发展也将越来越依靠大型交通设施的服务支撑。大型交通设施将长期存在并持续发展,其规划建设对城市的绿色可持续发展具有关键作用。

2.2　大型交通设施对城市发展的负面影响

大型交通设施建设是地方政府议事日程上的大事,但如果一开始缺乏正确的发展理念引导,谨慎、繁复的决策过程也可能导致不好的结果。由于大型设施一旦建成就很难重建或修正,长期累积下来的负面效应有可能超过上述的正面效应。英国著名规划理论家霍尔(P. Hall)于 1982 年出版的《规划造成的大灾难》一书,历数了 20 世纪错误规划决策给城市造成的问题,其中不乏大型交通设施的问题案例(如伦敦快速路、伦敦机场和旧金山湾区快速公交系统等)[8]。

2.2.1　加剧城市交通结构失衡

小汽车交通迅猛增长是在交通现代化进程中城市要面临的主要挑战。为了应对这一紧迫的需求增长,缓解道路交通拥堵,为小汽车交通兴建大型交通设施(如快速路、高架路、多层立交桥等)就成为大部分城市下意识的选择。这些设施的规划设计参照机动车尺度,注重机动车快速行驶的技术要求,却往往忽略了人的尺度和人的实际需求,导致建成后,这些设施在空间尺度和空间使用上与周边城市环境格格不入。进入和使用这些交通设施空间必须驾驶或搭乘小汽车,不使用小汽车交通出行的人群不仅无法享有这些设施带来的便利,甚至原可享用的城市空间也逐渐被挤压和边缘化。这些专为小汽车服务的大型设施占据了城市空间的主导地位,容易被误读为对小汽车交通的鼓励和支持,从而进一步刺激私人小汽车的增长,加剧城市交通结构的失衡,阻碍城市绿色交通的发展。

2.2.2 城市空间蔓延和碎片化

大型交通设施尺度大,占地多,分布广,对城市空间造成的影响是难以避免的。在总体层面上,它们带来的长距离快速交通对城市总体空间布局具有结构性作用,推动了城市的空间蔓延和郊区化。在街区尺度上,快速路、高架路和轨道交通为了确保交通的快速和安全,相对于穿越的城市空间是完全封闭的,它们庞大的空间尺度形成对城市空间的切割和隔离。这些线形交通设施加强了沿线方向的空间联系,却破坏了横向城市空间的连续性,甚至成为难以跨越、阻碍联系的空间障碍。传统的城市街区原本具有人本尺度的空间环境,是有利于步行和绿色交通的紧凑布局,但由于这些巨型构筑物的介入而遭受分解和破坏,原本完整的城市空间出现碎片化和异质化的迹象。英国学者格雷厄姆(S. Graham)和马文(S. Marvin)对基础设施网络和城市建成环境之间的相互作用进行了国际性的比较研究和跨学科分析,指出当前全球的大都市都普遍存在"破碎城市化"(Splintering Urbanism)的趋势[9]。

2.2.3 决策的经济理性难题

大型设施建设固然可为城市营销所用,但其本身建设难度大,建设成本高昂,包含技术风险,并且决策中的政治因素往往超过经济理性。北欧学者弗林夫伯格(B. Flyvbjerg)带领的研究团队对欧洲大型交通设施投资建设进行了长期跟踪和对比研究,发现许多相关项目建设前的交通需求预测与建成后的实际情况有很大出入。从技术上讲,大型交通设施的交通量预测是很难做到精准的[10]。在许多现实案例中,政治决策常常利用这一技术上的局限,有意夸大建成后的交通量预测,设施规划设计的尺度大幅度超出了实际的功能需要[11]。这不仅造成公共建设投资的巨大浪费,也使得项目建成后的实际回报难以实现收支平衡[12]。此外,除了需要巨额投入完成先期建设,大型交通设施还需要长期的资金投入以保障日常的运营和维护。在不少失败案例中,或由于先期低估了建设成本,或由于高估了使用需求,导致项目在运营阶段背负沉重的债务负担,例如英法海底隧道项目。

2.2.4　社会空间的分化隔离

基于交通在城市社会组织运行中的重要性,交通出行已经成为一项人人享有的基本权利,必须得到一定的保障[13]。然而,城市交通资源的空间分布是不均衡的。由于造价高昂,大型快速交通设施难以在城市中普及,它的空间布局具有较强的选择性,只能服务有限的局部地区,因此加剧了不同地区间交通资源布局的差异化。法国学者奥佛耶(J.-P. Orfeuil)等指出,城市机动性对社会分化的作用因大型交通设施建设而被放大了[14]。在欧洲一些大城市,为了避免郊区敏感社区中的问题青年到市中心作乱,社区与城市中心区之间的地铁联系被有意阻断,断绝了这些社区更新改善和融入城市的机会。快速路、高架路、轨道交通的沿线空间由于噪声、尾气排放等造成空间品质下降,往往沦为低收入者的聚居地和滋生城市社会问题的温床。

2.3　从"单数城市"到"复数城市"

大型交通空间和设施是城市发展的结果,并且还将随着未来城市进一步发展。尽管这些设施建设可以解决一些交通问题并促进城市发展,但片面的发展理念也给城市带来了诸多与绿色发展相违背的消极后果。城市交通与居民的日常生活休戚相关,交通建设是未来城市高质量发展的重要一环。绿色人文的未来城市需要更加综合全面的发展观,以此审视在城市交通基本问题上的认识偏差并实现理念的更新与转变,对未来包括大型交通空间和设施在内的城市交通建设良性发展的意义重大。

2.3.1　从车的要求回归人的需求

城市是服务于人的工作与生活场所[15],因城市发展需要而生的城市交通建设也要服务于人。小汽车交通发展迅猛,对城市道路、停车等交通设施和城市空间造成巨大压力。规划建设急于应对这一紧迫局面,导致在规划设计中机动车取代人成为问题考虑的焦点:不仅小汽车交通成为交通建设最主要的部分,甚至城市空间的功能布局也都是围绕车而不是人。城市逐渐从一个为人服务的城市变成为车服务的城市。这一错误导向在大型交通设施建设上表现得尤为明显。

随着后小汽车时代价值观念和生活方式的转变,人们逐渐认识到前阶段交通建设中"车本位"的错误导向,而城市交通出行对小汽车依赖度的降低也为交通规划建设回归"以人为本"创造了条件。交通建设要从车的城市回归人的城市已成为共识,例如伦敦市长于2014年发布的《基础设施重建远期规划》,明确提出优先发展"以人为中心"的交通方式[16,17]。

2.3.2 从机动性到可达性

长期以来,人们对城市交通中人的真实需求一直存在误解,速度就是其中之一——提高交通速度一直被当作是城市交通想当然的建设目标:因为更快的速度意味着更高的效率,同样的出行距离,快速交通可以节约出行时间成本;花费同样的出行时间,使用快速交通可以获得更大的活动范围,获取更多的发展机会。然而,这个简单化的认识实际上忽视了城市交通和城市以外的公路交通之间存在的根本差别。

城市作为优化社会交互(social interactions)的人居形态,人和生产生活要素的空间集聚是其基本特征,这一特征确保了人们在尽可能少的交通出行条件下可以实现最大化的社会交互。城市功能的组织运行固然离不开城市交通,但交通是派生的需求。人们的交通出行总是以实现某项社会交互为目的(如上班、购物、上学、就医等),因此完成某项社会交互的综合效率要比交通本身的快慢更重要。换句话说,人们对交通出行更加看重的是综合的"方便"程度。日常经验告诉我们:为了完成某项活动,有时候快的交通方式(如小汽车)还不如传统相对慢的交通方式(如自行车)。这是因为空间布局和集聚程度从根本上影响了方便程度,而快速交通因为技术要求的局限,或需要绕行更远的距离,或为了能停下来而消耗大量时间(如寻找车位)。在城市环境里,人们对交通方便的实际需求要大于对交通速度的需求。可达性是综合衡量这种方便程度的一个指标。国际知名的交通专家瑟夫洛(R.Cevero)反复强调:城市交通不仅要关注机动性提升,更要关注基于高品质场所的可达性改善。城市交通的建设发展最终要服务于城市空间的品质营造[18]。

2.3.3 从交通效率到空间品质

交通出行很重要,但绝大多数人在一天的工作与生活中花费在交通上的时间是有限的,一般不超过2~3小时,大部分时间人们都处于一个相对静止或低速活动的状态。从时间分配的角度不难看出,人们对空间品质的需求大于对交通品质的需求。或者说,为了交通品质提升而破坏空间品质实非明智之举。为了获得一个安全、舒适、舒缓的高品质空间环境,人们往往愿意牺牲一些交通体验。例如在居住区里,人们对安全、安静的需求就远高于交通通行速度。欧美城市的居住街区已经大面积普及了交通安宁化措施,人们驾车回到自己居住的社区时,都会自觉地遵守严苛的限速规定和绕行指示。

城市交通方式和空间品质之间的关系是个值得关注的问题。慢行交通虽然在交通速度上比不上机动交通,但对城市空间品质的提升却有着积极的作用。许多欧洲城市在重建现代有轨电车线路时,并不强调其运行速度,而是突出其舒适度[19],并且结合线路周边的城市空间更新一起建设,将交通项目转化为推动城市更新的催化剂。另外,一种交通方式对空间品质的影响不是一成不变的。作为快速交通的小汽车通常会对城市环境带来不利影响,但小汽车的速度其实是可控、可变的。在城市某些特定街区(如人流密集的商业区、需要安静的居住区等),如果能有效限制小汽车的通行速度,就可以大幅度提升道路安全,并明显降低小汽车交通对空间品质的消极影响。

2.3.4 建设人性化的"复数城市"

现代交通出现以前的城市可称之为"步行城市"。人们只有非机动化的交通工具,各类交通方式的运行速度都比较低。受交通速度的制约,大部分城市的空间规模都不大,主要依靠空间集聚来优化社会交互[20]。从今天的角度看,人性化尺度的步行城市是绿色低碳的,但城市能提供的发展机会不多,在社会经济中发挥的作用也很有限,难以满足当代人多元化的发展需求。

工业化让城市成为社会经济发展的主角,也让传统的步行城市陷入了空间拥堵。小汽车的出现让进步主义的建筑规划师看到了空间疏解的方法。柯布西耶(Le Corbusier)宣称:"拥有速度的城市将获得成功。"[21]他们所倡导的现代规划原理包含了两条彻底改变传统城市面貌的原则:一是借助小汽车交通等的快速联系实现城市的功能分区布局;二是为了确保交通联系的高速度,城市道路等交通设施应从城市空间中分离出来,单独用于交通功能。这些规划思想主导了第二次世界大战后很长一段时间欧美城市的规划实践,促进了为适应小汽车交通的城市空间改造,催生了按"车本位"规划设计的"汽车城市"。小汽车交通的高速度帮助人们克服了空间距离,实现了非集聚状态下的社会交互,但城市的组织运行也因此产生了对小汽车交通的依赖。

由于小汽车交通在社会、经济、环境上的不良后果,"汽车城市"已被证实是与绿色可持续发展要求相背离的错误导向。那么,为了高质量发展,是否只能回到低机动性、小规模的"步行城市"? 答案显然是否定的,因为城市在当前社会经济层面上所发挥的关键作用,明显是"步行城市"无法承载的。

"步行城市"和"汽车城市"具有一个相同的特点:城市交通被某种交通速度所主导,城市空间基于这一速度进行组织和设计。步行城市是基于人的尺度和非机动交通速度,汽车城市则是参照车的尺度和速度。它们都是单一速度和单一尺度的"单数城市",其中的时间和空间是简单的线性关系。

然而,当代网络社会的时空关系要复杂得多,城市居民经常需要在不同的社会圈层中进行角色切换,社会生活的空间范围也有多重变化。在城市中,人们既希望享受方便、舒适的空间近邻性,如基于非机动交通构建的"15分钟生活圈"带来的日常性生活空间,又希望依靠快速、高效的现代化交通,在更大的空间范围内获得更多的选择和发展机会。未来城市的绿色交通不仅要符合低碳环保的要求,还应当满足人们对城市交通多样化的、可选择的需求。城市交通要满足居民在多重不同尺度的城市空间中活动的需求,提供不同空间尺度对应的多种不同交通方式选择。对应"单数城市",多速度和多尺度的城市可被称为"复数城市"。在"复数城市"里,时间和空间不再是等比关系,对应相同的一段交通时间,交通速度的差异可以给人们带来丰富多变的空间活动范围和体验。

2.4 回归以人为本的规划设计策略

"复数城市"为我们建设面向未来的、以人为本的绿色城市交通提供了一个整体性的概念模型。首先,在交通及其设施规划建设上,应当有利于多种交通速度的多样化共存和发展,为居民提供多种交通方式的选择;其次,在城市空间规划设计上,要注重多尺度空间的塑造与衔接组合,满足人们多样化社会活动的需求。从这一认识角度出发,考察学习世界各地城市一些较为成功的规划实践案例,可以为大型交通设施规划建设总结出以下3条绿色人本的规划设计策略。

2.4.1 交通设施建设与街区空间规划的融合

在高机动性的城市社会中,交通对城市组织运行的作用越来越凸显。城市交通建设作为一项关键性内容应当融入地方发展的总体战略,而不是被当作一个独立的设施项目仅从技术角度进行考虑。人们进行的所有快速交通移动,最终都是为了停下来完成目标活动。因此,完善的交通体系不仅要研究如何组织高速、高效的交通,还需要研究如何让人方便地停下来并到达活动目的地。瑟夫洛在其新书中明确提出:城市交通的规划组织需要彻底地改变思维范式,以建设更好的城市街区和服务人们的真实需求为目标,并将交通建设和场所塑造整合形成整体性的思维[22]。

图 2-3 美国旧金山市奥克塔维亚林荫道
来源:www.cnu.org.版权所有人:Steve Boland

服务于快速交通的大型交通设施在空间整合上往往难度较大。20 世纪五六十年代,欧美城市经历了小汽车交通的爆发性增长,建设了大量服务于小汽车的大型交通设施。近年来,开始从整体街区更新的角度,统筹考虑这些设施的改造问题[23]。美国旧金山市奥克塔维亚林荫道(Octavia Boulevard)项目是其中一个代表性的成功案例(图 2-3)。1998 年,旧金山市交通局委托雅各布斯和伊丽莎白事务所对 1989 年地震中受损的高架中央高速公路北段进行改造。两位设计师决定用地面的复合型林荫道来替代原来的高架快速路，2005 年改造完成后，该路段被命名为"奥克塔维亚林荫道"。该大道宽 40.55 米，从中央绿化带向道路两侧依次安排快速车行干道、慢速单行辅道和人行道，相互间都通过绿化带进行分隔。项目建成后，加州伯克利大学交通研究中心进行了跟踪评估，发现用地面道路取代高架道路并没有造成交通拥堵[24]。改造工程减少了人们不必要的驾车出行，促使他们转向使用其他交通方式，从而在总体上降低了交通量。此外，改造工程也触发了交通量在路网上的重新分配，周边道路分流了一部分交通量。原高架道路穿越的街区的空间品质有明显提升，周边地区房价上涨，出现了明显的绅士化趋势，而商业与休闲服务的导入带来了更多的就业岗位，提高了街区活力。

荷兰阿姆斯特丹泽伊达斯（Zuidas）火车站地区再开发是值得我们借鉴的在建案例[25,26]。泽伊达斯地区是阿姆斯特丹市具有区位优势和发展潜力的地区，有高速公路、地铁、铁路等大型交通设施通达，但这些并列穿越的线形设施不仅将该地区南北分割，同时也限制了其本身的容量扩建。20 世纪末至今，在打造城市分中心的整体规划指导下，该地区的大型交通设施进行了全面的改建：中心区的所有大型交通设施（包括火车站）均移入地下并以"码头模式"建设交通换乘中心，从而将地面完全解放出来，形成功能复合的密路网街区。通过交通分层，大型交通设施带来的高速通达与地面多梯度的缓速交通得以无缝衔接，辐射区域的空间职能和高品质的邻里社区赋予了该地区多层次的空间尺度，体现了"复数城市"的人本特征。

2.4.2　多种交通方式的均衡发展和相互支持

大型交通设施建设会直接带来城市交通供给的变化。人们通常认为大型交通设施是服务于快速交通的，甚至认为是专为小汽车而建设的，这无形中助长了小汽车交通的增长。近年来，随着公交优先发展理念渐入人心，越来越多的城市开始为公共交通建设大型设施，如轨道交通、快速公交或公交专用道，并结合 TOD（以公共交通发展为导向）开发模式，形成了对小汽车交通具有竞争力的公交出行服务，缓解了交通结构的失衡状况。还有一些城市尝试为慢行交通构建大型交通设施，如福斯特事务所提出利用通勤铁路的上部空间，建设通往伦敦市中心区的"自行车高速路"。丹麦哥本哈根市蛇形桥的设计机构为我国厦门市设计了全长 7.6 千米的空中自行车道。这些设施在功能上提升了慢行交通的速度，为通勤者提供了安全、快捷、舒适的替代出行方案，更重要的是，在观念上赋予绿色交通以优先地位。

改造既有大型交通设施以满足多种交通方式的共同使用是平衡供给的重要举措，美国的"完整街道"实践就是典型案例。以纽约为代表的一些大城市，从安全、绿色、活力的角度，将按照"车本位"设计的一些城市主干道改造为适合公交出行者、骑行者、步行者等

不同人群使用的交通空间,使得城市街道包容了社会所有人群,并为他们提供了更为公平
的出行条件[27]。同样,许多欧洲城市通过"安宁化街区"的规划建设,将小汽车的通行速
度限制在 30 km/h 以下,从而压缩机动车道宽度,将更多的道路空间分配给其他交通方
式,促进了多种交通方式的均衡发展。

在多种城市交通方式中,尤其要关注步行的重要性。尽管城市机动性不断提升,但即
便在最发达的国际化大都市里,步行的作用也不会降低,更不会消失,甚至一直是出行分
担率最高的城市交通方式。巴黎大区最新的交通调查显示,步行在日常出行中占比高达
39%[24]。除了交通上的作用,步行对城市空间品质具有积极的作用。人迹罕至的地方容
易成为滋生卫生和社会问题的死角,通过步行导入人的活动,可提升地方品质。在"复数
城市"中,步行的重要性体现在它是衔接不同交通方式的"变速箱",帮助人们实现在不同
空间尺度之间的切换。

2.4.3 交通设施的分时共享与多样化使用

除了在空间上通过设施改造实现多种交通方式共享,还可以通过灵活的管理手
段,在时间上实现大型交通设施的多样化使用。城市交通具有明显的周期性,每天
24 小时的交通需求变化非常大,相比之下,设施供给的弹性却非常有限。早晚高峰
拥堵的道路,在平峰期可能并没有多少交通量而出现空间供给的冗余,这种现象在大
型交通设施上表现得更为明显。交通设施的周期性冗余为设施空间的多样化使用提
供了可能。

"巴黎海滩"项目是一个很好的示例。每年夏天,大量巴黎人外出度假,城市小汽
车交通量明显减少。从 2002 年开始,市政府决定每年夏季中的几个星期将塞纳河右
岸的城市快速路中心路段封闭,变成步行休闲区,甚至改造成人工沙滩,在市中心为
游客和没有外出度假的巴黎人提供一个消夏的新去处。由于塞纳河岸快速路穿越了
巴黎市中心的历史风貌保护区,当年建设的时候就曾引发争议,并成为小汽车导向城
市建设的反面案例。然而,借助"巴黎海滩"项目,平时不开车的市民终于有机会到达
并使用这一空间,换一个角度欣赏巴黎市中心的历史风貌,部分实现了把塞纳河水岸
归还给市民的项目宗旨(图 2-4)。

设施空间的分时使用影响着一些大型交通设施的设计。库哈斯事务所为法国波
尔多市设计的新桥,一改传统桥梁分出有高差的车行道、人行道的做法,整座桥面被
设计得平整、宽阔,成为从河岸延伸而出的水上广场。平时,该桥上多种交通方式共
享通行,而到了节庆期间,则变身为步行广场,成为城市最重要的公共活动场所之一
(图 2-5)。

图 2-4　巴黎海滩项目　　　　　　　　　　图 2-5　库哈斯事务所设计的波尔多新桥
　　　　　　　　　　　　　　　　　　　来源：OMA 建筑事务所

2.5　结语

　　在城市交通技术不断进步和大都市区化的发展趋势下，大型交通设施将在未来城市中持续发展。虽然这些设施的规划建设只是城市交通的局部问题，却集中体现了城市交通整体的发展理念和价值取向，对未来城市的绿色发展具有关键性的影响。长期从事交通基础设施研究的欧洲知名专家香农（K. Shannon）和斯梅茨（M. Smets）总结了规划设计的四个要点：加强城市机动性，塑造物质性空间，增强城市风貌特征，创造公共空间的积极体验[28]。在我国，追求以人民为中心的高质量发展丰富了绿色交通的概念内涵，满足居民多样化需求的"复数城市"为未来的绿色交通建设提供了整体的概念框架。破除以小汽车为单一参照的惯性思维，树立以人为中心、整合机动性场所的全局观念，是实现未来城市交通空间和大型设施绿色与健康发展的重要前提。

参考文献

[1] ASCHER F. Métapolis ou L'avenir des Villes[M]. Paris：Odile Jacob，1995.

[2] 卓健.城市机动性视角下的城市交通人性化策略[J].规划师,2014(7).

[3] JACOBS A，MACDONALD E，ROFE Y. The Boulevard Book：History，Evolution，Design of Multiway Boulevards[M]. Cambridge：The MIT Press，2001.

[4] 薛鸣华,王旭潭.大型综合交通枢纽带动下的城市中心区城市设计——以上海西站及其周边地块为例[J].规划师,2015(8).

[5] CASTELLS M. The Rise of the Network Society：2nd ed[M]. New York：Wiley-Blackwell，2000.

[6] 刘江,卓健.火车站:城市生活的中心[J].时代建筑,2004(2).

[7] 文国玮.城市综合客运交通枢纽规划探讨[J].规划师,2011(12).

[8] HALL P. Great Planning Disasters[M]. Berkeley：University of California Press，1982.

[9] GRAHAM S，MARVIN S. Splintering Urbanism：Networked Infrastructures，Technological Mobilities and the Urban Condition[M]. London：Routledge，2001.

[10] FLYVBJERG B, HOLM M, BUHL S. How (In)accurate Are Demand Forecasts in Public Works Projects? The Case of Transportation[J]. Journal of the American Planning Association. 2005 (2).

[11] FLYVBJERG B, BRUZELIUS N, ROTHENGATTER W. Megaprojects and Risk：an Anatomy of Ambition[M]. Cambridge：Cambridge University Press，2013.

[12] FLYVBJERG B, HOLM M, BUHL S. Costs Underestimating in Public Works Projects：Error or Lie？[J]. Journal of the American Planning Association. 2002(3).

[13] LEFEBVRE H. Le droit à la ville[M]. Paris：Anthropos，1968.

[14] ORFEUIL J. Transports，Pauvretés，Exclusions[M]. La Tour-d'Aigues（Vaucluse）：Ed. de l'Aube，2004.

[15] GEHL J. Cities for People[M]. Washington：Island Press，2010.

[16] Mayor of London. London Infrastructure Plan 2050：a Consultation[EB/OL]. [2019-05-19]. https：//www. london. gov. uk/what-we-do/better-infrastructure/london-infrastructure-plan-2050 ♯ acc-i-43213.

[17] Mayor of London，2015. London Infrastructure Plan 2050：Update Report[EB/OL]. [2019-05-19]. https：//www. london. gov. uk/what-we-do/better-infrastructure/london-infrastructure-plan-2050♯acc-i-43211.

[18] CERVERO R，GUERRA E，AL S. Beyond Mobility：Planning Cities for People and Places[M]. Washington：Island Press，2018.

[19] 张子栋.完整街道理念下的有轨电车线路规划设计方法[J].规划师.2016(10).

[20] 卓健.从步行城市到汽车城市——马克·韦尔《城市与汽车》评介[J].国外城市规划.2005(5).

[21] CORBUSIER L. Urbanisme[M]. Paris：Cres，1924.

[22] 林箐.缝合城市——促进城市空间重塑的交通基础设施更新[J].风景园林.2017(10).

[23] CERVERO R，KANG J，SHIVELY K. From Elevated Freeways to Surface Boulevards：

Neighborhood，Traffic，and Housing Price Impacts in San Francisco［J］. Journal of Urbanism：International Research on Placemaking and Urban Sustainability. 2009(1).

［24］Amsterdam City Council. Zuidas Vision Document［EB/OL］. ［2018-12-20］. https：//ecotectonics. files. wordpress. com/2012/01/20100607_vision-zuidas_100dpi. pdf.

［25］刘苗，陈可石，苏鹏海. 荷兰大型交通基础设施项目影响下的可持续城市设计与建设——以"码头模式"影响下的泽伊达斯为例［J］. 现代城市研究. 2014(1).

［26］New York City Department of Transportation，Street Design Manual：2nd ed［EB/OL］. ［2019-03-20］. https：//www1. nyc. gov/html/dot/html/pedestrians/streetdesignmanual. shtml.

［27］STIF. Evaluation en continu du PDUIF：Eléments à mi-parcours 2010-2015［EB/OL］. ［2019-03-20］. https：//www. omnil. fr/IMG/pdf/pduif_2010-2015_mel_light_2. pdf.

［28］SMETS M，SHANNON K. The Landscape of Contemporary Infrastructure：2nd ed［M］. Rotterdam：NAi Publishers，2016.

3 面向"十四五"的城市更新与精细化治理

党的十九届五中全会审议通过的《中共中央关于制定国民经济和社会发展第十四个五年规划和二〇三五年远景目标的建议》(以下简称《建议》)首次提出"实施城市更新行动",为创新城市建设运营模式、推进新型城镇化建设指明了前进方向。2021 年是"十四五"开局之年,面对"世界处于百年未有之大变局",更需要认真研判国内外发展环境的变化,深入思考面向"十四五"的重大战略、政策和改革措施,切实谋划好下一个五年的发展。在此背景下,城市更新的重要地位日益凸显,成为"十四五"政策新风口之一,而如何扩大内需、释放城市发展空间成为各地城市实践探索的关键议题。

新时代背景下,我国大中城市面临的更新需求日益迫切。据国家统计局最新数据,2020 年年末中国常住人口城镇化率超过 60%,北、上、广、深等一线城市的城镇化率均超过 85%,中国城镇化进程进入"从增量转向存量""从规模转向质量"的阶段,这也是本轮国土空间规划区别于传统城市规划的特点之一。城市存量空间的识别和再利用,对于城市未来的经济转型以及国土空间格局的重构,有着举足轻重的作用。城市更新的背后,除了对需求侧市场要素的驱动,规划层面对于城市供给侧撬动的意义亦十分重要。

"十四五"时期,面对可预见的大量、多样的城市更新需求,对我国城市更新项目案例的学习具有较强的现实意义。本文将以城市重大更新项目落地作为主要抓手,结合"十四五"时期经济社会发展必须遵循的原则,通过回顾和解读我国先行地区的优秀实践经验,综合城市精细化管理、城市适老化改造、创意微空间等维度进行探讨和交流。

3.1 新阶段:对"十四五"与 2035 年远景目标的理解

3.1.1 回顾过去,从五年计划到五年规划

不同于以往阶段,"十四五"具有划时代的重要意义。自 1953 年我国开始制定第一个五年计划,到 2006 年"十一五"的"计划"变"规划",再到 2021 年"十四五"规划开局——我国全面建成小康社会、实现"第一个百年奋斗目标"之后,乘势而上开启全面建设社会主义

*李继军,上海同济城市规划设计研究院有限公司五所所长、教授级高级工程师,中国城市规划学会住房与社区规划学术委员会委员。邮箱:lijijun68@163.com。

现代化国家新征程。向"第二个百年奋斗目标"进军的第一个五年,新发展阶段的"规划"意味着在目标、性质、内容、体系和程序等方面都与传统的"计划"发生了明显的转变。五年计划侧重于对重大建设项目、生产要素布局、国民经济结构比例以及社会经济发展目标及方向提出的指令性安排,五年规划则更加强调社会经济领域的综合发展战略,体现规划的纲领性引导和战略预判特征。

从规划目标上看,"第一个五年计划"到"第五个五年计划"期间,主要的规划目标为"实现社会主义工业化和四个现代化",之后改为"社会主义经济建设现代化",从"第十个五年计划"开始改为"全面建设小康社会",党的十八大后("十三五"期间)又改为"全面建成小康社会"。

从规划特征上看,"第六个五年计划"以前多以指令性规划为主,之后逐步转变为兼具预期性和指导性的规划,目前已转型为预期性、约束性相结合的规划。

从规划内容上看,从经济计划到经济社会计划,再到政治、经济、文化、生态和国防等领域的发展规划,逐步走向综合化。

从规划体系上看,从最初的经济计划转变为总体规划、专项规划、区域规划和主体功能区规划等多种类型,并于2018年正式建立了发展规划体系。

从规划制定程序上看,从最初中央直接制定,到国务院制定、中央指导、全国人大审议,规划制定程序逐步制度化、法制化。

3.1.2 立足当下,审视"十四五"规划使命

"十四五"时期是生态文明引领的新型城镇化和"一带一路"引领的新型全球化协同推进的新时代,是"人类命运共同体"由理念到实践的关键期,其中有3个关键词需要关注。

(1)新征程。从脱贫攻坚到下一步的美好生活,实现"第一个百年奋斗目标"后,我国已开启全面建设社会主义现代化国家的新征程。之后,资源要素配置模式的变化带来城市有机更新和城镇增长、收缩并存以及城乡空间重构和资源双向流动问题。

(2)新目标。到21世纪中叶新中国成立一百年时,基本实现现代化,建成富强民主文明的社会主义国家,"十四五"便是两个"百年目标"的交棒点。"第二个百年奋斗目标"实际上就是新语境下的现代化以及更广泛地参与全球竞争,在空间支撑和新功能导入上,需要较改革开放40年以来的路径有较大调整和变化。

(3)新格局。既包括内循环,也包括外循环,对于城市空间而言,更多体现在对国际化的响应以及提供更广泛的公共设施、公共产品。双循环的提出并不是一个短期战略,而是适应国内国际发展环境新变化的一个中长期战略调整。作为一个拥有14亿人口的发展中大国,我国城镇化比例提升的空间依然很大,经济结构面临转型和升级,巨大的国内市场足够为国内经济大循环提供强有力支撑。

3.1.3　展望未来,对 2035 年远景的时代期许

党的十九大对实现"第二个百年奋斗目标"作出分两个阶段推进的战略安排,即到 2035 年基本实现社会主义现代化,到 21 世纪中叶把我国建成富强民主文明和谐美丽的社会主义现代化强国。党的十九届五中全会审议通过的《建议》立足基本实现社会主义现代化的主客观条件,从经济、产业、治理能力、文化等 9 个层次对 2035 年远景目标进行了更加清晰的展望和顶层设计。未来,对于城市更新与精细治理,有四个方向①值得关注。

1) 开发内容上,从旧城改造到城市有机更新

早在 20 世纪 90 年代,上海的城市更新就已摆脱以旧城改造为目标的大拆大建模式,向着城市有机更新的方向转变,即把城市认同为一个生命体。城市的生命在于不断更新并迸发活力,会在自身的发展过程中逐渐完成自身的新陈代谢,而不接受任何外界的强制性干预。城市有机更新是一个涉及长期性、复杂性,多方的利益互相博弈的过程,这也是未来城市更新的主要方式之一。

2) 开发规模上,从大规模建设到城市"针灸"

城市更新不再是大规模的、断裂式的,而更多是持续不断的,小规模渐进式的。同时应采取"针灸"的手法,逐渐对城市的诸多弊病进行革除。上海注重采取城市"微更新"的模式提高一切建设行为的精致度,在城镇规划建设工作中加强精细化规划、精细化设计、精细化建设和精细化管理,并加强探索适应这种"精细化"的法律和制度。

3) 开发维度上,从单一维度到综合维度

城市更新的成功有赖于建立一个真正有效的城市更新管治模式,即要有一个包容的、开放的决策体系,一个多方参与、凝聚共识的决策过程,一个协调的、合作的实施机制。城市更新是多方利益参与,协商调和的过程,需要建立更多公众参与的渠道,自上而下与自下而上相结合,而非由单一主体主导。

4) 开发导向上,从地产层面到文化层面

长远来看,以地产和商业为主的城市更新将逐渐被以文化为导向的城市更新模式所取代,城市更新将更加关注城市的文化层面。新一轮上海市城市总体规划提出城市发展的目标愿景为"卓越的全球城市",并在城市性质中明确提出要建设国际文化大都市。这是上海首次将文化发展作为核心战略,体现了对于新时期城市发展动力与方向的判断②。

---

① 丁凡,伍江.城市更新相关概念的演进及在当今的现实意义[J].城市规划学刊,2017(6).
② 廖志强,刘晟,奚东帆.上海建设国际文化大都市的"文化+"战略规划研究[J].城市规划学刊,2017.

3.2 新践行：中国不完全案例

《建议》明确了"十四五"时期我国经济社会发展的指导思想，提出了必须遵循的"五个坚持"重要原则，即坚持党的全面领导、坚持以人民为中心、坚持新发展理念、坚持深化改革开放和坚持系统观念。这五大原则呼应着我国城市更新和精细化治理过程中所体现的五大价值取向，即制度优势、人民城市、质量效率、精细治理和系统集成（表 3-1）。本文将以此为框架，对我国城市更新和精细化治理的典型案例展开介绍。

表 3-1 我国城市更新和精细化治理的五大价值取向及案例体现

"十四五"五大原则	简要阐释	价值取向	案例体现
坚持党的全面领导	党的领导是做好党和国家各项工作的根本保证	制度优势	案例 1：新江湾城——杨浦区转型的重要支撑
坚持以人民为中心	满足人民日益增长的美好生活需要，是我国经济社会发展的根本目的	人民城市	案例 2：苏州河沿岸发展建设规划 案例 3：城市市集场所营造 案例 4：上海各区加装电梯实施方案
坚持新发展理念	实现更高质量、更有效率、更加公平、更可持续、更为安全的发展	质量效率	案例 5：张江未来公园人工智能馆 案例 6：上海民生轮渡站 案例 7：同济大学四平路校区景观微更新 案例 8："上海灯芯绒厂"城市更新 案例 9："体""用"合一的公民空间
坚持深化改革开放	改革开放有待加强国家治理体系和治理能力的现代化建设	精细治理	案例 10：上海城市数字化转型新实践 案例 11：田子坊——没有开发商的城市更新 案例 12：曹杨新村旧改
坚持系统观念	统筹"十四五"时期经济社会发展的科学方法	系统集成	案例 13：上海黄浦江两岸贯通规划 案例 14：杨浦区"美丽街区"总体规划设计方案

3.2.1 制度优势篇

习近平总书记在提及中国特色自主创新道路时指出："我们最大的优势是我国社会主义制度能够集中力量办大事。""五年规划"能够得以顺利实施，根本原因在于党的领导。正因为有党总揽全局、协调各方，才能成功应对一系列重大风险挑战、克服无数艰难险阻，保证国家发展规划沿着正确方向有效发挥引领作用。上海新江湾城的案例便是我国制度优势的集中体现。集中力量，才能保证重点；集中资源，才能办成大事、难事。

案例 1：新江湾城——杨浦区转型的重要支撑

新江湾城位于杨浦区，基地系江湾机场旧址，紧靠黄浦江，是上海中心城区最后的一块大宗处女地。1996 年,受上海市政府委托,上海城投公司正式着手新江湾城项目的土地一级开发工作。1996—2003 年,新江湾城项目经历了多次论证,做了几轮规划方案的国际招标,韩正市长指示要把新江湾城建设成为"面向 21 世纪的示范居住区"(表 3-2)。

作为杨浦区转型的重要支撑,新江湾城项目旨在打造融生态型住区、知识型园区和花园型城区为一体的综合居住区。现今,这里作为一个以中、高档住宅为主的知识型、生态型大型花园式国际社区,比肩古北、联洋、碧云社区,被誉为"上海第三代国际社区"。在新江湾城的案例中,有以下经验值得借鉴。

表 3-2　新江湾城开发历程

阶段	时间	重点事件
土地储备规划调整	1996 年	签署《江湾机场原址部分土地使用权收回补偿协议》
	1997 年	江湾机场 9 000 亩土地转交上海市,军事用地转性为城市建设用地
	1998 年	新江湾城开发有限公司划归上海城投公司管理,城投成为开发主体
	20 世纪 90 年代末	定位为类似万里、春申和三林的一般居住示范区
	2001 年	确定"21 世纪知识型、生态型花园城区"定位
	2002 年	经过筛选,选择了美国泛亚易道的城市设计方案,并编制控制性详细规划
市政配套建设	2003—2005 年	通过生态环境、水系循环、道路交通、景观架构、生活服务和市政配套六大体系的建设,形成可供二级开发商进行开发的熟地
		土地换市政,隆杰、银雁、国云、建迅等公司通过建设市政配套换取新江湾城土地
土地出让开发	2006—今	进行区域宣传推广,确定区域高端品牌深入人心
		引进国际国内知名二级开发商,进行区域高起点开发
		区域土地价值极大提升,地价迅速飙升

1) 品质配套,提升区域价值

新江湾城配套齐备且品质优良,引入了诸多与国际化社区相匹配的生活配套设施,如重点幼儿园、小学、初中以及国际学校、高端医疗、城市商业综合体等。现今,新江湾城具备 14 所名校资源共同构筑的完善教育体系,包括复旦大学(江湾校区)、上海财经大学、同济大学第一附属中学、兰生复旦中学、复旦二附中(在建中)、中福会幼儿园等优质学校,形成了全上海最富人文气息的区域之一,区域价值也随着生活配套的品质升级得以不断提升。

2) 产业导入,放大区域优势

杨浦区是上海科创产业最为领先的区域之一,该区规模最大的湾谷科技园(总规划面积达 66 万平方米)便位于新江湾城之内。湾谷科技园面向高端科技人才、企业研发总部、高科技服务业,以现代化设计、商业化配套、定制化服务打造现代科技企业加速器,目前已经引进了全国孵化联盟、中信资本、中兵北斗、易居中国、益盟软件、华平科技、复旦设计院等近 50 家高新技术企业,为区域导入大量高精尖人才。新江湾城作为杨浦区最大规模产业园区的落户地,肩负着推进上海建设全球科创中心、跻身全球城市的历史使命。

3) 生态优先,塑造区域灵魂

生态优先的理念贯穿新江湾城的建设实践中,塑造了新江湾城的生态之魂。以高标准的绿化配置为基础,辅以"渗透"特色的绿化布局,成就了新江湾城花园式生态住区的重要特色。从数据上看,新江湾城的集中绿地占比在 20% 以上,约 90 万平方米,同时,绿化空间向住宅群内"渗透",总绿化率达到 50%。此外,网络状水系也是体现新江湾城自然生态特色的重要因素。规划中水体面积约 40 万平方米,占比约 8.7%。借助网络状生态水系形成的生态骨架,绿色空间与水系紧密结合,并与人居空间相互渗透,丰富的空间和景观设计营造出充满生机与趣味的居住环境。

城市是"生长"出来,而不是"被建设"出来的。生长的过程一定是需要引导的。在江湾新城的开发中,有三大概念值得关注:①城区概念,强调新江湾城是综合城区建设,而不仅仅是居住区开发;②生态概念,强调在最大的保护力度下进行开发,以生态环境品质作为头牌品质;③人文概念,强调大学、知识产业空间和居住社区的互动协调。

3.2.2　人民城市篇

市委、市政府指出未来上海的"建筑是可阅读的,街区是适合漫步的……城市始终是有温度的"建设大方向。2020 年,习近平总书记考察上海时提出"人民城市人民建,人民城市为人民"的重要理念,强调让"人"成为城市最根本的尺度。发展"人民城市"是本次两个一百年的战略进程中非常核心的一个概念。实际上,每一项规划工作最终都要回归到"人民的体验""人民的获得感"上,要将人民对美好生活的向往、对幸福生活的追求体现在城市的最终评价标准上。上海"一江一河"的贯通改造是"人民城市"理念的最佳体现,黄浦江两岸 45 千米贯通家喻户晓。这里以苏州河沿岸开发、大学路市集场所营造以及老旧小区的更新改造为例。

案例 2:苏州河沿岸发展建设规划

2020 年,上海市规划和自然资源局公布了《黄浦江沿岸地区建设规划(2018—2035)》和《苏州河沿岸地区建设规划(2018—2035)》。在建设世界级滨水区的总目标下,黄浦江沿岸定位为国际大都市发展能级的集中展示区,苏州河沿岸定位为特大城市宜居生活的典型示范区。规划愿景中要将苏州河打造成"尺度宜人、有温度的人文城区",集中体现了"以人为本"和"人民城市"的理念。在苏州河沿岸发展建设规划的案例中,有以下经验值得借鉴。

1) 更为开放的沿岸空间

更为开放的苏州河沿岸空间建设包括:①贯通滨水空间,实现中心城区段全线覆盖,推进外环外吴淞江绿道建设,通过精细化设计,开展滨河绿道慢行优先化改造。②推进跨河桥梁建设,实现合理的桥梁间距和梁底标高,提高慢行过河的舒适度和便捷性。③推进公共空间形成网络,结合贯通步道增加公共空间,提升活动节点的整体布局密度和服务覆盖率。

2) 更富有活力的城市功能

苏州河沿岸地区更富有活力的城市功能打造包括:①引入特色功能,在北京东路等重点转型提升地区引入文化、创新、生活服务等特色功能,建设宜居、宜业的复合城区。②提升滨水界面的公共性,新建建筑确保滨河公共功能,保留建筑通过更新改造增加公共功能,在中央活动区段形成连续活力界面。③丰富水上生活,重点丰富水上旅游功能,新增7处旅游码头,实现水陆联动,开展龙舟赛、皮划艇等水上活动(图 3-1)。

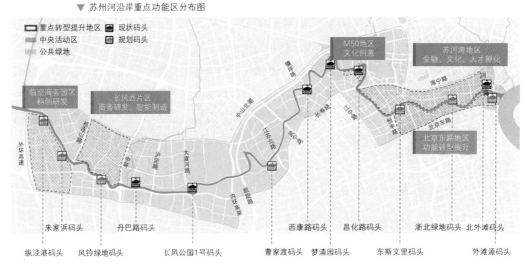

图 3-1 苏州河重点功能区分布
来源:上海市规划和自然资源局.苏州河沿岸发展建设规划,2018

3) 更加绿色的生态环境

苏州河沿岸生态环境的建设包括:①要求有易于亲近的洁净水体。对全流域进行水体治理,提升水质,基本消除劣 V 类水,打造人类与动植物共融的优质活动场所。②推进沿岸生态空间建设,中心城区段因地制宜挖掘多类型的生态空间,结合滨河绿带串联公园绿地、郊野公园等大规模生态示范区。③加强绿色低碳技术的应用,提高滨河地区新建民用建筑绿色建筑达标率,开展海绵城市建设工作(图 3-2)。

4) 更具内涵的文化水岸

更具内涵的苏州河文化水岸建设包括:①拓展聚焦保护对象,普查各历史时期、各类型的保护对象,重点加强对于里弄建筑和工业遗产的保护利用。②借助历史建筑焕发生机,结合区段功能和风貌主题,活化利用四行仓库分库、福新面粉厂等历史建筑,植入公共功能,加强互动。③通过文化集聚丰富岸线产品内容,滨江沿岸布局多层次文化、高教设施,结合河口、静安、普陀东段等文化集聚区设置文化探访路线(图 3-3)。

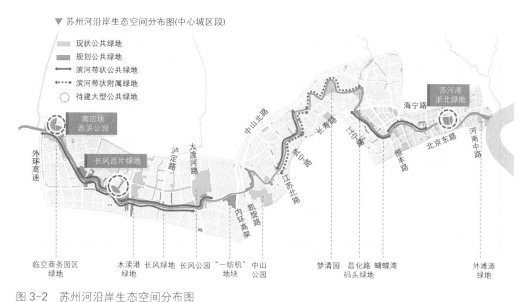

图 3-2　苏州河沿岸生态空间分布图

来源：上海市规划和自然资源局.苏州河沿岸发展建设规划,2018

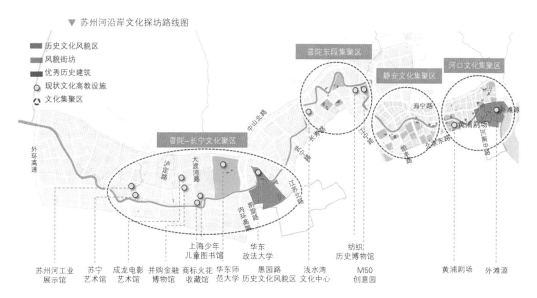

图 3-3　苏州河沿岸文化探访路线图

来源：同上

5）更显精致的滨河景观

打造苏州河沿岸地区更加精致的滨河景观要做到：①滨水画面经典、独特,加强苏州河沿岸建筑高度与天际线管控,重点优化历史建筑密集、河湾半岛等特殊区域的景观形象。②视觉效果步移景异,注重苏州河前景—中景—背景的融合,设置适宜步行节奏密度较高的观景点,塑造人性化滨河景观空间。③建筑色彩协调宜人,提升整体色彩协调性,引导建筑色彩与资源环境、历史环境的色彩相协调。

在新一轮的国土空间规划框架下,上海的"一江一河"变成了让老百姓有体验感和获得感的重要抓手,沿河两岸的综合开发也成为上海"卓越的全球城市"这一目标愿景的重要支撑。文化作为提升滨河体验的最基本的载体,如何活化利用成为关键。

案例3:上海大学路城市市集场所营造

大学路位于上海五角场地区,西接五角场商圈,东连复旦大学,2006年建成,规划定位为居住、创业混合区,现已成为汇聚文艺青年与学生社群的网红街区。弹性适度的管理支撑了市集文化在大学路的持续发展。李克强总理在山东烟台考察时表示,地摊经济、小店经济是就业岗位的重要来源,是"人间的烟火",是中国的生机。城市市集是地摊经济的一种形式,也是激发城市活力的重要空间载体。在上海大学路城市市集的案例中,有以下经验值得借鉴。

1)以人为本的街道空间奠定了市集空间基底

上海历来重视街道空间设计。大学路是上海街道空间建设的典范空间,在设计引导下形成了良好的街道尺度和街道环境。白天,这里是干净的步行街;夜晚,这里是充满情调的美食街。就此引发大学生市集的蓬勃发展,形成了独特的街道文化。

2)空间复合利用,提升市集场所活力

大学路市集充分利用多样化空间相互融合来营造场所。沿街商铺的后退空间与市集融合,市集为商铺带来人流量,商铺为市集提供水电和仓储支持。停车场、街道转角、广场与市集融合,形成标志性停留空间,周边聚集特色摊位,为行人提供多样化选择。

3)不断更新业态,保持市集场所生命力

市集功能和沿街商业综合体错位发展,业态策划以"小、多、新"为特点。"小"是指各类商品规模小,一家店铺的商品可能几个箱子就能装满;"多"是指商品种类多;"新"是指创意新,大学路市集每个月的主题都会变换。

4)以独具创意的"后备箱"模式强化市集场所特色

"后备箱"是大学路独创的市集模式,即利用车的后备箱空间作为摊位,不仅节约了摊位空间,也增强了摆摊的便利性。"后备箱"市集有着占地面积小,形式新颖的特点,有效缓解了停车空间的消极性,将停车位和街道、广场结合起来,形成富有活力的公共空间,同时也制造出大学路市集的"话题性"。

为配合大学路市集发展,上海在城市管理制度方面进行了创新:适度允许商业空间自然生长的同时,又严格限制了发展底线;在有效保障道路基本功能的前提下,充分尊重市集发展的空间特点,让市集可以被更好地利用,也让城市街道更加充满活力。

案例4:上海老旧小区加装电梯的实施方案

国家统计局数据显示,截至2019年年底,中国60岁及以上人口已达2.5亿,占总人口的18.1%。不少老人生活在老旧小区里,适老性差、出行难、活动空间匮乏等问题日益凸显,适老化改造成了一项迫在眉睫的"抢救性"工程。上海市住建委、市房管局等 10 个部门联合印发了《关于进一步做好本市既有多层住宅加装电梯的若干意见》,并于 2019 年12 月 25 日起实施。上海市老旧小区加装电梯的数量和速度稳步攀升,相应建设体系已基本形成,"业主自愿、政府扶持、社区协商、兼顾各方、依法合规、保障安全"和"能加、愿加则尽加、快加"的加装电梯推进机制正逐步完善。总结上海老旧小区加装电梯的案例,有以下经验值得借鉴。

1) 虹口区——多部门联动

虹口区通过实行并联预审,建立绿色审批通道。在征询阶段,区房管局与区规划局共同对立项材料、初步设计方案进行预审,对存在的问题做到早发现、早解决,双管齐下,进一步提高申请资料通过率。

2) 杨浦区五角场街道——推出 2020 版加装电梯服务地图

杨浦区五角场社区近 80% 的老旧小区没有安装电梯,居民对加装电梯的意愿非常强烈。五角场街道推出了 2020 版加装电梯服务地图,以楼为单位,体现"一楼一策"的灵活建设思路。

3) 静安区临汾路街道——凝聚各方力量,让所有人都是参与者

临汾路街道成立加装电梯领导小组,通过组织架构,让所有人都是参与者。在研究成功加装第一台电梯案例的基础上,形成"123 工作法",通过党建引领,把党组织、政府、社会、居民方方面面的力量都凝聚起来,形成合力,破解老公房加装电梯的种种难题。

4) 普陀区长风新村街道——推动互联网手段与加装电梯相结合

长风新村街道引入互联网领域的高新技术企业,推动互联网手段与加装电梯相结合,以此弥合工作中的痛点、难点问题,为圆老旧小区居民的电梯梦提供新的助力。

如何对城市中快速的人口老龄化局面作出积极响应,是近些年来规划界讨论的热点之一。给老旧小区加装电梯是上海城市更新(包括社会更新、公共服务供给、民生补短板等)的重要抓手之一。

3.2.3 质量效率篇

质量效率是新发展理念的体现,也是对创新、协调、绿色、开放、共享等发展理念的高度概括。这一节将主要介绍五个案例:体现创新理念的张江未来公园人工智能馆、体现协调理念的上海民生轮渡站、体现绿色理念的同济大学四平路校区景观微更新、体现开放理念的上海灯芯绒厂以及体现共享理念的昆山市政务服务中心。通过对案例的解读,剖析质量效率在城市更新中的微观体现。

案例 5:张江未来公园人工智能馆

张江未来公园不仅是未来生活的展示基地,更是科技爱好者的社交场所。基地紧邻

的人工智能岛是张江发展人工智能产业的重要空间载体,未来公园一期的人工智能馆作为这个 AI + 园区功能的延展,为最新的人工智能技术及其产品提供展示空间。

在这个案例中,有两个设计要点值得关注:①智慧场景营造。人工智能馆将所有展品融合成为展示未来生活与工作的场景。②超常规尺度。例如屋面以 8 毫米厚钢板整片焊接而成,隐藏接缝,顶部波纹状处理方式用以增强屋面立体感;挑檐以大尺度穿孔不锈钢板拼接而成,高反射性材质倒映出虚化的地面、周边建筑与人,营造出强烈的未来感;外围 5.3 米高隐框玻璃幕墙折线拼接,实现建筑与周边环境的渗透与融合。

案例 6:上海民生轮渡站

民生轮渡站位于民生路东端,北侧濒临黄浦江,西侧连接新华绿地,东侧通过慧民桥连接民生艺术码头。作为联系浦江两岸的水上交通基础设施,同时也是东西两侧滨江贯通的重要景观节点,其整体设计是将建筑融入周边景观,通过上下层功能分离的设计策略将出入轮渡站的人流同滨江三道慢行道合理分流。

建筑共分两层,一层主要为轮渡站候船厅及站务用房,主要流线为南北向;二层为配套设施,可服务于周边贯通道。

建筑高度 9 米,上部为覆盖金属网的景观构筑物,建筑面积为 363 平方米,结合夜景灯光成为独特的地标建筑。

案例 7:同济大学四平路校区景观微更新

为了让学生感受更加安全、安静的环境氛围,同济大学四平路校区 2018 年完成了"无车校园"的转变。该项目是利用废弃的停车空间进行校园环境微更新,一共包括 4 个停车场地。该项目于 2018 年开始调研与设计,是一次结合设计教学的实践活动。

对停车场的改造始终贯彻可持续发展的设计理念,充分回收、利用场地中的资源与要素,尊重场地所具有的场所记忆,通过简洁的设计营造出静谧、舒适的休憩场所,并使其融入同济大学的校园景观中。结合设计构思,以场地中原有和新植的乔木作为景点的名称,分别为梧桐广场、玉兰广场、柳树广场、枫林广场。

案例 8:"上海灯芯绒厂"城市更新

上海灯芯绒总厂坐落于上海市杨浦区平凉路 2440 号,始建于 20 世纪 80 年代,由于产业更迭,现已停止运营。为使失落的城市场所重焕生机,让旧工厂成为有温度、有影响力、有凝聚力的创新社区,FTA(孚提埃(上海)建筑设计有限公司)对灯芯绒总厂进行一体化城市更新改造设计,希望在保留历史记忆的同时,挖掘场所个性,提升地块的开放度、知名度与商业价值,让其成为一个办公及生活"目的地"。

在建筑沿街面,设计将原有蓝色彩钢板的锯齿状工厂形态加以优化,形成回应"灯芯绒"记忆的立面肌理。打造地标性商店,在向人们诉说历史故事的同时,提升地块人气和商业价值。在项目内街,为解决动线单一且没有人车分流的现象,设计通过打开局部通道形成多个出入口,并让每一栋建筑拥入独立出入口,体验庭院式办公。地面的景观设计延续"灯芯绒"的纹理,向历史致敬。

案例 9:"体""用"合一的公民空间:昆山市政务服务中心

昆山市政务服务中心由 4 栋塔楼和连接塔楼的裙房围合而成,建筑面积 10.2 万平方米。汇集了 20 多家市级单位,为全市提供包括民生、社保、税务、公安、出入境、公共资源交易、投资建设、市场准入、社会综合管理等在内的一站式服务。

3.2.4　精细治理篇

开展城市精细化管理的出发点和落脚点是为了更精准地解决群众生老病死、衣食住行、安居乐业的问题。城市精细化管理的关键在人,重心在社区,聚焦解决好群众身边的操心事、烦心事、揪心事。城市精细化管理是要让人民群众在城市生活得更方便、更舒心、更美好。检验城市精细化管理水平的最终尺度是人民群众的幸福感和满意度。

案例 10:上海城市数字化转型新实践

2020 年 11 月 25 日,中共上海市第十一届委员会第十次全体会议举行。会议指出,要全面推进城市数字化转型。城市数字化转型是一个全新课题、一个系统工程,涵盖城市生产、生活、生态方方面面,包括经济数字化、生活数字化、治理数字化等各个领域。城市数字化转型有以下几个重点①。

(1)要注重"整体性转变"。对上海来说,经济、生活、治理的数字化是相互协同的,城市数字化转型是一次"整体性转变",而不是某几个领域的"单兵突进"。正如同济大学经济与管理学院周向红教授所言,"善政"(即打造数字化政府,提高政府柔性化治理、精细化服务)、"惠民"(即便捷民众在医疗、教育、交通等全方位的生活需求,建设宜居城市)、"兴业"(即借助新一代信息通信技术,实现企业生产智能化、运营数据化、管理智慧化、营销精准化,提升组织绩效与根本竞争力)三方面需要并驾齐驱。

(2)要突出"统筹"要求。面向未来做顶层设计,形成机制,囊括各领域,调配各部门,覆盖各区域,发动全社会,搭好数字城市的框架,打通数据应用的瓶颈,激活应用场景的开发。上海的数字化转型不是单纯的技术手段迭代,而是一次"革命性重塑",是以大数据深度运用为驱动,倒逼城市管理手段、模式、理念深刻变革,引领生产生活方式和思维模式的全面创新。

(3)要突出"社会"属性。在"两张网"基础上,数字化要进一步面向社会各领域,服务社会群体,鼓励社会参与。在城市数字化转型中,要特别注意"数字弱势群体",要专门针对老年人的数字化能力采用具有人文关怀的设计。推进整体性转变要带上全体市民,而不仅仅惠及数字化的强者。数字化转型的目标应实现"数字包容",而不是加剧"数字鸿沟"。同时,在推进数字化使用中,要保护好公民隐私,谨慎识别和防范数字技术的各类潜

---

① 周向红.城市数字化转型将如何改变上海[N].解放日报,2020-11-30.

在风险。

数字化转型是上海塑造面向未来、面向 2035 城市竞争力的关键之举,旨在让整个城市更聪明、更智慧,进一步提升城市系统产出、配置和运行效率。通过城市数字化转型,树立行业标杆,打造国内样本。上海率先探索出一条可复制、可推广的中国特色的超大城市治理新路,有望通过在经济、生活、治理等领域的数字化建设,达到世界一流城市的水平,体现"中国高度"。

案例 11:田子坊——没有开发商的城市更新

田子坊,上海城区中最具平民气息和市井风情特色的历史街区之一,也是上海城市历史变迁和城市文化产业发展的独特"地标"。回顾田子坊的治理历程,"居民自主、政府引导、自下而上"的治理模式一度成为驱动街区更新的主要动力,推动田子坊成为非典型历史街区更新的"上海模板"。

田子坊的更新过程主要包括厂区改造阶段、里弄住区发展阶段和政府引导控制阶段,有以下经验值得借鉴[①]:

(1)以历史保护为前提。历史文化遗产是不可再生、不可替代的宝贵资源,要始终把"保护"放在第一位。划定保护区与建设控制地带,并按相应的方式进行保护控制,保护其历史建筑、重点空间、重点界面、历史环境要素。

(2)以生活营造为使命。田子坊的更新再生十分注重在保持历史文化多样性中创造新生活。街区布局分为"一坊、四街、十里、二十巷"。其中"一坊"指把田子坊作为一个完整的城市社区进行考虑,不仅有历史文化街区、创意产业园区功能,还包括城市居住功能。"四街"指南街、北街、西街、东街,以历史风貌为依托有不同的定位。"十里"指注重引入创意居住生活新理念,延续市井里弄生活风情,传承海派特质的生活品质。"二十巷"强调的是保持里坊内小巷的特色,重塑宜人的环境,提炼鲜明的主题,如骑楼巷、二井巷、花园巷、篱笆巷等。

(3)以创意策划为特色。在延续文脉和创意精神中重塑人文新景观是田子坊发展至今的制胜法宝。田子坊主要游览内容有"三线、六景、九门、十二楼"。其中,"三线"指以访古寻幽为特色的历史风貌游线、以文化艺术景观为特色的创意风华游线和以原生态里弄生活为特色的海派风情游线。"六景"是指将有代表性的风貌建筑和重要人文记忆及特色的创意空间开发为六处景观,如花园石库门、法国景园、影像场、凌霄阁等,旨在营造充满诗意的海派浪漫氛围。"九门"是指将有代表性的里坊门楼列为怀旧标志(如记忆之门、里坊之门、石库之门),将反映平淡、率真的里弄生活节点列为传承标志(如创意之门、生活之门、市井之门),将创意艺术和有科技时代特征的节点列为创新标志(如纪念之门、艺术之门、数字之门)。"十二楼"指"闲境石库门"(民居 4 楼)、"意境梦工厂"(由工房、橱窗、秀场

① 王尧舜,胡纹,刘玮.旧城改造中的博弈与重构——以上海田子坊为例[J].建筑与文化,2016(11).
孙施文,周宇.上海田子坊地区更新机制研究[J].城市规划学刊,2015(1).

组成的梦幻 3 楼）和“秘境老洋楼”（由行政大楼、花园洋房、小红楼等组成的典雅 5 楼）。

　　在田子坊的开发案例中，政府并没有大规模的土地投资和开发建设。田子坊集中释放的是一种真正的民间智慧，其背后隐含着的正是一个重大的组织社会学命题，即社会自治。田子坊开发案例对历史街区再生的价值评判进行了补充：不应只看单纯的商业价值，而应在历史保护和营造生活感的前提下，同步关注街区的文化价值、产业价值和社会价值。

　　案例 12：曹杨新村旧改

　　曹杨新村始建于 1951 年，是新中国首个工人新村。2004 年，曹杨新村被评为“上海市第四批优秀历史建筑”。在 70 余载的岁月变迁中，房屋老化、空间逼仄、煤卫合用等问题使居民们要求改善的呼声很强烈。2019 年，曹杨新村成套改造项目启动，在改善居民生活条件的同时，力争保留工人新村的历史风貌。

　　新时期的改造是在充分尊重既有肌理、生活氛围、社会关系的前提下，进行精细化修缮，以微调、微整为抓手，达到系统性提升的目的。曹杨新村的改造体现了 4 个更新策略（图 3-4）。

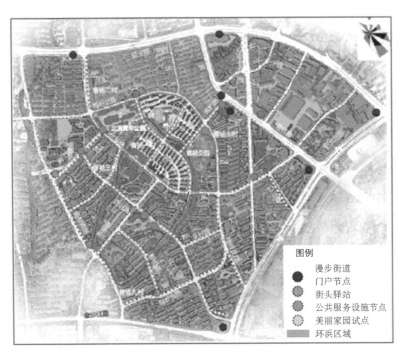

图 3-4　曹杨新村“美丽家园”行动总体方案
来源：杨辰，辛蕾.曹杨新村社区更新的社会绩效评估——基于社会网络分析方法[J].城乡规划，2020(1)

　　（1）融入城市，提供就业。承接武宁路科创发展轴，提升真如—武宁地区科技创新应用区功能，带动社区商业氛围，提供就近就业岗位。营造创新资源集聚、创新空间遍布、生活环境优越的创新创业氛围。

（2）完善公共服务设施。淘汰落后设施，置换为紧缺设施，完善公共服务层级，形成现代化的公共服务体系。主要举措有开放闲暇时间段的操场和体育设施、扩建集贸市场、置换老年活动室、抽户设置敬老院等。

（3）提升居住品质，保护与发展兼顾。在保障历史肌理的同时，增加每套住房的使用面积。保持南立面历史风貌不变，减小北立面内凹尺度，重新布局楼梯通道，放宽放缓踏步尺寸，并对公共厨房、卫生间、楼梯的空间布局进行调整。改造后给予每户约5～6平方米的独立厨卫空间。

（4）打通绿色廊道，整合开放空间。打通环浜岸线，连通公共空间。居住小区内部打造亲水平台，拆除违章建筑，增加慢行通道。将梅川路43弄内一处闲置的民防空间进行综合改造，打造成为一个集民防宣传教育馆、社区教室、老年助餐点、阅读活动点为一体的综合活动场所。

城市更新不仅仅是旧城改造，也不仅仅是建筑形态的更新，而是人们生活方式的改变。在这个过程中，建筑形态可以不变也可以变，但其承载的功能与使用方式一定会变。对于城市更新的主导者来说，重要的是思考谁会生活在这里，他们未来又将怎样去生活。这是城市更新的基础问题。

3.2.5 系统集成篇

"十四五"时期，系统观念、系统方法是组织管理重大工程、重大事业不可或缺的。系统观念强调要从事物的总体与全局上、从要素的联系与结合上研究事物的运动与发展，找出规律，建立秩序，实现整个系统的优化。由于对城市发展规律的认识不足，不少城市规划设计囿于自己的一亩三分地，过度重视个性表达而忽视了整体和谐，过度重视"眼下震撼"而忽视了承上启下，缺乏空间、规模、产业的系统整合，割裂了城市的文脉传承。下面以上海黄浦江两岸贯通规划和杨浦区"美丽街区"总体规划设计方案为例呈现对城市系统性更新的全过程。

案例13：上海黄浦江两岸贯通规划

黄浦江两岸地区的综合开发自2002年启动以来，以"还江于民"为目标，致力于实现生产性岸线向公共综合功能岸线的转型。经过多年的发展，浦江两岸的功能、形象、设施等方面都有了极大提升。然而，滨江空间的开放度、可达性仍显不足，环境品质还有待提升，滨水空间的价值未能得以充分体现，特别是滨江沿线仍分布着一些难以搬迁的封闭型单位、码头及市政设施，成为空间上的断点，直接影响了滨江活动的连续性与可达性。

在此背景下，2016年，上海市委、市政府提出，要实现黄浦江核心区段杨浦大桥至徐浦大桥之间45千米（两侧岸线总长度）滨水岸线公共空间的贯通，建设面向市民和游客观光游憩、健身休闲的开放空间。据此，黄浦江两岸开展了公共空间贯通开放规划的编制工作，积极探索滨江区域从"大开发"走向"大开放"之路，打造开放共享、更具魅力的滨江景观。其中,六大规划策略值得我们关注①。

1) 更开放:着力打通断点,多路径激活空间

针对因轮渡站、市政设施以及支流河道阻隔形成的多处断点,以多类型的"针灸式"设计实现空间贯通。如在无法开辟陆上空间的区段建设水上栈道,在垂直于江岸的支流河道上架设步行桥,结合无法搬迁的滨水设施设置二层平台等。此外,关注小微空间发掘,提供多层次开放空间,采用场地改造、景观提升、增加设施、艺术处理等多种手法将空间激活。上海黄浦江两岸贯通规划打通近百处滨江断点,提供约 500 公顷的公共空间,使得岸线得以全面开放。

2) 更活力:强化慢行链接,注入功能与活动

结合多样化活动需求,构筑"亲水漫步道、运动跑步道、休闲骑行道"。漫步道位于沿江第一层面,相对灵活设置,并与广场等融为一体;跑步道、骑行道均设有明确的通道标识。三道结合,构成了沿江活力主线。其中,部分建设受限区域的骑行道采取借用沿江城市道路空间从腹地或水上栈道绕行的形式。进一步加密垂直于黄浦江的慢行通道,衔接公共交通。构建以滨江为主轴、有效连接腹地、纵横交织、立体复合的慢行网络体系。结合各类活动空间融入文化、游憩、体育等功能,凸显场所活力。

3) 更人文:彰显文化底蕴,注重传承与融合

充分挖掘并全面保护滨江的历史文化遗产,重点保护 3 个风貌区、5 个工业遗产群和160 余处优秀历史建筑。针对历史建筑、船坞、塔吊等构筑物以及整体历史环境开展风貌设计,以场景再现、要素演绎等多元手法彰显历史文化底蕴。强调多样化功能的重塑,植入创意、展示、演艺等文化功能,让旧迹斑斑的"锈厂"蜕变为文化时尚的"秀场"。规划10 条串联历史遗存的经典文化探访路线,以杨浦工业文明、外滩海派经典、徐汇文化时尚等不同主题进一步加强滨江地区的文化感知与互动体验。

4) 更绿色:注重生态效应,完善蓝绿网络

重视生态系统的规模效应,建设世博文化公园等大型生态斑块,构筑滨江生态基底。加密由滨江向腹地渗透的绿化廊道,如楔形绿地、林荫绿道、支流绿带等,进一步完善生态网络。绿地注重多维度生物栖息地和生态群落的培育,强化本土植被的运用与配置的原生态导向。

5) 更美丽:着眼全域景观,塑造经典形象

基于标志性景观的布局,强化视廊控制,建立全方位的景观体系。实现滨江全要素引导,通过绿化、场地、设施、构筑物等景观要素的组合设计,形成丰富的景观层次。注重景观的全天候展现,营造日景与夜景的不同效果,形成 24 小时的美丽风景。充分利用黄浦江两岸的桥梁、历史建筑、艺术雕塑、塔吊等资源,开展特色化的照明设计,展现黄浦江两

---

① 邹钧文.黄浦江 45 公里滨水公共空间贯通开放的规划回顾与思考[J].上海城市规划,2020(5).

岸的夜间艺术氛围。

6) 更舒适:提升公共服务,丰富亲水体验

以便民、惠民为原则,兼顾游憩与生活的不同需求,构建游憩服务与社区便民服务并重的设施体系。注重新技术的运用,打造人性化、具有互动趣味的艺术装置、标识、服务、照明等设施。此外,以提升亲水感受为目的,针对全线高于地面约2米的防汛墙,采用绿化缓坡覆盖、观景平台跨越、建筑结合设置等方式,进一步消除视线与活动阻隔,形成丰富多元的亲水体验。

案例14:杨浦区"美丽街区"总体规划设计方案

上海市在2018年年初推行城市精细化管理工作,杨浦区"美丽街区"建设是其重要组成部分。在项目推进过程中,有关部门逐渐意识到如果工作缺乏全区整体层面的系统性引导,很难做出亮点和特色,需要在全区层面进行相关的顶层设计。于是,启动了全市第一个全区层面的"美丽街区"整体设计(图3-5),有以下经验值得借鉴。

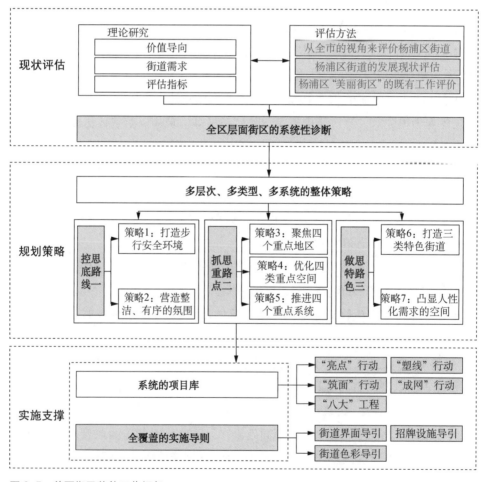

图3-5 美丽街区整体工作框架

来源:《杨浦区"美丽街区"总体规划设计》项目组,2018

1）科学全面的现状评估，为规划实施打牢基础

从安全、整洁、宜人、活力 4 个基本需求的维度，项目组选取了 18 项指标，对全区 600 多条道路、1 200 多个路段进行全面的综合评估（表 3-3）。

表 3-3　街道评估指标体系

基本需求维度指标	指标项目	方法
整洁 （街道整洁度）	街面整洁：干净，无抛物	调研打分
	建筑立面整洁：干净，无违章建筑，无杂物堆放	
	街道设施整洁：道路设施、城市家具、照明设施、道路绿化完好无损	
安全 （步行安全、街道整体安全感）	人行道安全：人行道连续、宽阔，铺装平整，无明显障碍物影响通行	调研打分
	人行道连续	
	人行道铺装平整	
	人行道空间足够通行	
	有无障碍物影响通行：道路设施、城市家具、道路绿化等不妨碍行人通行	
	隔离设施：城市主干道设置护栏或绿化隔离带	调研判断
	沿街立面安全：无拴吊杂物，墙体、构筑物、招牌广告完好无损	调研打分
	街道照明：照度良好，灯具设施、建筑发光界面良好	
	沿街界面开敞度：出入口密度，沿街功能丰富度，避免封闭、无开口的沿街界面	调研估算
提升需求维度指标	**指标项目**	**方法**
宜人 （街道空间观感品质）	品质度：街道品质的综合评价	街景照片识别
	街道绿化率	
	天空可见度	
	建筑界面占比	
	步行空间占比	
	道路机动化程度	
	多样性	
	绿化品质	调研打分
	建筑建成品质	
	遮蔽设施覆盖度：绿荫、建筑挑桥、骑楼、雨棚等	调研估算
活力 （功能丰富、交往空间、步行偏好）	功能丰富性：道路两侧功能多样性	调研＋多元数据分析
	沿街出入口数量：建筑、院落出入口	

续表

基本需求维度指标	指标项目	方法
活力 （功能丰富、交往 空间、步行偏好）	交流/休息场所数量：街头公园广场、活动场、凉亭等	调研＋多元 数据分析
	休息设施数量：各种形式的座椅	
	步行选择倾向：基于城市路网结构特征（拓扑关系、步行偏好角度）的步行选择倾向	
	生活服务便利性：基于步行可达范围的生活服务便捷性	

来源：《杨浦区"美丽街区"总体规划设计》项目组，2018

2）以系统性的整体思路统领全区建设

以控底线、抓重点、做特色为基本思路，围绕"三个思路，七大策略，八大行动"，系统谋划杨浦"美丽街区"的建设。其中，有三个重点：①四个重点地区（江湾—五角场地区、同济—复旦地区、长阳创谷地区、杨浦滨江地区），②四类重点空间（街角、社区入口、地块交界、附属绿地），③四个重点系统（标识系统、街道设施系统、绿道系统、滨水慢行系统）。在具体的方案实施过程中，以上内容都需要被关注。

3）将前沿规划理念落实在具体的项目建设中

鉴于杨浦区老龄人口较多的情况，结合同济大学部分老师的课题研究，规划将"无障碍街道""儿童友好""社区共建街道"等相关规划理念落实在具体建设中。

4）建立跨部门、多专业合作的项目实施机制（图3-6）

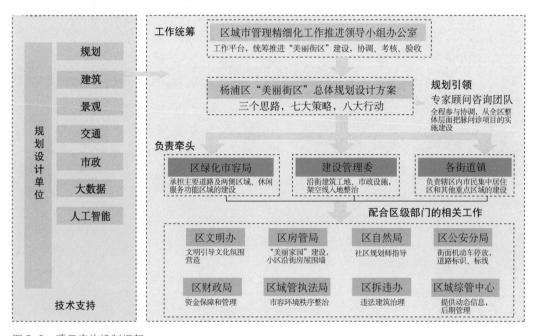

图3-6　项目实施机制框架
来源：《杨浦区"美丽街区"总体规划设计》项目组，2018

杨浦区"美丽街区"不是一个单独的项目,而是把整个地区的发展愿景集成到空间中,通过系统评估提供策略、建立项目库,统筹实施。基于质量和效率导向,项目组建立了一套核心指标,通过对指标的动态监管,对现有工作及时跟进和调整。面向不同的地区,相关策略和具体路径实行差异化的引导。

3.3　新思考:城市更新与治理

城市发展由增量扩张向存量优化的模式转变已是大势所趋。随着城市更新在上海、北京、深圳等特大城市逐渐成为城市建设的主流途径,城市更新体系的建构也必将成为各个城市规划变革的重点①。纵观上海城市更新的历史,有以下几个鲜明的发展阶段:20 世纪 80 年代,以大规模的旧城改造为主,解决了大量历史遗留的居住问题;20 世纪 90 年代,以地产导向的再开发为主,加强了对历史建筑的保护;21 世纪初,着重强调对于旧工业用地的再开发与文化觉醒;在当下高质量发展语境下,社会、政治、经济、生态等多维度的发展成为关注重点。

城市更新不是新课题,它涉及城市社会、经济和物质空间环境的诸多方面,是一项综合性、全局性、政策性和战略性很强的社会系统工程。从城市更新复杂的空间系统看,随着对土地资源短缺的认识和对增长主义发展方式的反思,我国城市发展从"增量扩张"向"存量优化"的转型已得到政府及社会各界的广泛重视。规划工作的对象不再是增量用地,而是由功能、空间、权属等重叠交织形成的十分复杂的城市更新系统。其中,功能系统涉及绿地、居住、商业、工业等方面,空间系统包括建筑、交通、景观、土地等,权属系统主要有国有、集体、个人等,在耦合系统方面则包括功能结构耦合、交通用地耦合、空间结构耦合等②(图 3-7)。

对于当代中国这样一个独特而庞大的经济体,我们必须要深刻理解其

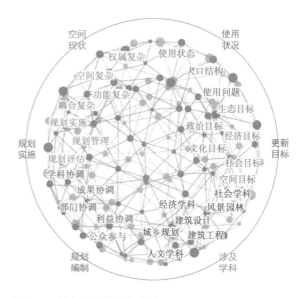

图 3-7　城市更新的复杂系统

来源:阳建强.走向持续的城市更新——基于价值取向与复杂系统的理性思考[J].城市规划,2018(6)

① 　周俭,阎树鑫,万智英.关于完善上海城市更新体系的思考[J].城市规划学刊,2019(1).
② 　阳建强.走向持续的城市更新——基于价值取向与复杂系统的理性思考[J].城市规划,2018(6):68-78.

制度与文化之下的一系列优势。面对城市快速成长之后所带来种种烦恼,不能简单复制国外经验,需要在学习、借鉴国外先进经验的同时拿出自己的创新性解决方案。在高质量发展语境下,城市规划的破题思路要从对用地的管控转移到对空间的管控上来,在标准的制定上不能"一刀切"。城市更新应当是"有温度"的,项目需要老百姓乐于接受,也需要被老百姓实际体验和感受到的美好生活所验证。

(感谢文中引用的所有团队项目的原作者及其参与人员)

参考文献

[1] 丁凡,伍江.城市更新相关概念的演进及在当今的现实意义[J].城市规划学刊,2017(6).

[2] 廖志强,刘晟,奚东帆.上海建设国际文化大都市的"文化+"战略规划研究[J].城市规划学刊,2017(7).

[3] 周向红.城市数字化转型将如何改变上海[N].解放日报,2020-11-30.

[4] 王尧舜,胡纹,刘玮.旧城改造中的博弈与重构——以上海田子坊为例[J].建筑与文化,2016(11).

[5] 孙施文,周宇.上海田子坊地区更新机制研究[J].城市规划学刊,2015(1).

[6] 邹钧文.黄浦江45公里滨水公共空间贯通开放的规划回顾与思考[J].上海城市规划,2020(5).

[7] 周俭,阎树鑫,万智英.关于完善上海城市更新体系的思考[J].城市规划学刊,2019(1).

[8] 阳建强.走向持续的城市更新——基于价值取向与复杂系统的理性思考[J].城市规划,2018(6).

4 文化导向下的城市更新
——语境、机制与场景

陈蔚镇 罗洁梅*

4.1 上海城市更新历程及新时期的文化转向

4.1.1 更新历程

20 世纪 90 年代,上海作为国内首个推行土地有偿使用试点的城市,开启了土地作为市场化要素运作并深刻影响城市空间运营的序幕。土地经济所释放的巨大潜能给上海的城市更新带来了持续的动力,但同时中心城大片历史地区的保护也面临潜藏的危机。为了抵御市场导向下再开发对城市传统肌理与历史风貌的破坏,上海通过出台地方性法规和编制保护规划确立了以历史文化遗产保护为重点的空间管控制度,即 2003 年 1 月生效的《上海市历史文化风貌区和优秀历史建筑保护条例》(2005 年、2011 年、2019 年多次修正)以及 2005 年完成的覆盖上海中心城全部风貌区的《上海市历史文化风貌区保护规划》。前者是上海历史文化遗产保护工作第一部真正法律意义上的地方性法规,确定了12 处历史文化风貌区,并在 2005 年的修订中确定了中心城 144 条风貌保护街道,确定其中 64 条道路要进行原汁原味的保护;后者主要在控制性详细规划层面展开,从城市空间景观、社会生活功能、历史文化、技术法规等四个方面提出了适合上海现有管理体制、有利于规划管理、兼顾科学性与操作性的规划编制方法(表 4-1)。

表 4-1 上海历史风貌区保护规划要点

主要保护内容	法规—《条例》	控制性详细规划层面—《保护规划》	修建性详细规划层面—各区自愿
街区肌理和格局	道路格局和景观特征,街区空间格局,走向、宽度、断面形式	允许建设的范围,需要整体规划的范围,道路的红线宽度,转弯半径,街道尺度,街廓景观,道路景观,行道树,需要种植绿化的范围,公共步行通道,需要开放的空间	绿化,街道公共空间平面导则

* 陈蔚镇,同济大学建筑与城市规划学院教授,加拿大英属哥伦比亚大学区域与社区规划系访问学者。邮箱:ann_1101@163.com。罗洁梅,同济大学建筑与城市规划学院博士研究生。邮箱:ljm1221@126.com。

续表

主要保护内容	法规—《条例》	控制性详细规划层面—《保护规划》	修建性详细规划层面—各区自愿
建筑要素	建筑高度、体量，建筑密度、容积率，建筑间距，面宽，退让，建筑原有的立面、色彩	建筑高度、街道两侧建筑檐口高度（视情况不同而不同），建筑密度，建筑间距，建筑的连续展开面，建筑退界	弄堂口部空间，地块的围墙，围墙和院落入口，材质和色彩，街坊、建筑、地块沿街立面导图
各类设施	无	无	人行道铺地，街道设施，街道公共艺术设施，自行车停车，外露的市政管线和设备，广告牌，各类铭牌和告示牌，照明

经历 21 世纪初第一个 10 年的发展之后，上海更进一步明确了凸显文化特征的渐进式的城市更新道路，显示出城市更新中的"文化转向"。2015 年，《上海城市更新实施办法》提出了"城市有机更新"的理念，围绕这一价值核心，上海对历史风貌保护制度进行进一步的调整与完善，并体现在富有创新意义的城市更新实践中。例如近年来上海滨水地区的公共空间再生利用、工业遗产的保护性再开发以及"以人为本"的社区微更新。

4.1.2　文化转向

总体上，上海已建立了"整体保护"的价值观[①]，体现在对道路和街巷格局、街道尺度、街廓景观、建筑密度、城市空间肌理等的控制和指引上。然而，作为一个具有特质的历史地区，最重要的文化内涵要如何得以承继和再现呢？

在上海城市更新历程中，第一个以文化为名且备受关注、广为讨论的案例是上海新天地项目。新天地所在的太平桥地区位于"衡复历史文化风貌区"边界处，始于 2000 年，共分五期，2019 年进入最后一期开发（图 4-1）。

新天地项目启动了上海文化导向下城市更新的实践探索，尽管很多时候它被诟病为"文化的商业化"，甚至被指责"以文化为名开始，最终都以房地产告终"（Start with culture，end up with real estate.[②]）。在新天地的故事中，石库门被描述为主角，石库门的门头被作为上海传统居住方式的代表反复出现在新建成的环境中；一砖一瓦都被赋予了文化和历史的意义，这些精心收集的来自当地旧房子的砖瓦被描述为历史与记忆的延续；砖石表面的毛糙、建筑立面色彩的不均匀，都成了新天地故事的一部分，烘托着改建者对城市记忆的珍视。新天地的热度吸引了全国各地的游客，甚至一度掀起了全国历史空间

① 伍江，王林.上海：完善政府管理机制　保护城市历史风貌[J].城乡建设，2006(8).
② EVANS G. Measure for Measure：Evaluating the Evidence of Culture's Contribution to Regeneration[J]. Urban Studies，2005(42).

图 4-1　新天地所在太平桥地区与"衡复历史风貌区"边界

改造的"新天地浪潮"——类似的将历史建筑作为文化符号式的更新在全国各地不断出现,以"新中式"的建筑语言承载着新的消费空间①。然而,也有学者认为,一个名为保护实为开发的项目引发了保护意识的社会觉醒和高涨并真实地影响了城市改造的方向,才是新天地的真正价值所在②。之后,上海越来越多地涌现出文化导向下的城市更新案例,如田子坊(1998)、思南公馆(1999)、红坊(2005)、1933 老场坊(2006)、武康庭(2007)等。

随着城市的不断发展,社会情绪的转变,人们开始反思文化在城市更新中的具体角色和意义。其中,1933 老厂房改为艺术家集聚的文创园区,因缺乏与周边社区的联系,成为独立的艺术孤岛③;在红坊的更新中,精英艺术家与草根艺术家的地位隔绝,参与更新的机会和程度存在巨大差别④;田子坊在经历了初期自下而上的发展后,出现了社会融合的问题,居民与游客、居民与商家、商家与商家之间都存在紧张关系。这种社会关系断裂、文化内涵缺失的问题同样出现在其他因为文化而备受关注的更新项目中⑤。当原有的社会

① 吴晓庆,张京祥.从新天地到老门东——城市更新中历史文化价值的异化与回归[J].现代城市研究,2015(3).
② 于海.城市更新的空间生产与空间叙事——以上海为例[J].上海城市管理,2011(2).
③ 王兰,吴志强,邱松.城市更新背景下的创意社区规划:基于创意阶层和居民空间需求研究[J].城市规划学刊,2016(4).
④ ZHONG S. Artists and Shanghai's Culture-led Urban Regeneration[J]. Cities, 2016(56).
⑤ 丁凡,伍江.上海城市更新演变及新时期的文化转向[J].住宅科技,2018(11).

网络被切断,文化通过建筑形式被纳入新的精品化环境时,在整个过程中,以建筑符号为载体的文化或许被保留了下来,却被异化为空心的符号,成为炫耀性消费过程中的装饰品①②。

无论是新天地、田子坊,还是M50、红坊,一系列持续发生的以文化为名的更新实践让人不禁疑问,文化在城市更新中扮演着怎样的角色? 如果以文化为名的城市更新总是始于文化而终于房地产,那么文化究竟是一种修辞(rhetoric)还是真实(reality③)? 如果"拆改留"变为"留改拆"后,"留"的只是空心的文化符号,那这与"拆"的本质又有何区别?

4.2 愚园路城市更新的时序与机制

4.2.1 愚园路城市更新时序

4.2.1.1 零散的实验:2015 年 8 月—2017 年 9 月

2015 年 8 月底,长宁区政府完成了区少儿图书馆、工人文化宫、创邑 SPACE │ 弘基园区、新联坊等 3 个空间节点、4 个绿化地块的更新改造。愚园路改造往时尚、创意等产业发展的方向基本明确。

在 2015 年完成的更新项目中,最重要的就是愚园路 1107 号弘基创邑园门口的草坪(即"上海第一网红草坪",图 4-2)。原本一片超过 380 平方米的停车场在更新中被改造为开放式耐踩踏草坪,成为诸多重要活动的举办地,如 2015 年即在此举办了一场纪念抗日战争胜利 70 周年的音乐会。这片草坪为居民的日常生活也提供了不一样的空间机会(图 4-2)。

2016 年 4 月,愚园路一期更新完成。2017 年 3 月,率先完成二级以下旧里房屋征收工作之后,长宁区第一个出台了《长宁区 2017—2021 年城市更新总体方案》和《长宁区城市更新 2017—2018 年行动计划》,为整体的更新改造奠定了基础。

愚园路在前期"零散的实验"之后进入整体性建设的新阶段。第一阶段的"零散"也是有机更新的一种表达,它既强调更新空间的小规模、小尺度,也强调更新空间与既有空间的互相嵌合。

① YANG Y R, CHANG C H. An Urban Regeneration Regime in China: A Case Study of Urban Redevelopment in Shanghai's Taipingqiao Area[J]. Urban Studies, 2007(44).

② CHEN F. Traditional Architectural Forms in Market Oriented Chinese Cities: Place for Localities or Symbol of Culture? [J]. Habitat International, 2011(35).

③ EVANS G. Measure for Measure: Evaluating the Evidence of Culture's Contribution to Regeneration[J]. Urban Studies, 2005(42).

图 4-2　创邑 SPACE｜弘基园区草坪

4.2.1.2　合能(synergy)的产生：2017 年 10 月—2019 年年初

哈维认为，当城市中的区域发展到一定程度，它将产生一种综合的效益，改变地区在人们心中的印象，并受到更多的关注——哈维称这种状态为"合能"(synergy)的产生①。就愚园路而言，2018 年 12 月愚园百货公司的营业和 2019 年 2 月愚园公共市集的开放，以及伴随它们开业的诸多报道，无论是话题讨论度、民众关注度，还是人流量的增长，都可理解为愚园路城市更新合能产生的一个重要节点，在此之前的一系列更新行动渐进的累积促成了合能的产生。

首先是 2017 年诸多明星设计师参与的"城事设计节"极大地提高了愚园路的知名度，它将艺术与生活相融合的微更新概念通过真实的实践深深植入人们的心中。"城事设计节"中的更新项目尺度都极小，甚至是迷你。从单个项目来看，它们彻底体现了"微"更新；从整条街道来看，它们与街道现有环境你中有我、我中有你，充分表达着"有机"的更新内涵：地面斑马线、自行车停车位都装点有彩色装饰，垃圾桶呈现着简洁现代的亮丽造型，老旧的电话亭变身成造型各异的"城市家具"，为快递员、清洁工甚至流浪汉提供免费的休息处……在创邑 SPACE｜弘基园区草坪上，用宽紧带创作的艺术装置既呼应了愚园路的历史(上海宽紧带厂曾位于愚园路岐山村内)，又书写着愚园路的当下。这些项目都充分表达着艺术对空间点石成金的效用,通过艺术的方式点亮了普通的街道生活。

"城事设计节"由设计食堂主办,一系列设计媒体、建筑师、设计师、政府、企业等多元群体参与共同完成。为愚园路"艺术生活化,生活艺术化"和打造"跨界生活美学体验街区"奠定了坚实的物质和人气基础。

自 2018 年下半年开始,愚园路两个重要的时尚艺术潮流空间——愚园百货公司和飞哟美术馆(fiu gallery)开业。2018 年 11 月,飞哟美术馆举办了被称为"色彩女王"的孟菲斯代表艺术家卡米尔·瓦拉拉(Camille Walala)的中国首展。然而,在展览举办两周后,由于色彩过于出挑而被要求拆除沿街展示装饰,恢复原有建筑立面。无论是展览前新颖、明丽的沿街立面色彩,还是其后立面的被迫拆除都吸引了众多慕名而来的访客,也使之迅速获得关注热度。人们开始讨论历史建筑保护与新颖艺术形式之间的并置关系以及艺术创作的管治强度(图 4-3)。

图 4-3 飞哟美术馆外排队的年轻人(左);长宁文化宫转角绿地聊天的爷叔阿姨们(右)

2019 年,愚园公共市集开放,它原是集体企业的员工宿舍,改造后成为新型社区邻里中心(图 4-4)。在这幢小楼的一楼,既有社区党建中心、老年食堂、裁缝店、钥匙铺、传统馄饨铺,也有造型时尚、极富设计感的菜市场。二楼是舞蹈工作室、画廊和社区美术馆。

粟上海社区美术馆是刘海粟美术馆发起的公共艺术与社区营造计划的首个项目,它的开业首展即以追寻 80 年代日常生活为主题,表达对传统生活方式的怀旧以及对匠人精神的尊重。从首展开始,粟上海社区美术馆一直持续传达着将艺术与日常社区生活相融合的艺术实践方式,这里不只是举办静态的展览,而是将艺术展览与参与式工作坊、社区讨论相结合,吸引里弄内的居民积极参与其中。比起与传统美术馆相关联的高昂票价、高大空间与国际著名艺术家,这里只能算是一座袖珍美术馆,不但大部分时候免费参观,而且邀请的也多是青年艺术家。这里的展览,既有社区儿童的画作,也有受邀青年艺术家以上海社区生活为灵感的创作,都是为了让艺术生发于最真实的本地生活,使得社区生活成为艺术的一部分。为了吸引和照顾老年人,这座美术馆门口的咖啡店还为老年人提供 10 元咖啡,以此鼓励他们可以没有顾虑地来感受新鲜事物。

图4-4 愚园公共市集：一楼入口(左上)，时尚菜市场(右上)，爷叔老店(左下)，粟上海社区美术馆(右下)

公共市集的出现，以自身示例展现出新与旧、精致与市井、传统与时髦的融合。它既给愚园路带来全新的面貌，吸引年轻人、游客的探访，也呈现出愚园路城市更新中对传统生活与邻里关系的珍视。

城市更新中合能的产生是多元利益相关者价值观的碰撞与融合，也是多方力量综合作用的显现。

4.2.1.3 文化引领全面的社区微更新：2019年中至今

2019年，在愚园路受到广泛关注的同时，长宁区政府和江苏路街道同时启动推进更为全面的社区更新工作(表4-2)。不同于20世纪80年代的棚户改造或者21世纪初的"民生工程"，近两年发生在愚园路老旧居住区、新旧里弄的社区微更新以重塑地方文化形象为目的，以文化艺术为重要手段。在全面改善居民生活基础条件的同时，社区微更新重塑了愚园路的社区文化和社区凝聚力。这些文化引领的社区微更新项目包括岐山村、长新小区、航天大楼等。

2019年6月，在渗透愚园路街区腹地和里弄内部的全面社区微更新之初，"社趣更馨"(创邑旗下注重社区营造的社会企业)正式成立，以社会企业的身份组织故事收集、街区人文行走等社区活动。2020年4月，"社趣更馨"组织了围绕岐山村更新的一系列居民参与的工作坊活动，希望将更多居民纳入更新的过程中。位于岐山村入口处的"故事商店"也是由"社趣更馨"提出并启动运营的，是收集愚园路街区故事、沉淀街道记忆的复合空间。更多艺术元素被纳入社区微更新的设计中,包括长新小区插画式的社区地图,航天大楼入口颜色新颖、跳跃的墙绘,岐山村内可爱的猫咪标志等。

表 4-2　愚园路城市更新主要内容分类

	历史建筑保护	其他(后工业建筑等)
文化艺术更新	✓ Art 愚园艺术街区 ✓ 愚园路历史名人墙 ✓ 愚园百货公司(施蛰存故居,2018-10) ✓ 飞哟美术馆(2018-07) ✓ 故事商店(2019-08,岐山村门口) ✓ 愚巷	✓ 愚园公共市集(粟上海社区美术馆) ✓ 米域 ✓ 愚园公共市集二期(施工中,预计 2021 年开放)
全面的社区微更新	✓ 愚园路街区市民中心 ✓ 路易艾黎故居(2020-12) ✓ 俭德坊 4 号,吴石("潜伏"余则成原型) ✓ 钱学森故居(预计 2020 年完工) ✓ 岐山村弄长制,48 号老洋房改造,厨房等,楼门口的口袋花园,常春藤绿植小组,长宁区绿化管理中心(2020-12)	✓ 华阳路街道社区服务中心 ✓ 长新小区,"长新十景""长新三园"等(2019-03—2020-11) ✓ 航天大楼微更新(2020-12) ✓【电梯加装】东浜小区加装电梯完成(20201223)《加装电梯一本通》(2021-01)江苏路街道 11 部(2020) ✓【为老服务】江苏路街道独居老人,"一网统管,为老服务",智能水表,AI 外呼,门磁系统,烟感报警,红外检测(2020-12,登央视新闻,白岩松)西浜、长原小区"年老人乐"睦邻点(2018—2020) ✓【法治街区】愚园路法治文化街入选第二批上海社会主义法治文化品牌阵地(2020-10)

4.2.2　更新机制

在中心城区中,拥有上海最大被保护面积衡复历史风貌区的徐汇区常被视为城市更新的先锋。早在 2017 年,随着金城武与周冬雨共同出演的电影《喜欢你》播出,两位主角坐在阳台看日落的经典画面缔造了"上海第一网红历史建筑"——武康大楼;收集到的 200 多个名人故事发生在岳阳路,而愚园路不仅和 58 位历史名人相关,而且其街区整体呈现出一种既小资又睦邻友好的、富有烟火气和亲切感的氛围。

愚园路的城市更新有别于大拆大建、同质化、精品化的城市更新,这很符合愚园路"艺术生活化、生活艺术化"的更新理念(图 4-5)。这句曾用来评价才女张爱玲的金句,是对愚园路文化更新的精准表达,即愚园路的艺术是与日常生活的融合,而非"绅士化殖民的同谋"[1]。

---

[1]　MCLEAN H E. Cracks in the Creative City: The Contradictions of Community Arts Practice[J]. International Journal of Urban and Regional Research, 2014(38).

对于如何充分调动文化形成一种集体象征资本(collective symbolic capital),以此来激发一个街区、一个城市,甚至更大区域发展的问题,哈维认为,这是国家权力、私人利益和市民社会里的各种组织形式共同作用的结果,它们的连接和合作可以被称为"都市成长机器"(urban growth regime)或者"联盟"(coliation)①。借用哈维的这个概念对愚园路的城市更新机制进行剖析(图4-6),可以看到,愚园路城市更新中存在着多重机制创新的尝试,包括公共与社会资本高效的合作以及彼此的互信、多元社会相关者的参与、打破行政隔阂等,这些都为愚园路形成富有活力的城市文化氛围奠定了基础。

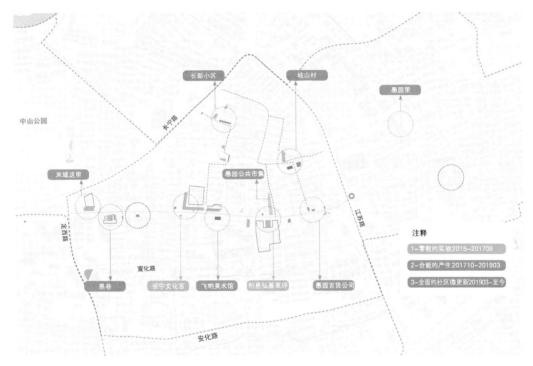

图4-5 愚园路区位及更新时序图

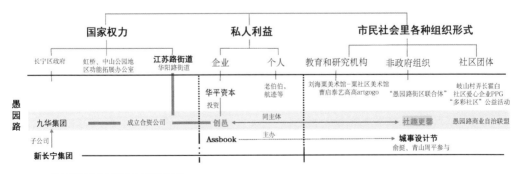

图4-6 愚园路城市更新机制示意图

---

① HARVEY D. The Art of Rent: Globalisation, Monopoly and the Commodification of Culture [J]. Socialist Register, 2009(38).

4.2.2.1 地方政府

作为长宁区率先试点的城市更新案例,长宁区区委、区政府以及长宁区虹桥办(即长宁区虹桥、中山公园地区功能拓展办公室),包括区建交委、区国资委、区规土局等多个政府核心职能部门均参与其中。具体到街道层面,主要是以江苏路街道为主体推进愚园路历史风貌街区城市更新的建设工作。

新长宁集团是长宁区区属企业,旗下的多家子公司,涉及工程建设、物业管理等多种业务形式,直接参与愚园路城市更新的各个阶段;另一家区属企业九华集团拥有愚园路沿线超过40%的物业权属,它与社会资本合资成立"上海愚园文化创意发展有限公司",共同统筹愚园路的更新。除了社会资本重点运营的空间,愚园路城市更新中几乎所有政府主导的更新行动,尤其是老旧社区的微更新均由九华集团具体操作实施。

因此,愚园路城市更新是多重政策综合作用的体现,包括历史风貌保护、文化创意产业发展、"15分钟生活圈"打造以及城市精细化管理等四个方面。这些不同侧重的城市政策共同促成了愚园路城市更新具体行动方案的实施,既涉及历史建筑的风貌保护,为居民提供优质的公共社区服务以及文创园区的建设,也涉及公众参与与协同治理(表4-3)。

表4-3 愚园路主要更新内容

政策背景	具体政策措施	愚园路更新中的体现
上海历史风貌保护	上海历史保护建筑	岐山村、农业花园、念慈别墅等
	上海中心城区12个历史文化风貌保护区	整体风貌保护
	上海永不拓宽的64条历史风貌保护道路	愚园路街道整体保安保洁整体维护运营(创邑)
"15分钟生活圈"	社区医疗中心	江苏路街道社区卫生服务中心
	文化活动中心	江苏路街道社区文化中心
	老年助餐点	愚园公共市集一层——老年人助餐点
	生活垃圾分类	各个小区生活垃圾分类垃圾房
加快上海文化创意产业创新发展	上海市文化创意产业推进领导小组市级园区	创邑SPACE｜弘基园区等
	上海时尚之都促进中心——上海时尚100+评选	ART愚园生活美学街区
城市精细化管理	上海长宁国际精品城区精细化管理三年行动——美丽街区、美丽家园建设	路长制、长新小区更新等
	建筑可阅读,街道可漫步,城市有温度	"社趣更馨"社会企业;岐山村更新参与式工作坊等

4.2.2.2　社会资本

"有个香港公司把一条历史道路像商场一样在做（改造和运营）。"这是一名被访谈到的愚园路社区居民对愚园路城市更新背后主要推动力的想象。与来自香港的地产公司——新鸿基集团相比，愚园路的弘基只是一家小型的上海本土房地产企业。

2015 年，长宁区政府通过招投标的方式促成创邑实业有限公司与区属国企九华集团成立合资公司，开启了愚园路"政府引导-企业运营"的更新模式。创邑正式成为参与愚园路更新的主要社会资本运营方。

比起买地、基建、盖楼的房地产企业，弘基更像是一家始于建筑改造设计，积极拓展商业运营的品牌公司。创邑是弘基旗下主要负责新型文化创意办公空间的子公司，弘基旗下还有包括上海三益在内的建筑设计公司。早在 2005 年，弘基联合同济大学团队对愚园路的城市更新做出总体城市设计。在该设计方案中，将有机增加开放空间、注重不同社会空间的对话作为最重要的更新策略。这个最初版本的更新规划为弘基与长宁区、江苏路街道的交流提供了机会，也为未来的合作奠定了坚实基础。

超过 10 年的地方性积累使得弘基对愚园路而言不只是一家设计、运营企业，更是这个地方的一个组成部分，创邑的员工也成为工作和生活在愚园路的"本地居民"。弘基与愚园路的各个利益相关者（政府、个体店主、居民、社区组织）在长久的交流中形成了不可替代的信任关系，构建了非常强的社会连接，也积累了丰厚的社会资本。这反映在创邑的想法和设计通常很容易得到当地政府的认可，创邑提出的更新方案不会被过多地挑剔和要求修改——"十几年了，很信任了。"在更新过程中，创邑非常注重与居民的关系，从不激化矛盾，而是创造友好，例如愚园百货公司改造时，会顺便把"邻居阿姨"的阳台排水问题解决掉。

作为企业，创邑参与历史街区的更新不只是凭借纯粹的情怀，也出于深层的思考和长远的眼光。在愚园路附近，创邑拥有两个面积在 10 000 平方米以上的园区办公物业，更新后愚园路街区气氛的培育与再造将反哺于创邑的创意办公园区。

2019 年年底，华平（Warburg Pincus，全球领先的私募股权投资机构）正式注资创邑，这既是对创邑多年城市更新实践的赋能，也是对历史地区文化导向下再开发价值的肯定。弘基旗下已有"愚园投资""愚园文化发展公司""ART 愚园""社趣更馨""三益"等多个独立企业品牌。愚园路的更新与弘基企业的发展互相交织、共同成长。

除了与长宁区、江苏路街道正式合作（contracted governance）的创邑，还有米域、德必等小型资本参与（open governance）的嵌入式项目更新。诸多体量、背景多元的社会资本以不同的形式共同参与愚园路的更新、发展。

4.2.2.3　市民社会里的各种组织

　　"社趣更馨"作为创邑旗下以社会企业形式运作的子品牌,以社区营造工作未重心,重点推进愚园路街区周边以文化艺术为引领的社区微更新。虽然"社趣更馨"一直被宣称为"社会企业",实际上内部工作人员均来自创邑的品牌部门,这为其有效运作提供了保障,当然也招致了一些对于其社会企业身份的质疑。然而,从实际的调研情况来看,"社趣更馨"发挥着比纯粹的社会企业更好的社会作用——它不仅使愚园路重点更新区域始终保持着活力,而且也很好地链接着愚园路附近社区的居民。例如愚巷的"一方美好"社区农园,当居民因为各种原因不能及时管理、养护认养的植株时,"社趣更馨"的工作人员会立即跟进,并发放最新的植物生长照片到微信群里;此外,还时常组织食物分享的活动,组织认养的居民共同采摘、烹饪,使居民有了更多互动交流的机会。"故事商店"是"社趣更馨"创造的一个代表性空间,它给了不同的与愚园路相关的人写下自己的故事、留下心中的思绪和回忆、将时光沉淀在一处场所的机会,人们在这里也拥有了一个情绪汇聚的焦点。在2020年岐山村的微更新中,"社趣更馨"组织工作坊,为不同背景的居民提供参与微更新过程的机会。

　　在更新过程中,愚园路还受到其他一些社会组织的关注,例如"愚园路漫谈室"。这个以关注城市议题、推进城市研究为核心的组织于2018年在伦敦以非正式讨论的方式开始,两名曾留学英国"G5高校"的创始人回到上海后便以愚园路为主要活动中心,采用网络发布和召集的形式,不定期开展漫谈的活动。每次的漫谈活动会针对当下与城市、社会相关的议题展开广泛讨论,参与者以年轻人为主,有美术馆的工作人员、建筑学院的博士生,也有学习机械的理工男或者一些关心城市议题的人。

　　此外,一个需要进一步关注的话题是,似乎由纯粹"公益"或者社会企业参与更新的空间在后期运营中极易面临管理维护缺失和长期活力缺乏的困境。例如番禺路222弄的"步行实验室"和敬老邨屋顶花园,是万科以"公益"的名义,与新华路街道、"大鱼营造"①共同完成的微更新项目,也是2018年"城事设计节"的代表性项目。然而,在更新后不久,这条邻接居民区、人群熙攘的街道逐渐变成斑驳、凌乱的状态:"步行实验室"一侧居民楼底层的自行车修车铺外,各种自行车杂乱地堆放在小广场上,而另一侧对面居民区的天井围墙的情况更为复杂,更新增加的树下座椅极少有人使用,间隙的空地上被居民占据搭着架子晒衣服、晒干货,随处可见堆放着的垃圾纸盒……这与该项目更新时的初衷差距甚远。

---

①　上海城市更新中的社会企业发展还处于早期萌芽的阶段,与日本、新加坡、中国台湾、中国香港等诸多亚洲国家和城市相比还存在相当大的差距。除了"社趣更馨",上海较为人熟知的社区营造型社会企业另外还有两个:"四叶草堂"——一个依托创始人教育研究背景,以社区农园为主要形式的社区营造企业;"大鱼营造"——由几名建筑设计师联合创立。

4.3　城市更新中的文化舒适物（amenity）与场景理论

4.3.1　文化舒适物

　　20 世纪末，在针对欧美城市更新的研究中，经济学和社会学学者认为当城市迈入后工业发展时期，人力资本成为城市发展的关键——这与知识经济、创意阶层的崛起不可分割。城市舒适物是吸引人力资本的关键，它阐释了城市增长空间性的特质，表明是什么空间要素在吸引人力资本的聚集。

　　"舒适物"一词最早由厄尔曼（E. L. Ullman）在有关区域经济增长的研究中作为一个因素提出[1]，后来被城市经济学、社会学、地理学广泛使用，用以解释和分析后工业城市增长。舒适物使得城市成为迷人的工作和生活的地方[2]，是城市复兴和后工业城市经济增长的动力[3][4][5][6]。舒适物可以是宏观的自然环境，例如城市整体的湿度和温度、山水风景、公园、滨水等，它们都是可以吸引更多人口和就业的因素[7][8][9]；舒适物可以是博物馆、剧院、美术馆、电影院等文化场地，它们能够增加地方魅力和吸引力，从而提升地方竞争力[10][11][12][13]。

① ULLMAN E L. Amenities as a Factor in Regional Growth[J]. Geographical Review, 1954(44).

② ANDERSSON Å. Creativity and Regional Development[C]//Papers of the Regional Science Association. Berlin: Springer, 1985.

③ GLAESER E L, KOLKO J, SAIZ A. Consumer City[J]. Journal of Economic Geography, 2001(1).

④ FLORIDA R. Cities and the Creative Class [J]. City & Community, 2003(2).

⑤ CLARK T N, LLOYD R, WONG K K, et al. Amenities Drive Urban Growth[J]. Journal of Urban Affairs, 2002(24).

⑥ ROSENTHAL S S, STRANGE W C. The Attenuation of Human Capital Spillovers[J]. Journal of Urban Economics, 2008(64).

⑦ LANDRY S M, CHAKRABORTY J. Street Trees and Equity: Evaluating the Spatial Distribution of an Urban Amenity[J]. Environment and Planning a-Economy and Space, 2009(41).

⑧ CHO S H, KIM S G, ROBERTS R K. Values of Environmental Landscape Amenities during the 2000-2006 Real Estate Boom and Subsequent 2008 Recession[J]. Journal of Environmental Planning and Management, 2011 (54).

⑨ SCHLAPFER F, WALTERT F, SEGURA L, et al. Valuation of Landscape Amenities: A Hedonic Pricing Analysis of Housing Rents in Urban, Suburban and Periurban Switzerland[J]. Landscape and Urban Planning, 2015 (141).

⑩ THROSBY D. Economics and Culture[C]. Cambridge: Cambridge University Press, 2001.

⑪ MORO M, MAYOR K, LYONS S, et al. Does the Housing Market Reflect Cultural Heritage? A Case Study of Greater Dublin[J]. Environment and Planning a-Economy and Space, 2013(45).

⑫ HEIDENREICH M, PLAZA B. Renewal through Culture? The Role of Museums in the Renewal of Industrial Regions in Europe[J]. European Planning Studies, 2015(23).

⑬ BARILE S, SAVIANO M. From the Management of Cultural Heritage to the Governance of the Cultural Heritage System[C]//Cultural Heritage and value Creation. Berlin: Springer, 2015.

相比自然舒适物，文化舒适物被认为对高质量人力资本更富吸引力[1][2]。在德国的研究中，受过良好教育的工作者倾向于选择住在离巴洛克式剧院等文化舒适物更近的地方；在米兰的研究中，剧场、博物馆、图书馆、礼堂对于房价有明显正向的影响，对于社区活力和宜人的氛围也发挥着积极作用[3]；针对荷兰四个主要都市区域的研究发现，博物馆、剧院、电影院等城市文化遗产对于地方创意产业的发展有着积极的推动作用[4]。当然，文化舒适物带来的不只是城市更新中的经济效益，它还有助于增加居民对城市文化生活的满意度[5]。

4.3.2 从文化舒适物到文化场景

如果说文化舒适物更多是考量某种特定文化设施的数量和集聚程度，那么文化场景就是对空间进行文化和美学属性的进一步剖析。文化舒适物类型和数量的差异反映了城市在文化氛围和美学特征上的差异，而文化场景既可以帮助我们理解不同城市空间所具备的文化特质，也可以通过场景与经济数据的相关性分析来解释某些场景特质与城市经济增长、新型产业发展的内在关系。例如在"迷人（戏剧性）"和"自我表达（合法性）"都很凸显的场景中，专利数、就业机会、人口、收入、本科毕业生数量等都会显著提升。其中，"自我表达（合法性）"更能吸引科技集群的集聚，而这将带来更多岗位创造力以及街区地租水平的提升，并最终推动城市经济增长与整体更新进程[6]。

例如波希米亚场景被认为是与芝加哥新型产业发展最为相关的典型场景之一，它显著的特征是高度的"越轨"与"自我表达"。在这里，复古服装店随处可见，二手服装店明显地标明"underground"（地下的），表达着抵制主流的反叛态度。柳条公园浓郁的文化氛围吸引了大量偏爱艺术活动、亚文化社群的初创科技企业。

旧金山南市场区（SOMA）精品咖啡文化（fine coffee）以其独立（原真性）的文化场景被认为与西海岸互联网初创企业的聚集有着密切关联。例如由工厂改成的"Sightglass咖啡"是"Airbnb"与"Pinterest"员工的最爱，他们可以在这里头脑风暴，也可以坐在窗边的

① GARRETSEN H, MARLET G. Amenities and the Attraction of Dutch Cities[J]. Regional Studies, 2017(51).

② HE J L, HUANG X J, XI G L. Urban Amenities for Creativity: An Analysis of Location Drivers for Photography Studios in Nanjing, China[J]. Cities, 2018(74).

③ BORGONI R, MICHELANGELI A, PONTAROLLO N. The Value of Culture to Urban Housing Markets[J]. Regional Studies, 2018(52).

④ KOURTIT K, NIJKAMP P. Creative Actors and Historical-cultural Assets in Urban Regions[J]. Regional Studies, 2019(53).

⑤ PERUCCA G. Residents' Satisfaction with Cultural City Life: Evidence from EU Cities[J]. Applied Research in Quality of Life, 2019(14).

⑥ SILVER D A, CLARK T N. Scenescapes: How Qualities of Place Shape Social Life[C]. Chicago: University of Chicago Press, 2016.

长桌上观赏街道上的人来人往。

　　纽约苏荷区(SOHO)历经了从越轨、新奇的艺术家实验区到硅巷的过程。20 世纪 60 年代,苏荷区是废弃的"工业阁楼",以低廉的租金吸引了草根艺术家。艺术家们将阁楼和街道改造为艺术工作室和公共艺术展场,从而激发整个地区成为曼哈顿有名的文化艺术区①②。进入 21 世纪,苏荷区独特的文化氛围吸引着新型互联网企业在此聚集,尤其是与美食、社交等文化消费相关的新型互联网企业,苏荷区成为纽约硅巷南端的重要组成部分。散布苏荷区的酒吧、夜店为纽约硅巷的数字媒体产业提供了非正式信息交换的场所,人们在这里举行活动,完成信任的构建和合作的协定③。

　　分析场景(scenescape)是基于对社会学的深入研究而总结出来的分析框架,包括戏剧性(theatricality)、原真性(authenticity)和合法性(legitimacy)三大维度④(表 4-4)。

表 4-4　愚园路主要更新内容

戏剧性 theatricality		原真性 authenticity		合法性 legitimacy	
爱炫的 exhibitionistic	矜持的 reserved	本土的 local	全球的 global	传统的 traditional	新奇的 novel
迷人的 glamourous	普通的 ordinary	族群的 ethnic	非族群的 nonethnic	领袖魅力 charismatic	常规的 routine
睦邻的 neighborly	冷漠的 distant	国家的 state	非国家的 antistate	功利主义 utilitarian	非生产性的 unproductive
越轨的 transgressive	遵从的 conformist	企业的 corporate	非企业的 independent	平等主义 egalitarian	特殊主义 particularist
礼节的 formal	非礼节的 Informal	理性的 rational	非理性的 irrational	自我表达 self-expression	含蓄表达 scripted

4.4　愚园路文化场景的刻画

　　场景理论为我们提供了一个灵活的框架,但其应用还需要结合具体的地方文脉和实

① ZUKIN S. Loft Living: Culture and Capital in Urban Change. New Brunswick: Rutgers University Press, 1989.
② ZUKIN S. Landscapes of Power: From Detroit to Disney World. Berkeley: University of California Press, 1993.
③ NEFF G. The Changing Place of Cultural Production: The Location of Social Networks in the Digital Media Industry[J]. Annals of the American Academy of Political and Social Science, 2005(597).
④ SILVER D. The American Scenescape: Amenities, Scenes and the Qualities of Local Life[J]. Cambridge Journal of Regions Economy and Society, 2012(5).

证主义的指导①。以场景理论针对愚园路城市更新进行在地化理解,是理解和挖掘愚园路城市更新中文化价值的空间转译、价值溢出的独特方式。

4.4.1 愚园路文化场景的地方化表达

愚园路文化舒适物的信息采集以及文化场景分析主要针对愚园路定西路-江苏路(属于长宁区)区段开展,区段长度约 1 000 m。愚园路文化舒适物涵盖了经典、日常生活、文化创意和富有文化意涵的商铺等多种形式(表 4-5)。通过搜取"大众点评"中沿街店铺的基本信息及大众评论,对愚园路街道定西路-江苏路区段的 96 个沿街舒适物进行打分②。图 4-7 是愚园路场景与波希米亚场景的对比。

表4-5 愚园路更新中文化舒适物分类表

文化舒适物类别	代表性文化舒适物	愚园路更新中的文化舒适物代表
经典 (Classic)	美术馆	飞喲美术馆
		粟上海社区美术馆
	文化遗产	愚园路街区作为历史风貌保护区
		施蛰存故居等名人故居、历史保护建筑
	博物馆	愚园路历史名人博物馆
日常生活 (Everyday Life)	有文化活动的开放空间 (open space with cultural activities)	创邑 SPACE｜弘基园区草坪、长宁区文化宫外转角绿地、愚巷("一方美好"社区花园)等
	社区中心	江苏路街道社区文化中心
文化创意 (Cultural-Creative)	文化创意产业园	米域
		创邑 SPACE｜弘基园区
		新联坊

---

① SILVER D A, CLARK T N. Scenescapes: How Qualities of Place Shape Social Life[C]. Chicago: University of Chicago Press, 2016.
② 在结合"大众点评"信息与参与式观察后,制定标准,针对每个店铺的 13 个维度进行打分。打分范围为−2—2分:2分表示该店铺在此子维度的特征最突出,−2分则表示在相反的子维度特征最突出。例如爱炫的是2分,低调的则是−2分。此处分数的高低并不带有价值判断,只是理解和呈现特征的一个方式。

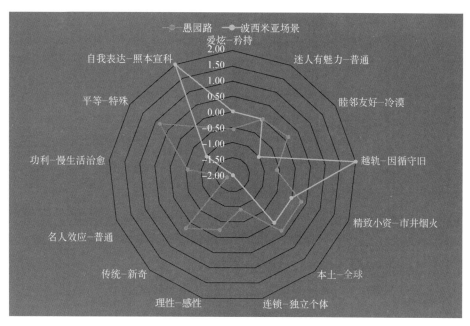

图 4-7　愚园路场景与波希米亚场景对比

"睦邻友好（戏剧性）、平等（合法性）"
国牌店外遛狗休息的爷叔

城市家具里休息的工人

商铺外玩耍人造雪的孩童和家长

"越轨（戏剧性）、新奇（合法性）、
自我表达（合法性）"fiu 艺术展览

草坪啤酒音乐节

育音堂 livehouse

"本土（原真性）、传统（合法性）"
老伯伯内衣店

愚园百货公司外的复古邮筒

愚园公共市集-裁缝店

图 4-8　愚园路场景特质示意

愚园路城市更新项目主要沿愚园路主街两侧展开，少量位于主街背后的巷弄内，总体来说，更新的尺度和体量较小，如街角花园、街边绿地、独栋或少量的历史建筑或后工业建筑。研究发现，愚园路的文化场景特质是"平等的越轨"。在创邑 SPACE｜弘基园区临街的草坪上，每逢周末便汇聚着多样的人群：躺在草地上听音乐的外国人，年轻的爸爸、妈妈和奔跑的孩童，驻足观望的刚刚骑单车买菜回来的大伯以及悠闲散步的白发奶奶……在这个曾是封闭停车场的空间里，一种突破了日常轨迹的"越界生活"正在发生(图 4-8)。同样是酒吧，愚园路上大多是"暖心、快乐的小酒馆，很适合聊天"，它们可能"比想象中要小一点、挤一点"，但有着"温柔的店家"。它们像大学附近的酒吧，可支付性很强，不需要动辄几千元的"台费"，有着简单的家具和装修①，"越轨"但依旧亲切。这种"平等的越轨"来自富有个性的店铺和活动类型，以及其流露出的开放、欢迎多元人群的姿态。

从总体上看，愚园路更符合一种渐进的、有机更新的过程，没有采用单一纯粹的设计语言来"傲慢地"填充整个街区，而是让居民觉得"改了点什么，又好像没改什么"。封闭的停车场被辟为开放的草坪，使得街道的建筑和街道逐渐走向开放与联通的状态，或者巧妙地利用小型开放空间作为灵活的空间过渡，为不同功能和风格的空间创造了一种阈限性②③。这些改变都鼓励了不同社会人群共享的、"睦邻友好"的场所氛围的营造，物理空间界限的灵活和边界的模糊也激发了社会空间的松动和共融，进一步催生出"平等"的场景④⑤。

4.4.2　愚园路的女性向特质和国潮经典传承

愚园路主营业态的受众群和工作团队大部分以女性为主，具有明显的女性向特质。例如极具影响力的飞哟美术馆，工作团队几乎全为 90 后女性，同时，其受众群也以女性为主，更具体来说是"少女群体"。这里的"少女"并非强调年龄，更注重的是给人亲切、放松且没有距离感的心灵感受。飞哟美术馆在人们心中是"可爱"的代表，这种可爱体现在其举办的各个展览中：以毛绒材质为主题的"软软"，以女生最爱的粉色为主题的"粉粉"，与

① FARRER J, FIELD A D. Shanghai Nightscapes: A Nocturnal Biography of a Global City[C]. Chicago: University of Chicago Press, 2015.

② IMAI H. The Liminal Nature of Alleyways: Understanding the Alleyway Roji as a 'Boundary' between Past and Present[J]. Cities, 2013(34).

③ KOCHAN D. Placing the Urban Village: A Spatial Perspective on the Development Process of Urban Villages in Contemporary China[J]. International Journal of Urban and Regional Research, 2015(39).

④ TURNER V. The Ritual Process: Structure and Anti-Structure[C]. Piscataway: Transaction Publishers, 1995.

⑤ WU S F, LI Y N, WOOD E H, et al. Liminality and Festivals-Insights from the East[J]. Annals of Tourism Research, 2020(80).

王源（TF Boys 成员）合作的展览"花瓣"……无论是在"草稿箱里的上海"看到的生煎包、上海街道、手拎袋，还是在"陪安东尼度过漫长岁月"模拟的居家公寓，都是非常贴近日常生活、极易激发共鸣、产生亲近感的艺术呈现方式。无论是艺术大师卡米尔·瓦拉拉，还是年轻的新兴插画师卤猫，与飞呦美术馆合作的艺术家作品从不会标榜或者过分强调艺术的晦涩，而是将艺术以易于理解和亲近的方式进行呈现。该美术馆对 60 岁以上的老人免费，并时常与附近的学校、少年宫合作，免费对小朋友们开放，还与江苏路街道派出所合作，共同推广守护女性安全的活动。以上都让飞呦美术馆像身边最可爱的朋友一样，既闪烁着新鲜的艺术创意，也照顾着人们最细腻的小情绪，关怀着街区的不同群体，创造着街区新的"睦邻友好"。

"女性向"一词最早见于日本漫画，指的是以女性为主要受众群的漫画，后来被广泛应用于多种文化产品中，如女性向影视、女性向小说等。"女性向城市街区"具体来说包含三个方面内容：以女性为主要受众群，以女性从业者为主，总体给人以类似于女性特质的温馨感受。最核心的是，这更多只是一种指代，指代"富有人文关怀和追求高品质生活的城市街区"，与"睦邻、平等、慢生活"等场景属性紧密相关。不难看出，所谓女性向的街区其实是富有人文关怀的街区，也是对高品质生活追求的一种体现。

在愚园路城市更新中，新增了不少颇具人气的潮牌买手店，它们可以说是国潮代表，也可以说是本土性的新表达。近年来，随着我国综合国力的增强，青年人的本土意识与文化自信体现在时尚消费行为中。"国潮"比起狭义地理解为以中国元素为主题的时尚品，或者是本土设计师进行设计的时尚潮流品，它更应是"中国本土青年的生活和存在方式"。

愚园路聚集了具有代表性的中国本土原创设计师品牌。例如 RANDOMEVENT、FOURTRY，以及与愚园百货公司合作的限时快闪店（pop-up store）、北山制包所等。RANDOMEVENT 是以"都市、日常、街头"为主题的代表性国潮品牌，被粉丝戏称为"谁不想拥有易烊千玺同款呢"，2019 年 11 月，RANDOMEVENT 的首家实体店开在愚巷边。在此一年前，愚园百货公司开业，这是一家改建自作家施蛰存故居，集合咖啡店、潮牌买手店于一体的新型生活方式集合店。由于店家经常与时尚品牌合作限时快闪店，因此这里也时常会出现潮流明星，连"楼上阿姨"也知道"我们楼下，刘涛来过的"。FOURTRY是致力于将中国潮流推向世界的新型时尚品牌，它的营业伴随网络综艺《潮流合伙人》的播出，每年一次。每年 FOURTRY 的线下实体店都选择了愚园百货公司，在这背后是爱奇艺与愚园路的合作。受到《热血街舞团》《这就是街舞》《中国新说唱》等综艺节目的影响，与街头文化相关的时尚潮流品热度倍增，尤其吸引年轻人。新潮的店面装饰，偶尔的活动排队，不仅将年轻人从四面八方吸引至此，也吸引了愚园路原住民的好奇眼光。新兴国潮店有个性却绝不冷漠，店外摆着的椅子，欢迎路过的老爷爷、老奶奶、带着娃的爸爸妈妈们随时就座。

不仅如此,愚园路还呈现着传统中国品牌的新生,例如"回力""飞跃""李宁"。这些"小时候的记忆"正在走回潮流的中心。愚园百货公司与李宁"足不出沪"合作,展示以老上海为灵感的时尚运动新品;飞跃牌鞋店就位于从愚园路第一幼儿园出来的巷子口。在国潮品牌店之外,在愚园路的艺术活动和业态中也传递着对于本土生活的珍视和眷念。例如粟上海社区美术馆的首展——"致敬愚园路匠人",将曾经的裁缝铺、钥匙店都"搬"了回来;飞哟美术馆的展览"草稿箱里的上海"以代表上海的元素为主题,邀请年轻艺术家再创作。漫步愚园路,既可以看到最新奇的买手快闪店,也可以去"爷叔"最爱的本帮面馆解馋。国潮在愚园路是本土的新生,新旧的对话。

4.5 愚园路文化场景特质对创意产业的激发

愚园路"平等的越轨"吸引着创意产业的人群(图4-9)。除了以创邑 SPACE │弘基园区、米域、新联坊为代表的创意产业集聚在主街沿线,还有小型斑块或点状的产业空间向腹地内渗透,例如安垦 Air、愚园里,以及一些旧书店、复古服装店、设计师工作室等。这反映了创意人群对于日常生活趣味的偏爱,也表明文化生产与文化消费之间可能越来越模糊的关系,文化生活本身即可能成为一种新的文化生产①。愚园路的创意产业已经成为街区生活的一部分,而不再是围合的、界限明晰的园区(图4-10)。

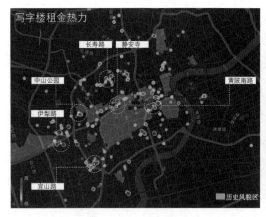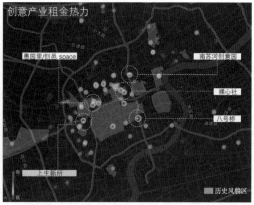

图4-9　上海文创园区与写字楼租金热力对比②

---

① ZUKIN S. Loft living: Culture and Capital in Urban Change. New Brunswick: Rutgers University Press, 1989.

② 数据来源:http://www.02office.com/chuangyi/index.asp? bd_vid = 11797956851404250665 & page = 9。写字楼主要分布在风貌区外——青色范围,创意产业园分布于在风貌区内,其租金明显高于风貌区内的写字楼。

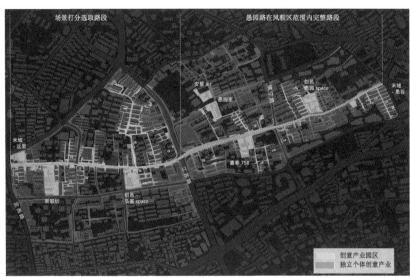

里弄内古着店

里弄内古旧书店

图4-10　愚园路上创意产业与里弄空间的相互渗透

　　在愚园路以文化为导向的城市更新过程中,保留了老店,延续了既有的情感与依恋,同时也新增了文化艺术空间、创意办公空间和新型消费空间。这些新引入的空间类型激活了原有的文化氛围,为历史地区带来了新的生机。各种形式的文化生产赋予了历史街区新的意义,而有机的公共空间、灵活的管理使得新的文化艺术走进了最基本的社区日常生活。一方面,这种文化氛围吸引创意人群、培育创意产业的同时,又反过来促进了文化的新生,形成有益的循环;另一方面,自上而下的更新激发了自下而上的更新,使得街区整体发生变化。在愚园路的更新中,政府、私人企业和社会组织形成了良好的联盟,积累了信任和社会资本,在其中,文化不只是建筑符号,也不是孤立的高雅艺术,而是新的地方形象和身份,也是社会网络和情感的链接。

　　2010年,上海世博会提出"城市让生活更美好"的口号,彰显出上海对于城市品质、人文内涵的反思和追求。《上海市城市总体规划(2017—2035)》将城市发展愿景设定为"创新之城、人文之城、生态之城"。在迈向"卓越的全球城市"进程中,文化是提升上海城市魅力,吸引人力资本、创意人才,积淀城市人文内涵的关键。伴随对城市更新社会效益的反思,更进一步关注文化的社会含义,注重城市文化与最日常的市民生活的内在联系成为新的发展思路。如何鼓励公众参与、重建社会网络,积累社会资本,将城市更新作为实现社区治理的有效手段正成为上海城市更新中的重要着力点。

参考文献

[1] ANDERSSON Å. Creativity and Regional Development [C]//Papers of the Regional Science Association. Berlin: Springer, 1985.

[2] BARILE S, SAVIANO M. From the Management of Cultural Heritage to the Governance of the Cultural Heritage System[C]//Cultural Heritage and Value Creation. Berlin: Springer, 2015.

[3] BORGONI R, MICHELANGELI A, PONTAROLLO N. The Value of Culture to Urban Housing Markets[J]. Regional Studies, 2018(52).

[4] CHEN F. Traditional Architectural Forms in Market Oriented Chinese Cities: Place for Localities or Symbol of Culture? [J]. Habitat International, 2011(35).

[5] CHO S H, KIM S G, ROBERTS R K. Values of Environmental Landscape Amenities during the 2000–2006 Real Estate Boom and Subsequent 2008 Recession[J]. Journal of Environmental Planning and Management, 2011(54).

[6] CLARK T N, LLOYD R, WONG K K, et al. Amenities Drive Urban Growth[J]. Journal of Urban Affairs, 2002(24).

[7] EVANS G. Measure for Measure: Evaluating the Evidence of Culture's Contribution to Regeneration[J]. Urban Studies, 2005(42).

[8] FARRER J, FIELD A D. Shanghai Nightscapes: A Nocturnal Biography of a Global City[C]. Chicago: University of Chicago Press, 2015.

[9] FLORIDA R. Cities and the Creative Class [J]. City & Community, 2003(2).

[10] FLORIDA R. The Rise of the Creative Class[J]. Regional Science and Urban Economics, 2005(35).

[11] GARRETSEN H, MARLET G. Amenities and the Attraction of Dutch Cities[J]. Regional Studies, 2017(51).

[12] GLAESER E L, KOLKO J, SAIZ A. Consumer city[J]. Journal of Economic Geography, 2001(1).

[13] HARVEY D. The Art of Rent: Globalisation, Monopoly and the Commodification of Culture [J]. Socialist Register, 2009(38).

[14] HE J L, HUANG X J, XI G L. Urban Amenities for Creativity: An Analysis of Location Drivers for Photography Studios in Nanjing, China[J]. Cities, 2018(74).

[15] HEIDENREICH M, PLAZA B. Renewal through Culture? The Role of Museums in the Renewal of Industrial Regions in Europe[J]. European Planning Studies, 2015(23).

[16] IMAI H. The Liminal Nature of Alleyways: Understanding the Alleyway Roji as a 'Boundary' between Past and Present[J]. Cities, 2013(34).

[17] KOCHAN D. Placing the Urban Village: A Spatial Perspective on the Development Process of Urban Villages in Contemporary China[J]. International Journal of Urban and Regional Research, 2015(39).

[18] KOURTIT K, NIJKAMP P. Creative Actors and Historical-cultural Assets in Urban Regions[J]. Regional Studies, 2019(53).

[19] LANDRY S M, CHAKRABORTY J. Street Trees and Equity: Evaluating the Spatial Distribution

of an Urban Amenity[J]. Environment and Planning a-Economy and Space，2009(41).

[20] MCLEAN H E. Cracks in the Creative City：The Contradictions of Community Arts Practice[J]. International Journal of Urban and Regional Research，2014(38).

[21] MORO M，MAYOR K，LYONS S，et al. Does the Housing Market Reflect Cultural Heritage? A Case Study of Greater Dublin[J]. Environment and Planning a-Economy and Space，2013(45).

[22] NEFF G. The Changing Place of Cultural Production：The Location of Social Networks in the Digital Media Industry[J]. Annals of the American Academy of Political and Social Science，2005(597).

[23] PERUCCA G. Residents' Satisfaction with Cultural City Life：Evidence from EU Cities[J]. Applied Research in Quality of Life，2019(14).

[24] ROSENTHAL S S，STRANGE W C. The Attenuation of Human Capital Spillovers[J]. Journal of Urban Economics，2008(64).

[25] SCHLAPFER F，WALTERT F，SEGURA L，et al. Valuation of Landscape Amenities：A Hedonic Pricing Analysis of Housing Rents in Urban，Suburban and Periurban Switzerland[J]. Landscape and Urban Planning，2015(141).

[26] SILVER D. The American Scenescape：Amenities，Scenes and the Qualities of Local Life[J]. Cambridge Journal of Regions Economy and Society，2012(5).

[27] SILVER D A，CLARK T N. Scenescapes：How Qualities of Place Shape Social Life[C]. Chicago：University of Chicago Press，2016.

[28] THROSBY D. Economics and Culture[C]. Cambridge：Cambridge University Press，2001.

[29] TURNER V. The Ritual Process：Structure and Anti-Structure[C]. Piscataway：Transaction Publishers，1995.

[30] ULLMAN E L. Amenities as a Factor in Regional Growth[J]. Geographical Review，1954(44).

[31] WU S F，LI Y N，WOOD E H，et al. Liminality and Festivals-Insights from the East[J]. Annals of Tourism Research，2020(80).

[32] YANG Y R，CHANG C H. An Urban Regeneration Regime in China：A Case Study of Urban Redevelopment in Shanghai's Taipingqiao Area[J]. Urban Studies，2007(44).

[33] ZHONG S. Artists and Shanghai's Culture-led Urban Regeneration[J]. Cities，2016(56).

[34] ZUKIN S. Loft living：Culture and Capital in Urban Change. New Brunswick：Rutgers University Press，1989.

[35] ZUKIN S. Landscapes of Power：from Detroit to Disney World. Berkeley：University of California Press，1993.

[36] 陈飞,阮仪三.上海历史文化风貌区的分类比较与保护规划的应对[J].城市规划学刊,2008(2).

[37] 丁凡,伍江.上海城市更新演变及新时期的文化转向[J].住宅科技,2018(11).

[38] 管娟,郭玖玖.上海中心城区城市更新机制演进研究——以新天地、8 号桥和田子坊为例[J].上海城市规划,2011(4).

[39] 沙永杰,伍江.上海市徐汇区历史街道保护规划探索[J].时代建筑,2013(3).

[40] 沙永杰,张晓潇.上海徐汇区风貌道路保护规划与实施探索 10 年回顾[J].城市发展研究,2019(2).

[41] 王兰,吴志强,邱松.城市更新背景下的创意社区规划:基于创意阶层和居民空间需求研究[J].城市规划学刊,2016(4).

[42] 吴晓庆,张京祥.从新天地到老门东——城市更新中历史文化价值的异化与回归[J].现代城市研究,2015(3).

[43] 伍江,王林.上海:完善政府管理机制 保护城市历史风貌[J].城乡建设,2006(8).

[44] 奚文沁,周俭.强化特色,提升品质,促进保护与更新的协调发展——以上海衡山路-复兴路历史文化风貌区保护规划为例[J].上海城市规划,2006(4).

[45] 于海.城市更新的空间生产与空间叙事——以上海为例[J].上海城市管理,2011(2).

[46] 张辉,钱锋,梁夏,袁铭.风貌保护道路户外招牌(牌匾)审美评价量化研究——以上海市福州路为例[J].上海城市规划,2020(3).

城市设计篇

URBAN DESING

5 城市设计在国土空间规划中的创新作用

匡晓明[*]

5.1 国土空间规划背景下的城市设计

5.1.1 国土空间规划的新思维

国土空间规划的新思维源自在相对成熟的城市规划基础上向上扩大至国域空间,向下覆盖到乡村地区,从而实现横向到底、纵向到边的全域性规划统筹。这就意味着我们要有更为全局的整体性空间把握技术,将空间与社会两个要素结合起来,使人类的生存与自然的发展融合为有机的共生体,并发挥人类的主观创造性。具体来说,国土空间规划主要具有三种新的思维,即有机思维、治理思维和设计思维。

5.1.1.1 有机思维——优化组合与整体效能

有机思维意味着将国土空间视为有机不可分割的资源,强调各类空间构成要素的优化组合与整体效能。国土空间规划强调的是多要素组合的整体效能,其中包括山、水、林、田、湖、草等自然要素的共生性组合,也包括社会、经济与文化构成要素的有机性组合。要素组合效能的最优化和基于时间演进的可持续性是其核心目标。不同于传统简单的量化控制,这种组合是有机的,例如城市绿地不仅要考虑绿地在城市建设用地的比例问题,更需要关注绿地系统产生的生态效能,这不仅体现在对生物多样性生境空间的补充和完善上,也体现在生态系统和城市空间的组合能产生的最佳效能上。例如在进行河道规划设计时,我们不仅要考虑河道绿化的生态性问题,也要考虑滨水空间的公共性问题,更要考虑河道绿化空间与周边城市空间在建筑功能的优化组合能产生的生态价值转换问题。尤其是在当前我国正加快形成以国内大循环为主体,国内、国际双循环相互促进的经济发展新格局背景下,城市公共空间不仅需要关注其开放性与生态性,也要彰显城市文化活力,并能为构建新的消费增长点提供空间载体。城市公共绿化空间不仅是绿色的,而且应该是彩色的,其中应该包含各种市民需要的服务设施与消费场所,例如餐饮店、公共图书馆、

* 匡晓明,同济大学建筑与城市规划学院副教授,上海同济城市规划设计研究院有限公司城市设计研究院常务副院长,四川天府新区总规划师。邮箱:kxm1111@vip.sina.com。

文化中心和艺术画廊等一系列公共设施,使得公共绿化空间发挥更大的复合性效能。

2018 年 2 月,习近平主席在视察四川天府新区时提出"公园城市"的理念,并强调把生态价值考虑进去。"生态价值"四个字值得我们深入思考,其中包含着有机思维——城市公园与周边的城市功能是一个有机整体,通过整体化的有机组合,带动整体价值的综合提升。在生态文明新时代,人与自然的生命共同体不仅在城市与自然的关系中,也意味着城乡的有机共荣。此外,还要关注时间的维度,将时间与空间相结合,强调要素的有机组合及其共同的可持续发展。

5.1.1.2　治理思维——共建共享与用户思维

治理思维意味着以人为本,关注由管理向治理概念的转变,强调共建共享与用户思维,这里的"用户思维"是自然资源部副部长庄少勤提出的。人类社会、城市和自然环境是一个命运共同体,我们要改变单一的自上而下的管理思维,引入共同治理思维。作为规划设计人员,在进行国土空间规划时应当具备用户思维。从广义的角度来说,这里谈到的"用户"指的是人民。2019 年 11 月,习近平主席在上海杨浦滨江考察时提出"人民城市人民建,人民城市为人民",其中就包含了城市公共空间的规划、建设与使用要强调共建、共享的思维。例如在上海市老旧社区的更新项目中,由各区政府牵头,聘请高校或设计院的专家、学者作为社区规划师,指导、参与各个更新项目,并在设计过程中广泛了解居民诉求,邀请社区居民共同参与落实规划设计,以此提升了社区居民的归属感与获得感。包括本人在内的同济大学 10 名专家、学者参与了杨浦区的社区规划,深刻体会到治理思维的重要性,只有共同参与才能了解居民的需求,才能体现以人为本的思想,从而提升居民的幸福感。

5.1.1.3　设计思维——目标路径与问题导向

设计思维就是要发挥创造性,用设计来解决空间规划中的问题,强调目标路径与问题导向。在进行国土空间规划时,我们不能流于简单的各类量化指标的统筹和分配,应该充分发挥城市设计的作用,运用设计思维来塑造大美城乡空间。国土空间规划在一定意义上就是一个大尺度的空间设计过程,基于国家和地方战略目标,强调目标导向与问题导向的结合,并利用好城市设计这个手段完成高水平和高质量的国土空间规划。2019 年 5 月 23 日,中共中央、国务院正式发布《关于建立国土空间规划体系并监督实施的若干意见》,明确提出"运用城市设计、乡村营造、大数据手段,改进规划方法,提高规划编制水平",意味着城市规划的编制水平不能流于量化、流于指标和底线。从国土空间规划的目标来看,其核心目的并不是简单量化指标的统合与分配,而是在对底线把控的同时,把"见物"与"见人"结合起来,从而真正实现国土空间的高质量发展。以人民为中心,建设高质量和高品质的美好家园,就必须运用设计思维,而城市设计正是实现生态文明思想、建设美丽中国并促进高品质生活目标达成的一个重要方法。

5.1.2 空间规划背景下的城市设计定位

国土空间规划并不是城市规划、土地利用总体规划和相关规划的简单叠加,其中一个重要内容就是运用设计思维整合多规,构建美丽而高效的空间规划体系。也就是在国土空间规划五级三类的体系中均应以共生思维,发挥创造力,将城市设计作为方法和手段贯穿空间规划的各个环节(图5-1)。传统的城市设计更多运用在详细规划层面以及总体城市设计层面,在国土空间规划背景下,城市设计作为手段应该突破传统的详规(详细规划)与总规(城市总体规划)的应用范围,将其作为方法运用贯穿国土空间规划全过程。需要强调的是,城市设计作为工作手段并不意味着在省域或市域的国土空间规划尺度下必须编制总体城市设计,城市设计的理念和方法适用于国土空间规划体系的各层级、各类型规划。

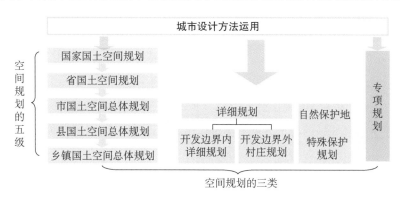

图5-1 国土空间规划背景下的城市设计定位

5.1.3 城市设计作为现实国土空间规划战略的重要工具

5.1.3.1 城市设计作为实现规划战略的方法

近年来,城市设计已经成为国家空间治理的重要手段,从时间维度上来看,在2014年城市设计就已经受到关注(图5-2)。2014年12月,国务院原副总理张高丽主持召开全国城市规划建设工作座谈会。会上谈到要加强城市设计,完善决策评估机制,规范建筑市场和鼓励创新,提高城市建筑的整体水平,以及强化城市设计对建筑设计、塑造城市风貌的约束和指导,以此来应对千城一面和怪异建筑等问题。2015年12月,习近平总书记主持召开中央城市工作会议。会议强调要加强城市设计,加强对城市的空间立体性、平面协调性、风貌整体性、文脉延续性等方面的规划和管控,留住城市特有的地域环境、文化特色、建筑风格等"基因"。2016年3月,中共中央、国务院发文《关于进一步加强城市规划建设管理工作的若干意见》,引起来自住建部(中华人民共和国住房和城乡建设部)、同济大学、清华大

图5-2　城市设计作为国土空间规划国家战略的重要工具

学、东南大学等单位的一些专家、学者的广泛关注与探讨。从那时起,由住建部主持,中国城市规划设计研究院的朱子瑜、东南大学段进等专家、学者共同起草了《城市设计管理办法》,并于2017年6月由住建部正式发布,虽然篇幅不长,但其中明确了城市设计的一些基本目的和要求,成为城市设计再次进入城市规划管理领域的一个信号。2018年3月,自然资源部成立,标志着中国进入了空间规划的新时期。2019年5月,自然资源部发布《关于建立国土空间规划体系并监督实施的若干意见》,提出运用城市设计等手段,提高规划编制水平。

5.1.3.2 《国土空间规划城市设计指南》的发布

2020年,在自然资源部的主持下,由东南大学段进院士领衔,同济大学团队、清华大学团队以及五个规划院一起开展了《国土空间规划城市设计指南》的编制工作。同济团队关注的重点不在于"城市设计应当如何编制"或"城市设计应当有什么成果",而是始终强调城市设计方法的运用。在国土空间规划中,城市设计作为方法的运用方式是不拘一格的,重点是以问题导向为出发点,强调整体统筹,以人民为中心,因地制宜地关注地方文脉等。此外,在国土空间规划的各级各类均要运用城市设计的方法,这有助于完成高质量、高水平的空间规划编制成果。

5.1.4　运用城市设计方法提升空间规划编制水平

按照国土空间规划五级三类体系的划分,城市设计的传统应用领域主要包括市国土空间总体规划、县国土空间总体规划以及城镇开发边界内的详细规划这三个部分(图5-3)。由此可能会引发一个疑问:为什么城市设计不能作为专项规划出现在规划体系中,例如在总体规划阶段,是否可以做一个总体城市设计专项规划?回答是否定的,这样做显然制约了城市设计的使用,作为专项规划或限定在某一特定范围内,无法发挥城市设计真正的作用。

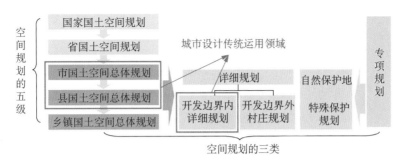

图 5-3　国土空间规划中全面运用城市设计方法

5.1.5　城市设计工作的拓展

　　城市设计作为一个工具、一种方法或一种手段，可将其运用于国土空间规划的各级各类，并且在各个层面可以以不同的手段对城市设计方法加以运用。因此，城市设计有别于专项规划。城市设计方法可以在空间上和类型上进行扩展：在空间上的扩展即在更大地域上的扩展，向上可延至国域、省域、流域等范围，向下可延至镇域、乡域和村域等范围；类型上的扩展即在跨域层面、总体规划层面、详细规划层面和专项规划等各层面的扩展。

5.2　城市设计在国土空间规划中的创新作用

　　对于在国内学习城市设计的同行来说，第一次学习"城市设计"这个概念多源自《城市设计》一书，原作者是美国的埃德蒙·培根，中文版由上海市城市规划设计研究院的黄富厢等人编译。在 20 世纪 80 年代末，国内规划关注的重点在于构建控制性详细规划体系，主要是针对土地出让问题。当时刚刚开始的土地出让必须依据控制性详细规划，以此对土地市场的一系列开发行为进行约束。直至 90 年代初，规划界才逐渐意识到城市设计的重要性，并于 90 年代末展开了较为全面的城市设计研究工作。当时在同济大学，详细规划教研室在一段时间内被改为"城市设计教研室"。在至今仍颇具影响的《城市设计》一书中有这样一句话："任何地域规模上的天然地形改变或土地开发，都应当进行城市设计。"土地开发阶段做城市设计是比较容易理解的，为什么在其他环节，包括涉及对自然环境做出改变的时候，也需要做城市设计？实际上，这本书具有很高的先验性，即提出了城市设计的方法可以在更大的空间范围内进行拓展运用。

　　回溯西方国家出现空间规划的原因，可以发现基于城市规划向上和向下两个维度延伸成为空间规划的基本路径——向上延伸对接上一层级区域空间，向下延伸至乡村空间。同济大学吴志强院士曾提到，要做"顶天立地"的国土空间规划："顶天"是指规划必须对接国家政策方针，各层级之间政策的传达要顺畅；"立地"是指规划要强调系统性和整体性。

例如一条河流的治理不能单独依靠一座城市,而是要针对其跨流域或跨地带的范围,进行基于空间治理的跨域国土空间规划。

埃德蒙·培根在《城市设计》一书中论及城市设计的运用时指出:"它无所不包,更为概括。"也就是说,城市设计不限于在什么时候做,也不限于它的成果形式,而在于我们需要用"无所不包"来理解城市设计,即城市设计作为一种方法,无所不在。

对于"城市设计"这个词,不同的专家、学者有不同的理解。我们认为:"城市设计是以城市空间的整个生命周期发展为目标,针对实体、程序、服务及其系统所进行的一种将人类文明赋予物质空间所从事的创造性活动。"主要包括以下三层含义:首先是目标导向,明确未来的发展目标;其次是过程导向,即城市设计是一个实践过程,而不是所谓"墙上挂的一张蓝图";再次,也是更重要的,城市设计是我们将当代文明赋予空间而进行的一项创造性活动。

因此,城市设计的目的性、过程性和创造性这三点对于空间规划而言是非常重要的。国土空间规划绝不是机械的多规拼合和量化组织,而是以有机性的思维,以目标为导向,通过设计的方法,创造性地开展国土空间规划工作。从外延来说,城市设计是对空间形体环境所进行的设计,目的是塑造空间;从内涵来说,城市设计是把城市空间作为一个完整的有机生命体,以时空动态和可持续发展为原则,将人类文明赋予城市物质空间所从事的创造性设计活动。

5.2.1　城市设计在国土空间规划中的三大创新作用

城市设计在国土空间规划中的创新作用主要概括为三点:①促进有机共生,②运用设计思维,③突出公共利益。其中促进有机共生,指国土空间规划的主要目的在于合理组构要素并使之成为一个有机整体,同等的量化指标条件下,对要素进行组合以实现整体效能的最大化。"一张蓝图绘到底"的蓝图是一张全息蓝图,是一张以目标为导向的多要素叠合而成的过程蓝图。运用设计思维,旨在针对高质量发展、高品质生活和建设美丽中国等战略目标,空间规划必须运用创造性的设计思维。突出公共利益,重点强调的是城市设计的管理属性,是指我们应当实施准确的公共干预。城市设计的重要作用之一就是识别公共价值,以公共价值确定公共利益,从而进行公共干预。

5.2.1.1　城市设计的创新作用一:促进有机共生

谈及城市设计的有机共生的思想,需要提到一个代表人物——伊恩·麦克哈格和他的著作《设计结合自然》。这本书中的一个重要观念就是自然是有机和演进的,人类是自然界的一分子,城市发展应适应自然环境,并考虑自然环境的承载能力。这就意味着在进行空间规划时,要利用设计手段,设计要结合自然,让城市和自然有机、合理、可持续地处于一个共同体系之中。麦克哈格在书中谈到价值组合图评估法,即通过生态因子综合叠图分析,形成土地适宜性分区,以揭示每个区域的最优利用方式。在同济规划院成立城市空间与生态规划研究中心之后,我们团队就参考这种分析方法(图 5-4),在诸多规划实践中加以应用,并整理出一套系统的生态城市设计方法。

伊恩·麦克哈格
《设计结合自然》(1969)

转变价值观念:自然是有机和演进的,将人类作为自然界的一分子,城市发展应适应自然环境,并考虑自然环境的承载能力。

价值组合图评估法:通过生态因子综合叠图分析,形成土地适宜性分区,以揭示每个区域的最优利用方式。

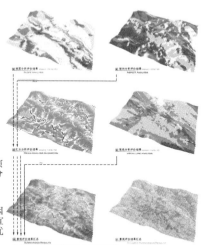

图 5-4　城市设计促进有机共生
来源:改绘自麦克哈格.设计结合自然[M].芮经纬,译,北京:中国建筑工业出版社,1992

　　图 5-5 是一张反映空间共生理念的示意图。这张图表达的是在资源约束与各类功能指标控制下实现三生空间形态的有机融合。其中,左图是用量化的形式来表达各类用地简单的空间组合,而右图是通过城市设计的方法,将不同的用地有机关联,以更好地发挥其整体效能。在这里,城市设计的作用是促进空间与形态的互动与关联。在"量"一定的情况下,不同的"形"产生的价值是不同的。运用城市设计手段谋求的是共同构建一个有机共生体,使各类资源在合理组织的过程中发挥最大价值并实现综合组织效能。

从资源约束与功能诉求的各类量化指标控制到三生空间形态的有机融合

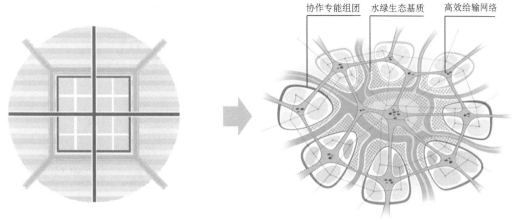

图 5-5　城市设计促进空间与形态的互动与关联

近年来,同济团队一直在思考生态规划,并付诸实践。以北京通州副中心城市设计项目为例(图5-6)。该项目由吴志强院士领衔,设计的关键点是,城市形态与自然环境的空间组合是城市空间框架的基础。2017年,同济团队参与的雄安新区启动区城市设计方案征集(图5-7)以及武汉中法生态城城市设计投标项目(图5-8),均体现了对三生空间有机融合理念的探索和尝试。2018年,笔者被聘任为四川天府新区的总规划师,负责完成了该地的总体城市设计(图5-9)。这一时期,同济团队开始关注空间的层级性问题,在整体有机布局的基础上尝试多级组团分划和传导。

图5-6　北京通州副中心城市设计,同济第一名方案(2016)
来源:上海同济城市规划设计研究院有限公司,北京通州副中心城市设计

图5-7　雄安新区启动区城市设计投标方案(2017)
来源:上海同济城市规划设计研究院有限公司,河北雄安新区启动区城市设计国际咨询

图 5-8 武汉中法生态城城市设计投标方案(2017)
来源:上海同济城市规划设计研究院有限公司,中法武汉生态示范城城市设计

图 5-9 天府新区总体城市设计(2018)
来源:上海同济城市规划设计研究院有限公司,天府新区核心区南拓区域总体城市设计

5.2.1.2 城市设计的创新作用二:运用设计思维

运用设计思维强调不能把国土空间规划看成是机械的管控,而要以人为中心,关注人文传承与创新,打造人类共同的诗意家园。以韩国首尔清溪川改造为例(图 5-10)。这是一个典型的从功能主义到人文主义的项目。功能主义思维就是通过架设高架来解决交通拥堵问题,而清溪川改造案例值得我们思考的是其关注人文思想,运用设计思维,打造具有生态性、人文性和艺术性的美好人居场景。另一个案例是波士顿大开挖(图 5-11)。该

项目花费 15 年的时间,付出了非常大的代价,最终将穿过波士顿市中心的交通大动脉——93 号州际公路改为地下快速路,使地面空间成为公园式的林荫大道,将城市绿色空间归还波士顿民众。

图 5-10　韩国首尔清溪川改造(左图为改造前,右图为改造后)
来源:https://www.zhihu.com/question/23932575

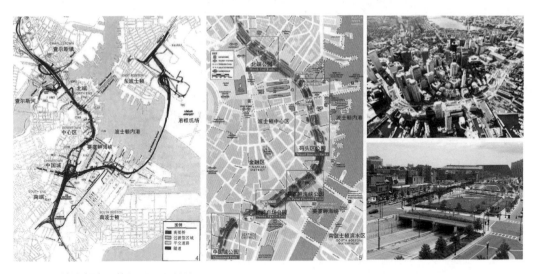

图 5-11　波士顿大开挖(1991—2006)
来源:http://www.360doc.com/content/19/0123/22/11926103 _ 810897822. shtml;http://www. 360doc.
com/content/17/0220/19/39439681_630630552.shtml

　　从以上典型案例可以看出,运用设计思维的核心思想是以人为中心。2010 年,笔者主持完成了上海杨浦滨江城市设计(图 5-12)。之后,同济大学章明教授做出了非常精彩的滨江景观实施方案。经过城市设计,注入生态、人文和创新思想,充分考虑人文价值,关注老工业厂房的保留、保护和文化注入等,最终形成今天生态、艺术与活力交融的滨江空间。

另外一个案例是南昌九龙湖新城核心区城市设计(图5-13)。在滨江空间引绿入城,将绿化与公共设施融为整体的前提下,滨江道路的线形也结合生态进行了设计优化。

图5-12 上海杨浦滨江城市设计(2010)
来源:上海同济城市规划设计研究院有限公司,上海杨浦滨江城市设计

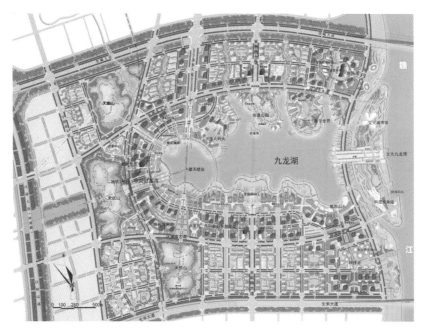

图5-13 南昌九龙湖新城核心区城市设计(2011)
来源:上海同济城市规划设计研究院有限公司,南昌九龙湖新城核心区城市设计

当然,设计思维同样可以延伸运用于专项规划,例如新加坡、哥本哈根垃圾焚烧厂的案例(图 5-14),天府新区的"地埋式"污水处理厂也是一个很好的案例(图 5-15)。该项目将地上空间设计为开放式公园,供民众使用,地下空间则作为污水处理厂的操作层和设备层。

图 5-14　运用城市设计思维设计垃圾焚烧厂

来源:根据网络图片改编。http://www.retourism-cn.com/newsinfo/43-46-206.html

图 5-15　运用城市设计思维设计生态化污水处理厂

来源:根据网络图片改编。https://cbgc.scol.com.cn/home/129321

5.2.1.3　城市设计的创新作用三:突出公共利益

国土空间规划中对于公共资源的公共利益保障是实现人民城市的重要内容;但是,并非所有的公共利益要素都能够通过国土空间规划得到直接管控。例如滨江绿化空间能够直接得到管控,而滨水建筑的尺度可能会影响公共利益。因此,认识并突出公共利益对于提高空间规划质量是非常重要的。如图5-16所示,左侧图片是上海的世茂滨江,沿江是豪华住宅,这有悖于滨水空间的公共性设计原理。原因在于上海黄浦江是城市非常重要的公共资源,如果建筑的面宽较大,又占据了较长的公共岸线,这会对滨水公共利益造成不良影响。具体案例如2008年笔者主持的大连城市副中心小窑湾核心区的城市设计。通过图5-17的模型可以看到,滨水空间全部用于布置公共与文化设施,尤其是滨水空间的第一排建筑,多数用于公共空间建设并控制了建筑对滨水空间的遮蔽。2020年,为迎接2022年杭州亚运会,笔者团队进行了杭州滨江新区的城市设计(图5-18),将其打造为一个开放的、可供民众使用的滨水公共空间。此外,成都天府中心商务区的城市设计(图5-19),在中央公园地区、滨水地区均充分考虑了开放空间的公共属性。以上案例说明维护公共利益是城市设计的核心要旨。

图5-16　上海世贸滨江 VS 上海徐汇滨江

来源:https://www.zhihu.com/question/23932575;https://www.sohu.com/a/466492075_100229839

图5-17　大连城市副中心小窑湾核心区的城市设计(2008)

来源:上海同济城市规划设计研究院有限公司,大连小窑湾核心区城市设计

图 5-18　杭州滨江新区城市设计(2020)
来源:上海同济城市规划设计研究院有限公司,杭州市滨江区分区总体城市设计

图 5-19　成都天府中心商务区城市设计(2019)
来源:上海同济城市规划设计研究院有限公司,天府中央商务区总部基地策划与规划方案

5.3　国土空间规划中的城市设计方法运用

5.3.1　城市设计与国土空间规划编制和建设管理的响应

5.3.1.1　城市设计与国土空间规划的体系对照

　　城市设计方法应用可以对应于国土空间规划编制与建设管理的各个过程(图 5-20):
在传统城市规划领域总体规划阶段,对应总体城市设计,而在详细规划阶段,有相应的片

区城市设计、重点控制区城市设计等。另外,城市设计方法运用可以向上、向下延伸,城市设计思维同样可以运用于跨域的国土空间规划以及专项规划和村庄规划。城市设计理念应用于建设管理的几个环节中时有以下三个要点:①在用途管制方面,加强城市设计理念和方法的引导。②在建设用地规划条件方面,考虑将城市设计要求纳入规划条件,尤其是在城市重点地区,可以将城市设计要求纳入法定规划。例如上海市控制性详细规划附加图则的实践。同时,在实施方案层面,运用城市设计手段对详细规划进行更进一步的完善。③在建设工程规划许可方面,除了规划审查,可以根据需求审核城市设计的落实情况,有条件的地区可以采用地区总师制度。

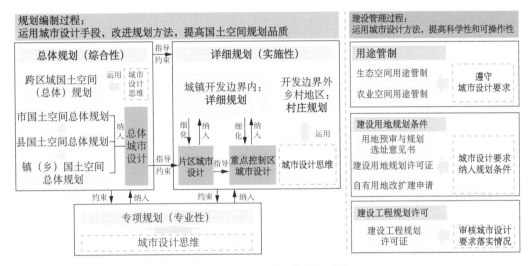

图 5-20　城市设计方法应用于国土空间规划编制与建设管理全过程

5.3.1.2　传统城市设计的拓展

传统城市设计主要包括总体城市设计、片区城市设计以及重点控制区城市设计三个层次,在国土空间规划背景下城市设计内涵与职能应有相应的拓展,即城市设计方法运用的多层级扩展,主要包括:①城市设计运用向区域拓展,在原有中心城区基础上,扩展至与自然空间联系紧密的省域、市县域,包括流域和亚文化区域等;②城市设计对象向全要素拓展,包括区域(城镇)建成环境和地景空间,以及涵盖产生重大地表地理变化的人工基础设施;③城市设计职能向系统拓展,包括与多专业、多尺度和多部门的协同合作,以及在城市、乡村人工或半人工聚落中进行生态—空间—景观等多个系统的一体化整合。

5.3.1.3　城市设计方法在国土空间规划中的拓展应用

城市设计思维和方法在国土空间规划中的运用主要包括三个方面:①体现设计思维。

在全域空间层面上的空间规划并不是简单套用城市空间的设计手法,而是以设计思维、以城市设计为手段,将人工之美有机地嵌入自然原真之美,使人工与自然融为有机整体。②维护公共利益。要素布局要强调以人为本,激发公共活力,关注公共审美与文化价值,并融入整体城乡风貌体系。③提升资源价值。保护原生态的自然生态环境和原真性的历史文化资源,综合考虑资源优化配置,使整体价值与效能最优化。

5.3.2　国土空间规划中的城市设计方法运用

对应于国土空间规划的五级三类,城市设计运用的侧重点是不同的。在传统的城市总体规划与详细规划中,城市设计更多是编制内容,而在向上、向下的拓展和专项规划中,更多是城市设计方法的运用。

5.3.2.1　跨区域规划中城市设计方法的运用

跨区域规划中城市设计方法的运用有三个关注点:①生态和人文资源的保护利用。历史上最早的国土空间规划主要涉及跨域的生态保护,即针对河流上、下游的污染控制问题,因此其初衷就是生态资源和人文资源的保护利用。②蓝绿开敞空间的体系构建和系统导控。③地域特征形象的分区划定,包括对跨域的风貌特色和亚文化区域的确定等。例如在长江三角洲生态绿色一体化发展示范区规划中城市设计方法的运用(图 5-21)。

图 5-21　长江三角洲生态绿色一体化发展示范区国土空间规划布局
来源:上海同济城市规划设计研究院有限公司,长三角生态绿色一体化发展示范区先行启动区嘉善片区概念规划

这个项目涉及一市两省中的两区一县,属于典型的跨域规划项目,城市设计方法的运用起到了至关重要的作用,包含以下几个要点:①生态人文资源的保护利用,其重点是打破了行政边界,形成了跨域生态环境的整体保护,体现了系统最优的设计思路。例如在设计过程中,基于现状蓝绿基底的梳理,提炼出区域湖荡的历史成因特点,提出了对湖荡进行系统修复的思路。同时,构建了跨域的生态空间体系和生态廊道,建立了跨域的多个文化节点和多个知名古镇之间的整体保护策略,并以此建立起整体互动的旅游体系。②建立蓝绿开敞空间的系统导控,重点突出生态特色,包含太湖生态区、湖荡密集区等河网水系,也包含生态林地的规划布局以及未来植物种植的重点范围等。③地域特征形象分区识别与划定,针对长三角地区的地域特征,提出传承江南水乡景观,构建三类"水乡文绿共同体"的空间模式。根据城镇空间与自然空间的相互关系以及区域水源涵养、洪涝调蓄、生物多样性维护等多种重要生态服务功能的评估,利用城市设计的研究方法,提出湖荡密集区水乡单元、临太湖溇港水乡单元以及河网密集区水乡单元三种模式,分别落实在各类生态保护空间内,并引发未来城市空间建设新江南水乡单元的思考。另外,规划还提出四类"水乡文绿共同体"的城镇空间类型,分别是带状鱼骨型、团状网络型、岛群网链型和聚心放射型——以上类型最终也落实在城市空间中。针对 2 413 平方千米的长三角生态绿色一体化发展示范区,通过运用总体城市设计的手段,对区域空间进行研究和设计,最终形成了整体空间的系统布局(图 5-22)。在随后的祥符荡创新区城市设计中,同样运用了上述一系列的空间模型和设计手法,并在重点考虑城水之间关系的基础上,强调创新功能的导入,把生态、创新和文化紧密结合起来,构建了独具江南韵味的创新空间场景。

图 5-22 长三角生态绿色一体化发展的示范区概念性布局
来源:上海同济城市规划设计研究院有限公司,长三角生态绿色一体化发展示范区先行启动区嘉善片区概念规划

5.3.2.2　市县总体规划中城市设计方法应用

　　市县总体规划中的城市设计方法应用有四个专注点,分别是全域三生空间的统筹、城乡空间秩序的构建、整体风貌管控的协同和多元活力网络的塑造,以天府新区成都直管区总体城市设计为例(图5-23)。该区域规划总用地面积约564平方千米。首先定格局,其工作重点在于锚固区域山水城的整体格局,融入组团发展、产城融合和TOD开发等相关概念,同时构建设计管控体系,即针对不同的区域制订总体层面、分区层面和重点片区层面需要管控的内容。在总体层面建立国土空间用地分区时,以城市设计为手段,将城镇、乡村均纳入统一的国土空间规划体系中。从图5-24可以看到,该区域主要包含三大功能组团,并呈现出由7个镇50多个村组成的一体化空间布局。北侧功能组团为天府中央商务区,强调高密度发展;中部功能组团为成都科学城,强调蓝绿交织、水城共融;南部功能组团为天府文创区,包含3个镇,由于远离城市中心区,空间布局更加强调以生态空间为主导。通过城市设计思维的运用,由北至南形成了三类空间形态组合。其次定分区,在统筹城乡全域空间的基础上,确立各个分区的职能与次区域空间布局,并考虑分级传导,以实现国土空间规划战略思路的有效传递,为下一层次的设计做好铺垫。最后定标准,基于《成都美丽宜居公园城市规划》确立"人、城、境、业"四大指标体系,以落实公园城市规划标准。由于总体层面系统而分层工作到位,在下一层级即北、中、南三大功能组团细化的城市设计中形成了有机互联、职住平衡和充满活力的城市功能组团,为从总体到分区再到局部的系统传导和指标体系分解奠定了空间框架体系。

图5-23　天府新区成都直管区总体城市设计

来源:上海同济城市规划设计研究院有限公司,天府新区核心区南拓区域总体城市设计

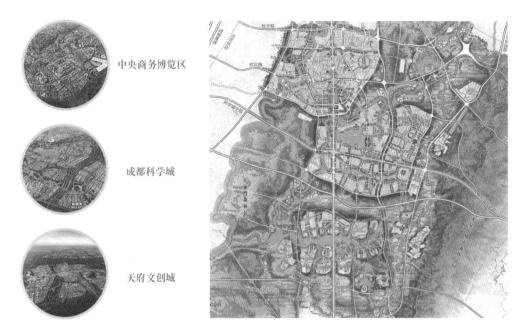

中央商务博览区

成都科学城

天府文创城

图 5-24 天府新区成都直管区三级组团三级廊道城市骨架
来源:上海同济城市规划设计研究院有限公司,天府新区核心区南拓区域总体城市设计

5.3.2.3 详细规划中城市设计方法的应用

在详细规划中的城市设计方法应用有五个关注点,分别是蓝绿网络结构的构建、土地使用与交通的耦合、人性化公共空间的塑造、三维建筑形态的控制以及地上与地下空间的协同,以笔者主持的上海金桥城市副中心控制性详细规划及城市设计项目为例(图5-25)。城市设计在城市重点地区详细规划的作用十分显著,例如该项目区域的规划理念不仅考虑了生态文明新时代的价值导向,直面城市公共与城市活力问题,还把创造个性化城市公共空间放在重要位置。由于金桥副中心周边有大量年轻的知识人群,设计需要提供一个与之相适应的新空间,所以将 CBD(中央商务区)与 CTD(中央科技区)的功能相结合,运用城市设计手段将工作和生活的界限模糊化,探索一种适合青年创新人群生活、工作和休闲高度融合的空间模式。

金桥城市副中心核心区的城市设计有五个特点:①通过蓝绿网络构建空间结构。采用道路下沉和高压线入地等方式,在有限的空间内塑造开放共享的绿化空间,同时结合该区域的功能定位,形成 CBD + CTD 的复合型中心。基于详细规划层面的城市设计,同济团队还完成了控制性详细规划的附加图则,将城市设计的内容纳入详细规划管控体系进行落实。例如金科路下穿方案,借鉴了波士顿大开挖的思路,将区域中心的地面空间归还市民,使之成为供市民使用的公共空间和文化场所。②土地使用与城市交通的耦合。强调轨道交通和步行交通的组合,通过活力慢行步道、立体街巷步道和滨水生态步道连接区

图 5-25   上海金桥城市副中心控制性详细规划及城市设计

来源：上海同济城市规划设计研究院有限公司，金桥副中心地区城市设计

域内的轨交站点，构建轨交＋步行的高效低碳交通网络。③人性化公共空间的塑造。区
域内所有的步行空间都要求具备公共性。同济团队特别关注绿化空间、建筑与广场空间
的组合关系以及使用人群的多样需求，也考虑了针对青年人的线上、线下一体化和对特色
化网红空间的相关需求。④三维建筑形态的控制，城市设计对容积率的确定起到一定作
用。针对天际轮廓线这一要素，并不能单一从美学的角度进行考量，还需要关注土地利用
的问题，即关注到分期实施的可行性。⑤地上与地下空间的协同。同济大学卢济威教授
早在 20 世纪 90 年代就提出城市设计要与地下空间相结合，静安寺就是基于这个理念进
行设计的。针对金桥副中心地下空间的设计，同济团队在规划层面进行了深入研究，并通
过附加图则对地下空间系统进行重点管控（图 5-26）。

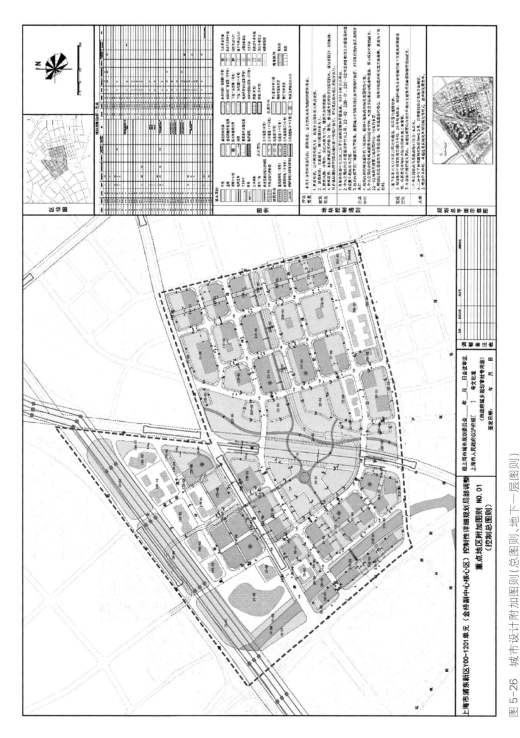

图 5-26 城市设计附加图则(总图则、地下一层图则)

来源:上海同济城市规划设计研究院有限公司,金桥副中心地区城市设计

5.3.2.4　专项规划中城市设计方法的应用

根据国土空间专项规划关于空间安排和空间利用的不同,专项规划可被分为特殊地域专项规划和特定领域专项规划两类。特殊地域专项规划范围包括自然保护地、海岸带、环湖沿江地带、沿山地带等特殊地域;特定领域专项规划范围包含综合交通体系、生态绿地系统、历史文化保护、公共服务设施、地下空间、市政基础设施、生态修复与国土空间整治的特定领域。

对于特殊地域专项规划中的城市设计方法运用需要遵循三点要求:①强化自然生态原真之美。面对自然保护地、沿水靠山等具有较强自然生态属性的特殊地域空间,应当遵从自然生态的可持续性原则,以塑造大美空间形态为目标,强化地域自然生态原真之美,加强对人类活动与建设行为的导控,构建人工与自然的和谐关系。例如城市建设应不围湖、不夹江封闭建设,即不能将生态空间围闭起来。又如在城镇边界与江湖、山地交接的生态边缘地区宜进行灵活边界的小聚落式轻开发。小聚落是一个过渡性空间,既有生态的特色,又具备城市的特点。再如建设用地应离海布局,明确建筑后退海岸线距离。②注重人工与自然环境的有机融合。要特别关注对原生态自然山水格局的保护,运用城市设计方法,引入生态设计概念,在生态学基本准则的基础上,结合使用与人文体验,以设计思维将人工之美有机嵌入原真之美,使人工与自然融为有机整体。例如,提高滨海城市界面的视线通透性,关注沿山地带水平和垂直双向的建设管控,以保证城不压山和显山露水;注重对滨海、滨水和沿山建筑高度、形态和界面的控制,塑造优美的天际轮廓线。③构建蓝绿空间格局和加强分区管控。通过对该区域自然和人文资源的综合评价,确定资源最佳利用方式,明确保护要求与利用限制,构建蓝绿与人文相融的空间格局;建立分层管控体系,包括对各类建设活动和开发行为提出以人工环境自然化为导向的建设导控要求。例如要加强对沿山、沿水和沿路等特色风景廊道和重要景观节点的塑造与系统联通;依托自然山体、河流水系和带状绿地打造纵横交织的生态廊道,串联重要生态斑块,为野生动物提供迁徙通道;锚固自然生态本底,保护和强化山城、水城关系,构建山水相映、山城共融的蓝绿空间格局。

对于特定领域专项规划中的城市设计方法运用需要遵循两个要求:①改变单一的功能思维,融入综合的设计思维。在保证基本功能性能的基础上,强调对自然山水格局和人文景观资源的保护,减少特定功能对生态环境的分隔、破坏和视觉影响。例如在城市中进行高压线或高架桥的修建时,要融入设计思维,考虑高压线或高架桥应该如何设计才能避免出现破山和压湖等影响视觉美观的问题。此外,还应对区内自然和人文资源进行综合评价,结合专项功能进行要素优化配置,形成保护与利用、自然与人工、功能与审美一体化的高品质国土空间环境。例如交通设施选址和线路选择应尽量减少对自然山水环境和人文景观资源的扰动和破坏,对于重要的山体和湖面,禁止削山填湖和越山压湖,减少高架道路对城市生态环境的分隔和视觉影响。又如应系统整合地上和地下空间,使之成为有机整体。地下商业和地铁出入口等地下空间属于泛公共空间,应应加强设计力度。市政基础设施的地面构筑物应强调与城市环境相融合,电力走廊等大型线性设施在城市重要的公共空间和历史街区等区域应结合综合管廊入地。②优化资源配置,提升资源价值。对区内自然和人文资源进行综合评价,结合专项功能进行要素优化配置。综合考虑资源优化配置和价值效益提升,处理好自然及人文要素的有机融合,传承地域文化,注入时代精神。其中包括两个关键点:首先,应当注重绿地系统结构与周边城市空间的融合关系,实现生态资源的优化配置和城市绿地价值的效益优化,即在国土空间规划背景下,强调多资源的整合,使之效能最大化,例如城市绿化空间的设计应与城市活力空间和消费空间相关联。其次,在提高资源利用效率的基础上,发挥生态、农业和城镇空间的整合效益,塑造三生融合的大美空间。我国很多农村地区的自然山水景观资源丰富,但就如何将农业空间与美学结合起来这一问题尚未引发足够的重视。同样,农业大棚或农家乐项目也需要融入设计的思维,从而提升其空间价值,吸引城市居民,实现城乡的互动和融合。

5.4 结语

城市设计在国土空间规划中的作用可以概况总结为以下三点:①国土空间规划的新思维主要包括有机思维、治理思维和设计思维。②城市设计在国土空间规划中的创新作用包括促进有机共生、运用设计思维、突出公共利益三个方面。③结合《国土空间规划城市设计指南》的相关内容,可以初步梳理出在总体规划、详细规划和专项规划中对城市设计方法的运用。城市设计是国土空间规划中的重要手段和工具,在五级三类各层级规划中均应运用好城市设计的方法,以实现国土空间资源的可持续利用,提高发展质量,满足人民对美好生活的追求,营造高品质生活空间,建设美丽中国。总之,城市设计会让国土空间更美好。

参考文献

[1] 培根.城市设计[M].黄富厢,朱琪,译.北京:中国建筑工业出版社,2003.

[2] 段进,兰文龙,邵润青.从"设计导向"到"管控导向"——关于我国城市设计技术规范化的思考[J].城市规划,2017(6).

[3] 匡晓明.城市设计的穿透性[J].时代建筑,2021(1).

[4] 匡晓明,陈君,张运新,等.整体性城市设计理念及其实践——以郑州市郑东新区龙湖金融中心外环建筑群城市设计为例[J].城市建筑,2020(34).

[5] 匡晓明."城市总设计师制"——城市设计实施的协作化管理路径[J].建筑技艺,2021(3).

[6] 麦克哈格.设计结合自然[M].芮经纬,译,北京:中国建筑工业出版社,1992.

[7] TD/T 1065—2021,国土空间规划城市设计指南[S].中华人民共和国自然资源部.

[8] 王世福.城市设计建构具有公共审美价值空间范型思考[J].城市规划,2013(3).

6 城市设计导论
——当代城市设计的缘起、理念和策略

王 一*

近些年来,从学术研究到专业教育,从设计实践到政府管理,"城市设计"是在各个领域内都备受关注的一个热点,其背后的出发点就是大家都希望城市设计能够在当前的城市建设当中发挥更大的作用,而这和中国的城市发展进入了一个新的历史时期密切相关。一方面,自改革开放以来,在经济快速发展的过程中,我国的城市建设取得了举世瞩目的巨大成就,但同时也浮现出一些问题,包括城市形态缺乏秩序、城市空间的人性化不足、城市特色越来越不明显,甚至一些城市的历史文化遗产还遭受到不同程度的破坏等。此外,关于城市公平性的话题越来越受到人们的关注。另一方面,中国城市正在逐步告别以速度和规模为特征的发展阶段,开始进入一个以提高质量为主要目标的发展阶段,城市更新成为相当一部分城市发展的新模式。上述背景是城市设计备受关注的根本原因。

现在大家都在谈城市设计,那么城市设计作为当代城市建筑的重要研究和实践领域,它背后蕴含的基本价值和理念是什么?主要用来解决什么问题?其研究内容和工作对象是什么?如果在这些基本问题上能够形成越来越多的共识,那么无论是对于理论研究还是对于实践探索的推动,都是有好处的,这也是本章节阐释的初衷。

回顾人类城市发展的历史,在不同的阶段、不同的国家都有很多可以写在城市设计教材上的精彩案例,例如以雅典为代表的古希腊城邦城市、意大利威尼斯的圣马可广场等(图 6-1,图 6-2)。

人类历史上无数的城市设计经典案例可以供我们今天借鉴和学习。当然,现在谈的是当代的城市设计,其身处的社会经济、文化、技术环境,面临的主要问题和采取的策略跟过去都是不一样的。事实上,我们当下所面临的问题和二三十年前也是不一样的,中国城市的问题和国外城市的问题也是不一样的。当代城市设计的缘起在一定程度上是对现代主义城市建筑理念和实践的批判和反思。现代主义城市建筑理念是工业化、城市化发展的结果。随着工业化、城市化的不断推进,越来越多的问题在城市中浮现出来,而这些问题在传统的城市当中可能是没有的,或者即使有,也没那么尖锐。

* 王一,同济大学建筑与城市规划学院建筑系常务副系主任、副教授,中国建筑学会城市设计分会理事。邮箱:wangyicaup@tongji.edu.cn。

图 6-1 古希腊城邦城市
来源：https://www.dictio.id/uploads/db3342/original/3X/d/a/da5b2e6b957c24f51d5a20e783cd48e4a10e9fb0.jpeg

图 6-2 意大利威尼斯圣马可广场
来源：王建国.城市设计[M].南京：东南大学出版社，1999

　　例如英国伦敦,在18世纪、19世纪的时候,已经出现非常明显的因工业革命而导致的城市不同功能之间的矛盾和冲突,尤其是工业区和居住区之间的矛盾,而这种产业和居住的矛盾在传统城市中是基本不存在的(图6-3),这就需要城市规划师和建筑师去解决。在城市发展过程中,出现了一些社会性问题。同样是伦敦,高架的铁路桥是城市工业化带来的一个全新的城市要素,它满足了城市功能运行的要求,也在一定程度上被视为工业化和城市现代化的象征;但是,图6-4描述的是伦敦两座高架铁路桥下面的一个贫民区,显示出城市发展中的居住问题和贫困问题。大量的人口迁移到城市来是为了生活得更美好,但城市化是不是一定能带来更美好的生活? 如何才能让人们生活得更美好? 有学者对上面的问题作了一个生动的描述:"工业革命带来的巨大社会变革造成了城市这一农业文明的'壳'根本无法包裹工业文明的'核'。"①城市是农业文明发展到一定程度的结果,但是到了工业时代,它原先的城市空间、形态、功能都无法去应对新的社会经济发展和日常生活的需求。在对以上问题的思考过程中,现代主义城市建筑的理念逐步发展起来,体现出以下几个方面的特征。

图6-3　工业化时代的英国伦敦
来源:https://inews.gtimg.com/newsapp_bt/0/12776530368/1000

图6-4　英国伦敦:两座铁路桥下的贫民窟
来源:http://dickens.port.ac.uk/wp-content/uploads/Over-London-by-Rail-Gustav-Dor.jpg

　　首先在面对的对象上,是工业革命以来城市社会生活时代性的要求和城市功能与要素的复杂化。其次,在思想方法上信奉确定论,强调逻辑性的规则,严格进行对象的研究,严格进行隔离和分解,体现出强烈的技术理性色彩。因为工业革命带来的人类社会经济发展的巨大成就同人类科学技术的发展息息相关,人类对于借助科学技术来认识世界、改造世界充满了信心,所以也相信工业革命以来的各种城市问题是可以通过技术手段来解决的。再次,在策略上倾向于把城市看作是一个由居住、工作、游憩和交通等功能组成的聚集体,这些功能在城市设计当中应该被进行分区(zoning)。"zoning"相当于规划语境

---

①　赵和生.城市规划与城市发展[M].南京:东南大学出版社,1999.

当中的"功能分区",这是现代城市规划中最关键的技术语言。最后,在具体手段上相信通过物质空间的改善可以解决城市发展中出现的问题,即所谓的"物质空间决定论"。

著名的建筑大师柯布西耶写了《走向新建筑》,书中有句话:"要么建筑,要么革命。"他认为,工业时代的城市出现的很多问题如果不解决,可能会导致更加严重的社会问题。那么怎么去解决? 通过城市物质空间的改善来解决。由谁来解决? 由那些受过良好教育又有社会责任感的精英们——这是那个时代相当一部分规划师和建筑师所坚信的。当然,在当代,我们越来越认识到,要解决复杂的城市问题,既需要社会精英,也需要各种利益群体、各个层面的人来共同参与,只有这样,才能建设出更美好的城市。

图6-5是柯布西耶在1925年提出的一个巴黎城市街区的规划设计,体现了他倡导的"光辉城市"的理念。他认为,巴黎的这些老旧街区无论开发的强度还是交通系统,甚至是在建筑类型上都无法满足工业时代城市生活的新要求,所以新时代的城市需要一种新的城市建筑类型,即便是以拆除大量的历史街区为代价。

图6-5　柯布西耶:巴黎伏新街区规划
来源:http://photocdn.sohu.com/20150408/mp9805957_1428475083930_6.png

图6-6是一张图底关系图,我们可以明显看出新街区的形态跟周围历史街区的鲜明对比。现在来看,这样的策略和手段显然是有问题的,知道这样一种城市更新的方式是以拆除大量的历史性街区、牺牲历史文化遗产为代价是不对的,但如果站在柯布西耶的立场,站在那个时代环境中来看问题,我们可以理解他提出这种理念的内在逻辑。

另一个现代主义大师路德维希·希伯塞默也提出过一种应对工业时代城市发展需求

图 6-6 新旧街区的肌理对比
来源：CORBUSIER L。The Radiant City［M］，New York：The Orion Press，1967

的新的空间形态。例如他为柏林城市中心提出的城市更新方案（图 6-7）。图中有两条街，如果用北京来类比，一条相当于长安街，一条相当于西单大街，可以说，这里是柏林最重要的历史中心。然而，路德维希·希伯塞默认为这种历史街区是不能适应新时代要求的，所以他提出了一种新的街区类型——大量的行列式住宅——建筑很高、彼此的间距很大。他认为，这样能够提供更好的室外活动空间，每栋建筑都会有良好的朝向，每个单元都具有均好性，而且这种理性的、标准的建筑类型可以被快速复制和建造，有助于高效率地解决城市发展的问题。今天来看，这无疑是一种非常极端、粗暴的方案。为解决现代城市中越来越尖锐的人、车的问题，路德维希·希伯塞默提出一种"立体城市"的概念，即把人和车用立体分层的策略去解决（图 6-8）。这种策略在当代城市建设中仍不时有应用。

图 6-7 柏林中心区更新
来源：https://www.archdaily.com/71940/the-unbuilt-berlin/ludwig

图 6-8 立体城市概念
来源:特兰西科.找寻失落的空间:都市设计理论[M].谢庆达,译.台北:田园城市文化
事业有限公司,1989

第二次世界大战后,现代主义城市建筑理念获得在世界范围内的大规模实践,基本上可以分为三个不同的领域:①新城建设;②战后重建;③旧城更新,代表案例如下。

新城建设,以巴西的新首都巴西利亚为代表。20世纪五六十年代,随着巴西经济的快速发展,计划在距原首都里约热内卢约960千米的地方建设一个占地150平方千米、人口规模50万的新城。在图6-9城市设计的总图上可以看到,这完全是一个在一张白纸上建设起来的城市,构图非常完美,逻辑也非常清楚。南北向是城市公共生活的轴线,办公、商务、商业、政治等功能都在这条轴线上;东西向轴线主要是居住社区,体现了功能分区的

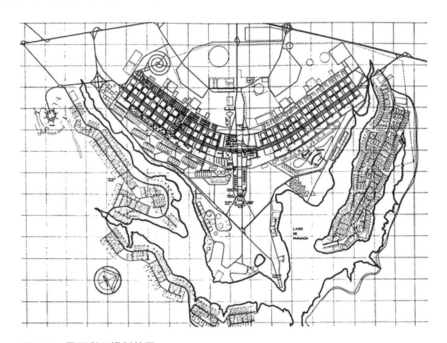

图 6-9 巴西利亚规划总图
来源:BARNETT J. The Elusive City. New York:Harper Collins Publishers,1986

严格性。南北向轴线端头是巴西的两个议会大厦,由著名的建筑师尼迈耶设计。实际上在这条轴线上有很多非常经典的建筑设计案例,例如同样是尼迈耶设计的巴西利亚大教堂。这样一个在平地上通过规划设计建成的新城的效果到底怎么样? 20 世纪八九十年代,很多学者对其进行了研究。其中一个研究中有一句话,翻译成中文是"没有街道转角的巴西利亚"①。这其实是对新城的一种批判,甚至是一种质疑。所谓"没有街道转角"说的是新城中人性化的、容纳日常生活和人际交往的公共空间的缺乏。像里约热内卢这样的旧城,也许建筑的单体没有那么精彩,城市环境表面上显得非常凌乱,设施也很陈旧,但正是在这样的城市中,反而可以看到最好的城市公共空间,特别是充满活力的街道以及在其中发生的精彩的城市公共生活。这种城市公共空间是人性化的,能够鼓励有活力的城市商业活动,促进人和人之间的交往;但是,在大规模的新城规划和建设中却可能存在这方面的缺憾。实质上,这样一种研究和批判涉及了当代城市设计所要讨论的一个核心问题——高品质公共空间的营造。

战后重建,以英国伦敦东部的巴比坎中心为例。第二次世界大战之后,在这里的战争废墟上进行了大规模的重建,建构了一个以居住为主的混合社区。所有的建筑都建在一个架空的平台上,形成完整的、连续的、纯步行的空间,城市道路都从平台下面穿过,有点像路德维希·希伯塞默的立体城市理念。构图非常漂亮,一系列的庭院组成内部社区空间系统。这个项目在现代建筑史上是一个具有代表性的、值得一提的项目,但也被很多研究者认为存在一些问题。如果把它放在一个更大的城市范围中,就会发现这种城市肌理或者建筑体量跟周围的历史街区格格不入。此外,由于建立了二层平台,人都在空中活动,使得原先的历史街区中使用频率最高的、最有活力、最宜人的街道生活空间消失了,地面层变成了一个纯粹的交通空间,甚至变成了一个汽车的世界。因此,这又牵涉当代城市设计所要面对的另一个关键性问题——要怎么处理新和旧的关系,如何对待历史街区——城市的历史文化遗产。

旧城更新,以美国的波士顿为例。20 世纪 40 年代末 50 年代初,欧美的很多城市中心区都出现了衰落现象,越来越多的人到郊区定居。基础设施的匮乏被认为是导致城市中心区失去吸引力的主要原因。城市中心的活力下降引发很多社会问题,例如贫困化和犯罪率的提高等。对此采取的主要策略是,试图通过城市中心区基础设施的改善重新把人吸引回来,而基础设施改善的一个最重要手段就是建设新的城市交通设施。图 6-10 是这个时期波士顿拆除大量历史街区的场景,曾经高密度的、低层的、非常致密的传统街区肌理就此尽毁,目的是要建设一个纵贯市中心的高架路(类似的事情在中国过去二三十年里很多城市都发生过,当然目的可能不完全一样)。然而,高架路建成以后,城市的交通问题并没有得以解决,有人甚至开玩笑说,高架路变成了整个北美地区最大的空中停车场。

① DE CARVALHO J J. Brasilia: From Utopia to Reality[J]. Current Anthropology, 1991(32).

这种做法的最终结果是进一步恶化了整个中心区的行为环境和视觉景观,并没有实现激活市中心的初衷(图6-11)。这个案例牵涉当代城市设计的第三个问题,也就是大规模推倒式重建能不能很好地解决城市发展的问题,特别是城市更新中所面临的种种问题,即什么样的更新方式能够真正让城市重新焕发活力。

图6-10 美国波士顿:拆除历史街区建设高架道路的
场景
来源:MCNICHOL D. The Big Dig[M]. New York: Silver
Lining Books, Inc., 2000. 摄影:Andy Ryan

图6-11 美国波士顿:拥堵的高架道路
来源:同上

在不同类型的实践中,人们对现代主义城市建筑理念的批判越来越多。著名的城市设计理论家利昂·克里尔画了一张图(图6-12),说明现代主义对传统城市破坏的根本原因在于其过于严格的功能分区。城市虽然是由各种各样的功能和要素构成,但彼此之间有机关联,过于机械的功能分区——把不同的功能分成一个个以邻为壑的空间领域,会像肢解了一个人的身体一样,使其最终失去生命力,这也是为什么我们在当代城市中非常强调功能混合的原因。

在人们不断的反思过程中,城市建设的模式开始发生转变。例如英国开始从大规模的城市重建转向强调社会经济的全面振兴,也就是说不能只是从物质形态的角度去解决问题,要尊重历史环境,新的发展一定是围绕经济环境、社会环境以及自然环境和条件进行的持续、综合的改善。美国也存在类似的转变。1954年,美国颁布的住房法及其修订案提出,要通过城市的再开发和更新来阻止市中心的衰落。20世纪70年代,美国推出了一个新的法案《住房和社区发展法》,开始突出"社区"的概念,强调要"邻里复兴",而不是单城市物质环境的更新。"更新"——"renewal"——意思是要拆掉旧的,为新的发展腾出空间,而"复兴"——"revitalization"——意思是要赋予城市生命力,而不仅仅除旧迎新。

正是在这样的背景下,当代城市设计的理念逐步形成。其中非常重要的代表人物简·雅克布斯——一名美国学者,虽然不是规划师,也不是建筑师,但是她提出的理念被很多人认同。她认为,在城市发展和城市更新中,要去关注一种日常的、人性化的空间,强

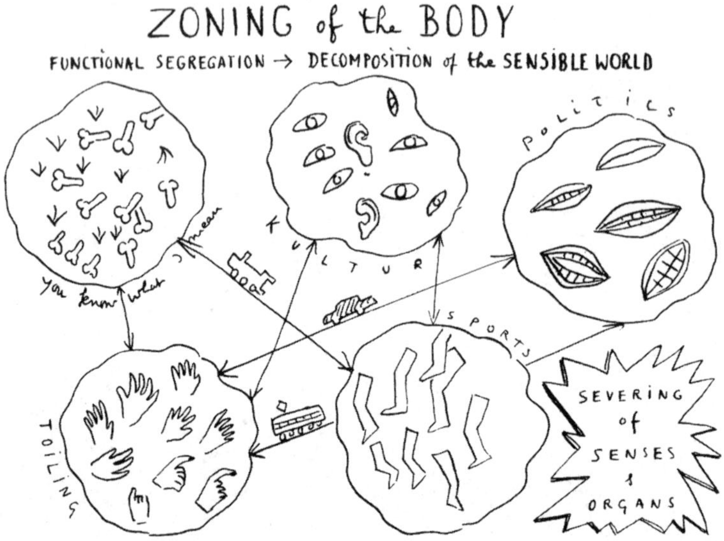

图 6-12 利昂·克里尔：功能分区对城市生活的肢解

来源：https://www.archdaily.cn/cn/897394/dui-li-shi-jian-zhu-de-ling-lei-hui-hua-fang-shi jie-du

调城市空间的人性化；要尊重历史，反对推倒重建式的规划建设。她的理论被总结在《美国大城市的死与生》一书中。随着城市设计的逐步发展，1956 年，哈佛大学召开第一届国际城市设计大会，被公认为是当代城市设计作为一个学科领域和专业教育领域形成和发展的起点。

　　城市更新是当代城市设计作为一个学术和实践领域得以发展的基本语境。城市更新的目标是为了恢复和增进城市的活力。即使是波士顿这样的案例，虽然在操作手段上是有问题的，但其目的也是为了恢复和增进城市的活力，这是当代城市设计的根本追求。活力激发和特色塑造是当代城市的两个核心课题。活力和特色是什么样的一种关系？我们认为，有特色的环境是城市活力的源泉，有特色的环境才能吸引人们到城市当中来，使用城市的公共空间进行社交、消费等活动，并以此激发城市活力。那么，城市的特色塑造在于什么？在于对既有城市空间环境资源的尊重和发扬，在于追求城市空间环境的历史文化特质和历史感的过程当中。因此，城市特色不是搞一些奇奇怪怪的建筑就能塑造出来的，而是在于对既有城市空间环境资源的尊重和发扬——这是关于当代城市设计缘起的一个根本逻辑。理解了这个逻辑，对于城市设计的价值观是什么，城市设计要做些什么，能做些什么等问题，就会有更加清晰和客观的认识。当代城市设计的四个理念，其实就是对上述问题的系统性回答。

　　（1）有机城市的理念，强调城市中各种各样的要素整合，认为城市中的各种要素若不能整合、功能分区过于机械，就会对城市的运行效率和活力造成不利影响。在当前的城市管理和建设中,建筑、景观、市政、水利工程往往是由不同的专业和不同的管理部门把控的,各自专业的标准、技术规范,甚至利益诉求都不一样,很容易各自为政;但是,城市运行要有效率、有秩序,就需要以上要素彼此形成一个有机整体。因此,有机城市是当代城市设计的一个核心理念。

维恩·阿托和唐·罗根写了一本书——《美国城市建筑城市设计中的触媒》,认为城市设计成功的关键在如何组织一个基本的系统,而非孤立地进行单个要素的操作。也就是说,在一个有机的城市中,各种各样空间形态的构成要素,如建筑、景观、绿化、道路交通设施、地下空间等都应该成为一个开放的系统,相互融合渗透、整合统一,以满足城市形态空间环境发展的整体要求。克里斯托弗·亚历山大在《城市并非树形》一书中,对什么样的城市是有机城市也进行过阐述。他说,在现代主义的规划理念下形成的城市过多强调功能分区,过多强调城市功能和空间组织的层级系统,一个新城、一个片区、一个邻里和一个组团都是以从大到小的层级方式组织起来的。每一个居住片区都有自己的商业、教育设施、社会服务设施、邮局、菜场,彼此之间似乎是没有关系的,每一个片区都是一个自我完善的空间单元。他基于研究提出,城市中人和人之间的社会活动和交往其实是不受这种规划划定的空间单元边界限制的,人和人之间有很多错综复杂的交融关系,这些关系实际上是一种真实的城市生活需求。因此,他提出城市的空间形态结构不应该是一种从高的系统到低的系统的树形结构,而应该是一种更加复杂的网络结构——在这种结构中,城市要素之间要互相渗透、互相整合。从规划控制的角度而言,经常说规划有红线、蓝线、紫线等各种控制线,但为了整合各种城市要素,在满足开发建设有序开展的前提下,某些控制线是否可以柔化控制?围绕这个问题可以展开很多讨论,在此暂不展开。

在实践中,城市功能和要素的有机整合牵涉的内容和形式极其丰富,例如公共领域同私人领域的整合。上文讲的公共空间都是建筑之外的空间,而现在很多建筑的内部空间也变成了城市公共空间的一部分。又如自然环境和人工环境的整合,历史要素和现代环境的整合,交通空间和消费空间的整合,地下空间和地面空间的整合,市政要素与景观空间的整合,等等。对此,我们要善于运用中介空间要素,例如城市的公共空间系统、步行系统、城市综合体等,把各种城市要素整合到一起。

例如日本名古屋的 21 世纪绿洲广场项目(图 6-13)。上面的方形建筑是一个文化演艺中心,里面还有一家电视台。这块绿地主要作为城市的开放空间,同时还肩负另一个功能——城市的公交枢纽站;画面右侧的城市街道下面是世界上数一数二的大规模地下商业街,这个广场也要起到把城市公共空间当中活动的人流引入地下商业街的作用。因此,这里要解决交通问题,要解决地下和地面空间的整合问题,要解决一个城市公共绿地的景观设计问题,还要解决进入文化建筑的复杂步行、车行交通问题。建筑师采取的手段是利用一个倾斜的城市广场,从右侧的城市道路标高向着文化建筑方向不断上升,直到

图 6-13 日本名古屋 21 绿洲广场鸟瞰
来源：http://www.skyscrapercity.com/showthread.php?t = 642475 & page = 3

同建筑二层步行入口相连。这样，在倾斜的城市广场下面形成一个三角形空间，在此可以布置城市的公交枢纽。大家可以想象，如果是一个完全平面化的布置，公交车流的来来往往会干扰在地面城市绿地中人的活动。在这个项目中，把城市的公共交通功能放到倾斜的广场下面，人从街道通过一个逐步上升的倾斜的广场自然过渡到文化建筑的入口，形成一个非常好的步行连接。在步行连接的平台下是后勤车流和出租车上客空间。椭圆形的下沉广场变成一个进入右侧地下商业空间的显著出入口，其上有一个抬高的覆盖，以保证下层广场可以全天候开展活动，不受日晒和雨淋的影响。下沉广场上空覆盖一个水池，对旅游者有很大吸引力，是具有场所识别性的城市形态要素。以上要素共同形成了一个非常有特点的立体化城市公共空间，完好地体现了有机城市的设计理念。

　　结合剖面图（图 6-14）可以再回顾这个倾斜的城市广场——"绿的大地"以及其下方三角形空间中布置的公交枢纽站。上面名"水的宇宙飞船"的空中广场是一个具有识别性的空间要素，站在上面，可以俯瞰周围的城市景观，还可以透过水看到下沉广场，从而在地面空间和空中空间之间建立视觉联系，而其独特的形态也增加了公共空间的吸引力。

　　（2）人文城市的概念，强调把城市建筑看作是人类文化和历史的载体，尊重城市形态空间环境的文化特质。在城市发展中，要形成一种历史感，可以利用独特的自然条件形成

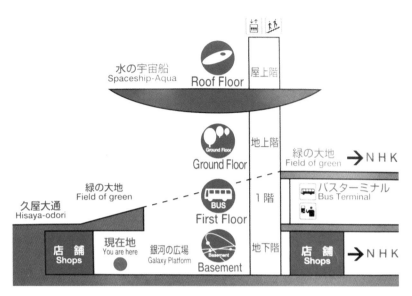

图 6-14 日本名古屋 21 绿洲广场剖面图

来源：https://cdn. 4travel. jp/img/tcs/t/pict/src/57/11/26/src _ 57112673. jpg?1543978793

一种地域性。只有这样，人们对城市才会有归属感和认同感。关注城市历史文化并不等同于对历史文化要素进行博物馆式的保护，更不等同于复古或去编造一些"假古董"，而是要强调新旧的整合，在保护城市历史文化资源的同时，让其为促进当代城市的社会经济文化综合发展服务。

　　罗伯特·克里尔——一名城市设计方面的学者，从类型学的角度去研究欧洲传统城市空间，从中提炼出很多形态母题和要素。他认为，在现代城市当中可以去使用这些母题和要素，让城市既体现出当代性，又和传统欧洲城市产生某种关联。例如他用类型学的方法在海牙规划的一个新的城市街区（图 6-15），可以从中看到在传统城市中提炼出来的形态语汇，包括围合式的街区、连续的街道界面、对街道转角的重视、坡屋顶的形式……每条街道的建筑同其相邻的建筑都不一样。他试图人为地打造一种像是通过漫长的历史年代一点一点累积出来的具有历史感的街区样貌。当然，对于罗伯特·克里尔的策略和手段也有很多质疑的声音，即传统

图 6-15 荷兰海牙街区城市设计
来源：https://www.sohu.com/picture/312232359

的建筑语言能不能直接应用于大规模、大体量的当代城市建设中,例如坡屋顶或穹顶。当面对的是 30 层、40 层、50 层的高层或超高层建筑时,传统的建筑语汇还能不能有效地体现出其原来的空间感受?当一个个的地块变得巨大时候,把它围起来,虽然看起来还是围合式的街区、连续的街道界面,但和欧洲传统城市中小得多的街区、小得多的地块相比,本质上是否还是一样的?

图 6-16   新加坡中央商务区鸟瞰
来源:https://baijiahao.baidu.com/s? id = 16764499716287
09261&wfr = spider&for = pc

强调尊重历史并不只有保留老街区、老建筑一种方式,新建筑和老建筑的并存也是体现城市历史感的一个重要手段。城市是不断发展的,现在做的事情在未来也是城市历史的一部分,新和旧应当作为一个整体来看,以形成城市发展历史脉络的延续。例如新加坡的中央商务区(图 6-16),远处的高层建筑是 20 世纪七八十年代的中央商务区,近处的红房子包括左边的一栋古典式建筑是殖民时代的历史建筑,二者之间形成一种并存和相互映衬的关系,反映出这个城市从殖民时代到 20 世纪 70 年代脱离马来西亚并获得经济腾飞的历史进程。从图 6-17 可以看到 18—21 世纪的新加坡。21 世纪初,新加坡提出,其 20 世纪最后30 年的快速发展是以传统产业为基础的,现在为了保持持续的国际竞争力,要依托文化、创意、科技、旅游等产业建设"全球特色城市",而滨海湾项目是其实现该目标的重要载体。这张图片近处的建筑都建在通过填海工程获得的土地上,包括金沙酒店、科技馆、演艺中心、螺旋桥等,是滨海湾的标志性建筑。18、19 世纪的殖民式建筑,20 世纪的现代中央商务区,21 世纪的滨海湾,哪个才是新加坡的历史?应该说,它们都是新加坡历史的组成部分,新、老共存和对比体现了一种真正的历史感。

图 6-17   新加坡滨海湾鸟瞰
来源:https://cd.house.qq.com/a/20171102/017710.htm? newspc

从更加微观的角度,即使是在一个街区,通过新和老的整合,也同样可以获得一种历史感,例如多伦多的 BCE 中心(图 6-18)。主体建筑是两栋超高层。在该项目建设之前,基地被一条街道划分为两个独立的地块。在新的项目中,两个地块被当作一个整体来进行处理。设计师在原先街道的位置组织了一条长约 100 米的东西向长廊,作为供市民穿越的公共空间。长廊上面是具有美感的现代结构,长廊两侧布置商业功能。虽然原先的街道没有了,但是线性的公共空间和两侧的商业界面仍然留存着街道的记忆,而在长廊一侧保留的历史建筑和路灯则提示着曾经存在的建筑的界面,从而再次强化了人们对街道的历史记忆。

图 6-18 加拿大多伦多 BCE 中心城市通廊
来源:https://www.skyscrapercenter.com/building/brookfield-place/749

下面是我们在上海文化广场地区的一个城市设计项目(图 6-19,图 6-20)。该项目需要设计一座音乐剧院,同时要组织一个大规模的城市绿地,其中非常关键的历史要素是一座会堂,被称作"文化广场"。从 20 世纪 50 年代到改革开放前,它一直是上海群众集会和召开重要会议的场所,其空间网架是代表性的历史性要素。在城市设计中,我们建议结合城市公共绿地的功能需求,将会堂的空间网架系统保留下来,其下作为城市绿地。与完全室外的、开放的城市绿地不一样,这是有覆盖的、像玻璃暖房一样的"冬季花园"。这样,历史要素与新的城市功能相结合,形成了新的城市公共空间,也丰富了整个绿地中人的体验。

图 6-19 上海文化广场地区的城市设计·总体鸟瞰
来源:同济大学建筑城规学院城市设计研究中心

图 6-20　上海文化广场地区的城市设计·冬季花园
来源：同济大学建筑城规学院城市设计研究中心

（3）体验城市，关注人在空间环境当中的感知。公共空间和场所营造在人们体验城市的过程中发挥着极其关键的作用。城市行为是空间形态组织的一个根本逻辑，很多学者对此进行了不同层面的研究。例如著名的学者凯文·林奇认为，一座好的城市应具有清晰的结构，大量的使用者在城市中活动、体验城市空间环境的时候，应能对城市的空间结构逐步形成清晰的认知。另一名学者拉波波特则认为，作为空间、时间、含义和交往的组织，应强调有形的经验性的城市设计。在当前的城市设计中，有一种误解，认为城市设计的主要工作是研究城市的总体视觉形态。这是一种错误的认识，就像我们一定不会把建筑设计理解为只是塑造建筑的视觉形态，而不需要去解决空间的问题、与城市关系的问题及其内部的功能问题一样，城市设计也不只是为了研究城市的美学问题。

公共空间是人体验城市的最重要的载体，不同的公共空间带给人的体验是不一样的。例如天安门广场体现的是一种权威性、礼仪性；意大利威尼斯的圣马克广场体现的是一种日常性、休闲性，一种人和人之间轻松的关系；上海火车站广场体现的是效率和秩序。公共空间被设计成什么样子是与要发生什么样的事情，或与要发生什么样的行为密切相关的。因此，城市公共空间组织的基本逻辑是城市行为，这是创造出人性化城市的关键。

在当代城市设计中有一个非常重要的专门领域——研究城市的步行化。一座好的城市一定是步行友好的。例如中国的香港，从 20 世纪六七十年代起，通过二三十年的建设，中环地区所有的公共建筑都通过二层的空中步行系统连接在一起，使公共空间不仅在地面有，在空中也有，创造出不受机动车干扰的良好步行体验（图 6-21）。又如丹麦的哥本哈根，从 20 世纪 60 年代到 21 世纪初，在市中心建构了一个完整的步行街区系统（图 6-22）。步行化是改善城市公共空间中人的体验的一个重要手段。

图6-21　中国香港中环步行系统
来源：http://k4china.aap5.com/pic/qikxr23fnzc.jpg

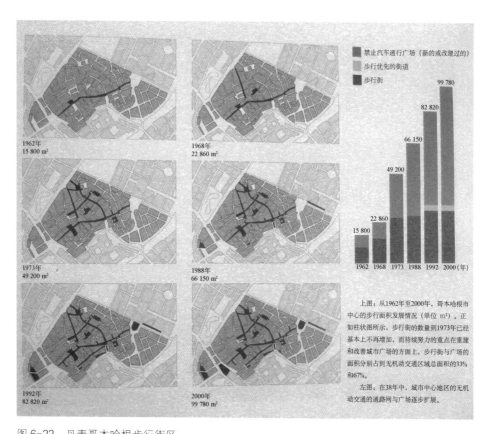

图6-22　丹麦哥本哈根步行街区
来源：杨·盖尔，拉尔斯·吉姆松.新城市空间[M].2版.何人可，张卫，邱灿红，译.北京：中国建筑工业出版社，2003

（4）公平城市，当代城市的一个基本的价值取向，体现了每个社会群体或者个体都具有平等选择、获取和使用城市空间资源的权利。公共空间是城市的重要资源，其公平性具有非常重要的意义。在城市规划与建设的过程中，公众参与是实现公平性的重要途径。当然，什么叫公平，这是一个可以开展广泛和深刻讨论的概念。要讲公平，首先要强调一个平等性原则，即不同的群体或者个体占有使用公共空间资源的权利要均等，不应该由于身份、地位、财富、种族、性别、身体等的差异而区别对待；但同时也要尊重差异性，即公共空间的供给应充分考虑群体或者个体获取资源能力的差异性。

以上海市为例。在最近几年的城市更新过程中，总体规划对上海城市发展的定位非常高，提出要建设一座"卓越的全球城市"，要让每个市民都有幸福感、获得感，本质上讲的就是提高城市的人性化体验，而这需要有与之相匹配的、有温度的、高品质的城市空间，特别是社区公共空间。因此，一种以社区自治、共治的方式来聚焦市民日常需求，通过社区的微更新来创造有亲和力的城市公共空间的策略应运而生。在一系列社区型公共空间的塑造中，规划师、建筑师、社区的街道居委会以及规划管理部门共同参与，同济大学也有很多老师作为社区的规划导师，在其中扮演着非常重要的角色，例如"创智农园"社区花园。这个城市公共绿地的建设参与者有杨浦区的绿化管理委员会——政府的部门、瑞安集团——房地产开发商、"四叶草堂"——刘悦来老师发起的专业组织，也有社区居民。公共空间的建设因有市民的参与而更易获得市民的认同。

当代城市设计的四个理念——有机城市、人文城市、体验城市、公平城市，本质上都是在追求一种"城市性"。利昂·克里尔画的被"肢解"的现代城市是没有城市性的。所谓"城市性"，简而言之是一个城市化的（urbanized）区域，具有区别于乡村的独特的空间形态特征和社会生活秩序，它既是城市的客观属性，也是城市的独特性。高密度的环境，高聚集度的要素，高度社会化的生活方式，由人口和族群的多样性和多元的价值观催生的独特的城市文化等，都是城市性的重要体现。城市设计师、城市规划师所要面对的是在高密度的环境中各种各样城市要素的紧凑组织方式，因此要强调要素的整合，城市运行的有序、高效，各种要素不能各自为政。高密度和高度紧凑带来的空间使用方式和行为模式的独特性，要求我们要去追求城市社会经济文化的综合空间效益，特别要关注城市的活力。在城市的发展中，活力是第一位的。一座城市再美，如果没有活力，也不会是一座好的城市。在高密度的城市中，很多社会生活是在公共空间中发生的，所以公共空间是整合城市要素、承载城市公共生活的媒介或"容器"。在城市中有各种各样的人群与族群（与传统的村落不一样），人群和族群具有多样性和多元的价值观，这对城市公共空间的公平性提出了更高的要求。这种多样性催生了独特的城市文化，这些特征最终将体现为一种独特的城市景观或城市风貌。

现在讨论城市设计，往往把城市风貌作为其主要的工作内容，如果把这个词拆解来看，我们既要关注城市的"貌"——这更多的是和城市的视觉形态秩序、特色相关，也要关注城市的"风"——这和城市空间的精神特质、生活方式相关。二者共同形成了城市的"风貌",或者说共同形成了当代城市设计中所要关注的系统性内容。

参考文献

[1] BALFOUR A. Berlin：The Politics of Order（1737—1989）[M]. New York：Rizzoli，1990.

[2] GOSLING D，MAITLAND B. Concepts of Urban Design [M]. New York：St. Martin's Press，1984.

[3] HILBERSEIMER L. Contemporary Architecture：Its Roots and Trends [M]. Chicago：P. Theobald，1964.

[4] A Plan for the Central Artery：Progress Report[R]. Boston：Boston Redevelopment Authority，1990.

[5] KRIEGER A. Past Futures：Two Centuries of Imagining Boston. Harvard University Graduate School of Design，1985.

[6] WATKIN D. Architecture and Urban Design（1967—1992）[M]. New York：St. Martins Press，1992.

[7] KOSTOF S. The City Shaped[M]. London：Thames and Hudson Ltd.，1991.

[8] CORBUSIER L. Looking at City Planning[M]. LEVIEUX E，Trans. New York：Grossman Publishers，1971.

[9] Der Potsdamer Platz：urbane Architektur für das neue Berlin = Urban architecture for a new Berlin/ herausgegeben von Yamin von Rauch，Jochen Visscher ；Fotografien von Alexander Schippel ；mit Beiträgen von Roland Enke，Werner Sewing，Hans Wilderotter. Berlin：Jovis，2000.

[10] 奥图,洛干.美国城市建筑——城市设计中的触媒[M].王劭方,译.台北:创兴出版社,1994.

[11] 波米耶.成功的市中心设计[M].马铨,译.台北:创兴出版社,1995.

[12] 弗兰普顿.现代建筑:一部批判的历史[M].原山,等,译.北京:中国建筑工业出版社,1988.

[13] 柯布西耶.走向新建筑[M].陈志华,译.天津:天津科学技术出版社,1998.

[14] 克里尔.城市空间[M].钟山,秦家濂,译.上海:同济大学出版社,1991.

[15] 罗西.城市建筑[M].施植明,译.台北:博远出版公司,1992.

[16] 特兰西科.找寻失落的空间:都市设计理论[M].谢庆达,译.台北:田园城市文化事业有限公司,1997.

[17] 王建国.城市设计[M].南京:东南大学出版社,1999.

[18] 王一.城市设计概论[M].北京:中国建筑工业出版社,2019.

[19] 亚历山大.城市并非树形[J].严小婴,译.建筑师(24),1986.

7 城市密度分区的理论与实践

付 磊*

7.1 城市密度分区的概念内涵

城市密度是城市中单位土地面积上所容纳的城市组成要素的数量,如建筑量、人口数量或就业岗位等。在城市空间研究领域,城市密度特指城市空间的开发强度,反映在空间形态上就构成了城市的空间结构。

城市密度分区是城市总建筑量或对应人口数量在城市空间上的总体分布格局。合理的密度分区反映城市土地的利用价值,通过对不同区位不同价值的土地开发强度的分区限定,可以实现城市发展与环境质量之间的均衡,达到环境、经济、基础设施供给平衡和城市景观协调优化的目的。

7.2 城市密度分区的现实价值

划定城市密度分区的目的在于通过编制一套密度管制的总体思路和技术方法,形成城市总体层面的密度分区和指导地块开发的密度制定原则,以作为城市详细规划和开发控制的依据。在我国城市发展从高速度增长向高质量增长的转型提质期,划定城市密度分区的现实意义和价值更加突出。

7.2.1 强化区位引导,提升土地经济价值

城市空间的密度分布反映的是城市土地的综合利用价值,与区位条件和地价水平是高度一致的。新古典经济理论著名的地租竞价曲线提出,城市空间结构是土地使用者在土地成本和区位成本之间权衡的结果。城市开发理论的研究进一步表明,城市中心地区的开发强度高具有其内在的必然性。首先,市中心是城市中区位条件最好的地区,由于单位面积的收益比其他地区更高,因此较高的开发强度就意味着总收益的增加;其次,城市土

---

* 付磊,上海同济城市规划设计研究院有限公司城市设计研究院副院长、教授级高级规划师。邮箱:191281354@qq.com。

地是稀缺的,区位条件好的土地更为稀缺,在激烈的市场竞争中,开发商必须以最佳的开发用途和开发强度才能获得更大的收益,城市政府通过提高开发强度也会获得更高的土地出让收益。因此,科学合理的密度分区,使地尽其用,是充分挖掘土地利用价值的有效手段。

7.2.2 遵循总量分配,满足土地供求关系

国内外大多数城市对于密度控制的技术方法是总量分配法,即通过对一定时期内城市人口发展规模的预测,根据人—地、人—功能建筑的对应关系,在确定的空间内进行开发强度的分配,进而推导住房和各类设施用地的密度安排,并落实密度管控要求。

在国土空间规划的体系中,城市发展边界是城市空间增长的硬约束,在规划编制周期内(本轮国土空间规划编制年限到 2035 年)城市发展的人口规模和土地规模是基本确定的。在此基础上,综合考虑区位特征、公共服务设施布局、市政交通设施的服务能力、生态环境和历史风貌保护等影响因素,对居住和非居住类用地进行密度分配,实现合理和高效地利用土地资源的目的,充分发挥土地效应,满足一定时期内经济、社会和环境发展的空间需求。

7.2.3 突出交通引导,促进低碳减排发展

以轨道交通为核心是划定开发强度分区的重要原则。国内外的城市发展经验表明,高度密集发展的城市,在空间发展模式上都采取了以公共交通为导向,特别是以轨道交通为导向的发展模式。城市建设与轨道交通相结合,将大量的开发集中在轨道交通站点周围,既可以提高土地利用效率,又可以实现城市低碳发展。

在生态文明建设提出"碳达峰"和"碳中和"的背景下,在城市空间发展模式上落实低碳城市理念,最重要的手段之一就是在交通模式上采用 TOD 模式,鼓励使用大容量、低碳排放的环保公共交通工具,达到降低碳排放的目的。

7.2.4 突出需求引导,完善公共设施配套

开发强度导致相应的居住、就业和其他人口的空间分布,既对市政公用设施和公共服务设施的未来建设容量提出相应的需求,也会受到这些设施的现状容量制约。因此,开发强度分区应当与各个地域的市政公用设施和公共服务设施保持相互协调的关系,确定密度分区对城市公共设施的布局具有重要的指引作用。

7.2.5 突出分区引导,塑造空间形态特色

密度分区制度的实行对于丰富城市景观、塑造空间形态特色具有重要的指导作用。

例如中国香港和新加坡为缓解人口增长带来的住房需求压力,同时也为了维持一定的环境标准,通过密度控制来引导和规范城市空间发展;美国和日本为维护公众的利益,通过法定化的密度管制来对私人土地上的开发行为进行干预,以创造和保护良好的空间环境。

此外,开发强度也必然会影响到城市空间的形态特征,应当依据各个地域的特定条件,形成中心城、近郊和远郊城镇开发强度逐次递减的分布格局,以有助于塑造各个地域的空间形态特色。

7.3 国内外城市的经验借鉴

7.3.1 中国香港的密度分区制度

香港是一个土地资源严重匮乏的城市,适合发展的土地面积仅占其全港土地的 20% 左右。面对平均每 10 年增长 100 万人口的巨大压力和有限的土地供给之间的矛盾,特区政府在综合社会、环境、经济等多方面的需求,并保持一定公共设施和环境质量水平的前提下,采取了包括密度分区制度在内的一套独特的开发控制体系,采用了以高密度、高层建筑为主的开发模式。

香港建立密度分区制度的主要目的是把不同地区可供使用土地的发展或人口密度以量化的形式表示出来。通过管制建筑发展密度来有效地规划土地用途,规范和引导香港的高密度开发,同时维持城市环境、市容景观、基础设施配套和安全,使其达到可以接受的标准。

7.3.1.1 制定密度分区的主要原则

《香港规划标准与准则》作为香港编制各个层面发展策略的政策性指导文件,在综合考虑影响密度分布的主要因素的基础上,制定了全港发展密度的一般性规划原则,以此来指导不同密度的地区发展。

(1)建立一个住宅发展密度的分级架构,保持有限的土地供应与市场对各类房屋需求之间的均衡。

(2)保证住宅的发展密度满足现有和规划的基础设施供给平衡,并确认是在环境容量的允许范围之内。

(3)关注公共交通设施对密度发展的影响:①较高密度的住宅发展应尽可能建于铁路车站及主要公共交通交汇处附近,以减低对路面交通的压力和依赖程度。②住宅发展密度应随着与铁路车站及公共交通交汇处的距离增加而下降。③在与公共交通枢纽接驳处有便捷的交通联系的地区,也可以考虑发展较高密度的住宅。

（4）为缔造丰富的城市空间，需要规划不同密度的住宅发展。

（5）为避免对湿地、郊野公园等自然保育区造成破坏，以低密度的住宅发展为主。

（6）在地质状况薄弱以及周边有危害性设施的地区，控制发展密度。

7.3.1.2　密度分区制度的主要内容

1）控制方式

通过合理确定地块开发的地积比率、上盖面积和建筑高度三项指标来达到控制不同密度分区开发强度的目的。不同的建筑类型有不同的指标规定与之相对应。各类建筑所准许的基本最高地积比率在《建筑物（规划）规例》中都有具体的规定。

2）密度分区制

密度分区制的政策于1966年获得香港行政局通过，并纳入《香港规划标准与准则》。以香港业已形成的都会区（metropolitan area）、新市镇（new town）和乡郊地区（suburb area）三级城镇体系为基础，每一地区按照可接受的环境水平、大容量公共交通运输系统主导发展布局，按照有关原则进一步区分不同的土地使用强度和控制密度，形成多层次的空间密度控制体系，用以指导住宅楼宇的发展密度（图7-1）。

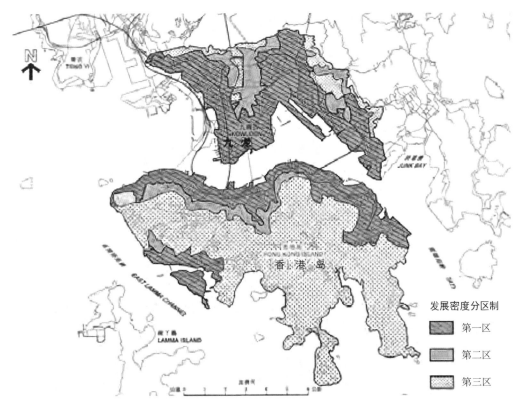

图7-1　都会区发展密度分区（港岛、九龙、新九龙）

来源：香港特别行政区规划署.《香港规划标准与准则》,1982

● 都会区发展密度分区

都会区包括香港岛、九龙、新九龙、荃湾和葵青区,被划分为3个密度分区。①住宅发展密度第一区:适用于有大容量公共交通设施服务的地区,建筑物的1～3层通常为商业楼层。包括港岛和九龙已建设的大部分地区,规定该区住宅楼宇的发展密度,最高可达地积比率的8～10倍。在未受法定图则所涵盖的新发展地区,包括新填海区及其他新平整的地区,住宅部分的最高地积比率为6.5倍。②住宅发展密度第二区:为中密度的住宅发展。适用于虽然有大容量的公共交通设施,却不方便使用的地区,主要涵盖了港岛半山区和中九龙的部分地区。这些地区的最高地积比率为5.0倍。③住宅发展密度第三区:为低密度的住宅发展。这些地区公共交通设施极为有限,或受到城市设计、环境等方面的特别限制,如山顶、浅水湾和龙翔道以北的地区。住宅楼宇的最高地积比率为3.0倍。

● 新市镇发展密度分区

新市镇划分密度分区的原则与都会区相同;但是,考虑到部分地区受地形、基础设施、自然环境等的严格限制,或者要与其毗邻的乡郊地区低密度的发展模式相协调,增加了发展密度第四区,并规定其最高地积比率为0.4,上盖面积为20%。

● 乡郊地区发展密度分区

由于交通、基础设施的容量限制,加上要对周边的自然生态环境予以保护,乡郊地区的发展密度远远低于市区。按发展密度分区制,乡郊地区被划分为6个住宅发展密度分区,基本涵盖了可供发展的所有地区,并且有具体的地点方面的准则与每个发展密度分区相对应。

● 地积比率的控制幅度

发展密度分区制规定了各个住宅发展密度分区所允许的最高地积比率;但是,在实际的操作中,受到诸如交通、基础设施、地形等针对具体开发地块的实际条件限制,地积比率往往会低于规定的最高地积比率。针对以上情况,发展密度分区制规定:"可接受的地积比率幅度不应低于下一个较低的发展密度区的最高地积比率。"也就是说,每一个发展密度区的地积比率可以在本区最高地积比率和下一层次发展密度区最高地积比率之间进行浮动(表7-1)。

表7-1 全港发展密度分区的地积比率分布

	都会区	新市镇		乡郊地区
住宅发展密度第一区	8～10倍(已建地区)	8.0倍	3.6倍	乡郊市镇商业中心
	6.5倍(新发展区)			
住宅发展密度第二区	5.0倍	5.0倍	2.1倍	乡郊市镇范围内商业中心以外的地区以及有中等运量交通设施服务的地区
住宅发展密度第三区	3.0倍	3.0倍	0.75倍	乡郊市镇外围或其他乡郊发展,或远离现有民居但有足够基础设施的地点

续表

	都会区	新市镇		乡郊地区
住宅发展密度第四区		0.4 倍	0.4 倍	地点同三区，但受基础设施或景观方面限制
住宅发展密度第五区			0.2 倍	宜取代地区内临时构筑物，以改善地区内的环境
乡村（住宅发展密度第六区）			3.0 倍	在传统认可乡村的规定范围界限内

来源：根据《香港规划标准与准则》，1982.相关图表改编

3）特别发展管制区

特别发展管制区是一种非法定的发展管制的行政政策，主要是针对由于交通条件欠佳、为保持现有特色及环境、工程设施不足、保护有价值的建筑以及为防止无线电传播受到干扰等原因发展密度受到制约的地区。这些地区通常会受到以下一种或多种限制：建筑物高度或层数；地积比率或上盖面积；不得修订契约，以制定较现有契约所批准或较现有建筑物更高的发展密度；停车泊位的特别规定。

在特别管制区内的管制发展，主要是通过批约条款来执行。为了有效执行管制，规划部门在修订分区计划大纲图时，会把特别发展管制区的管制条款逐渐纳入图则中。

4）其他用途的建筑密度控制

发展密度分区制没有对非住宅楼宇的密度发展提出具体的控制要求。非住宅楼宇的密度控制主要是通过《建筑物（规划）规例》中针对各类地盘提出不同的最高地积比率和上盖面积来实现的。《建筑物（规划）规例》是附属于《建筑物条例》的重要技术规范，主要是对建筑发展密度的管制，同时对建筑物的高度、体块、突出屋檐、建筑底盘的空间、道路、空气流通等都有明确的要求。

7.3.1.3 香港密度分区管制制度的评价

香港在土地资源短缺的情况下，形成了一套比较完善的密度分区技术规定和实施架构，取得了良好的成效。香港的经验表明，在人口不断增加、城市急需拓展而土地资源紧张的情况下，采用高密度发展模式和密度分区制度能够有效地保护郊区和生态保育区，提高土地使用效率，有助于形成多样化的城市形态。

7.3.2 美国城市的密度控制

在美国的城市建设中，对形态和空间密度的控制主要是通过用发展规划和城市设计对城市空间的密度发展提供指导性框架，再将图文成果转译成区划条例（zoning）的方式来加以实现的。区划条例是美国对城市建设中土地使用和设计控制的最基本手段。它以

立法的形式对容积率、建筑高度、开放空间、建筑退后、建筑体块以及停车位等若干方面提出硬性的设计规定,其目的是在保护私人财产利益、社区稳定、促进房地产开发的前提下,保证城市具有良好的空间环境。

7.3.2.1 密度控制的方式

美国的规划体系由发展规划(或综合规划)和区划条例 2 个基本层次组成。它们对城市的密度分布在不同层次上提出不同的控制要求,发挥着不同的规划作用。

由于美国城市的土地利用及城市建设行为高度市场化,政府更多通过法律来规范城市建设的市场行为。因此,对密度的控制是直接针对每一个区划街区制定管理的具体规定和密度指标,这样能有效约束每个地块上的开发行为,操作更加灵活。此外,"地方政府的建设计划和开发控制都要以综合规划为依据,区划法规的编制和执行也必须以综合规划为基础"。也就是说,包括总体规划、城市设计在内的各种发展规划都对区划条例具有直接的指导作用。

城市设计作为综合规划在城市空间形态方面更为具体的发展规划,和开发控制一样,是政府对城市建成环境的公共干预。有所不同的是,美国部分城市的城市设计控制和开发控制是并行的,并且更多是采用绩效性的控制要求,因此城市设计策略只具有指导性的作用;另外一些城市的城市设计控制与开发控制是一体的,城市设计策略以条文的形式附于区划法的规则之内,并产生法律效力,成为对城市建设的规则约束。

在美国,多数城市的密度控制仍以容积率、建筑密度和建筑高度 3 个指标为核心,不同的指标之间通过各种奖惩措施(例如提供公共活动的开放空间容积率可以增加 20%)加以调整,具有相当的弹性。密度指标通常以经验数据和征询公众意见等方法来确定。

7.3.2.2 区划条例对密度的控制

区划条例的密度控制是通过在土地用途细分的基础上,对每类用途规定具体的容积率和建筑密度指标来实现的。例如在《纽约区划条例》中,把城市用地划分为 3 种基本用途:居住、商业和工业。每类用地进一步以密度为标准划分成若干细分用途,每类细分用途有相应的容积率、开放空间率、建筑高度等控制要求。通过赋予每个地块相应的细分用途,从而达到对地块密度进行控制的目的。

1) 居住用地密度控制

《纽约区划条例》把居住用地分成 10 类"一般居住分区"(R1~R10),数字 1~10 由低到高分别代表所允许的发展密度。每个一般居住分区根据其他特殊控制规定再次细分,例如 R4A、R4-1 等。其中 R1~R5,区划条例直接给出了容积率指标;R6~R9 的实际容积率是由建筑高度(HF)、开放空间率(OSR)组成的公式[16]所决定的,要达到最高的容积率通常要求能提供相当面积的开放空间。对于 R10,一般地块的容积率要限制在10.0 以内，以鼓励发展高层低密度的塔楼建筑，对能提供公共开放空间的建筑另有 20% 的容积率奖励措施，使其可以达到 12.0。

在 1984 年、1987 年和 1989 年，《纽约区划条例》进行了修订，对一般居住分区内历史地区的发展密度给予了特殊规定，以保护历史地区的建筑风貌。为保护历史地区良好的街廓空间，对建筑密度的控制比一般地区更加详细，地块在街坊内的不同位置有不同的建筑密度要求，同时增大了对能提供斜屋顶下开放空间的建筑进行容积率奖励的范围（表 7-2）。

表 7-2　《纽约区划条例》对一般居住分区的密度控制

分区 (district)	最高容积率 (maximum floor area ratio)	顶楼奖励 (attic rule allowance) [17]	最小开放空间比率 (minimum required open space ratio)	最高建筑密度 (maximum lot coverage percent)
R1-1	0.50		150	
R1-2	0.50		150	
R2	0.50		150	
R3	0.50	0.10		35.0
R4	0.75	0.15		45.0
R4 infill	1.35			55.0
R5	1.25			55.0
R5 infill	1.65			55.0
R6	0.78～2.43		27.5～33.5	
R7	0.87～3.44		15.5～22.0	
R8	0.94～6.02		5.9～10.7	
R9	0.99～7.52		1.0～6.2	
R10	10.00		NONE	

来源：NYC Zoning Handbook. Department of City Planning, 1990

2）商业用地密度控制

《纽约区划条例》把商业用地分成 8 种基本商业分区（C1～C8）：C1、C2 为地区级商业区，C4 为一般商业区，C5 和 C6 是中心商业区，C3、C7、C8 为滨水、娱乐公园等特殊的商业服务区。基本商业分区依照密度、停车等其他原则进一步细分，每类商业分区有相应的容积率指标规定。由于各类商业之间以及商业与居住用地之间是兼容的，因此同样一个地块对商业建筑、社区服务建筑和居住建筑的密度要求是不同的，而在不同等级的商业用地上，三者间容积率的高低对比关系也存在较大的差异（表 7-3）。

表 7-3　《纽约区划条例》对商业用地的密度控制指标

分区 (district)	最高容积率 (maximum floor area ratio)		
	商业建筑 (commercial buildings)	社区设施建筑 (community facility buildings)	居住建筑 (residential buildings)[19]
C1-6	2.00	6.50	0.87~3.44
C1-7	2.00	6.50	0.94~6.02
C1-8	2.00	10.00	0.99~7.52
C1-9	2.00	10.00	10.00
C2-6	2.00	6.50	0.87~3.44
C2-7	2.00	10.00	0.99~7.52
C2-8	2.00	10.00	10.00
C3	0.50	1.00	0.87~3.44
C4-1	1.00	2.00	1.25
C4-2~C4-7	3.40	4.80	0.78~3.44
C5-1	4.00	10.00	10.00
C5-2	10.00	10.00	10.00
C5-3	15.00	15.00	10.00
C5-4/C5-5	10.00	10.00	10.00
C6-1/C6-2	6.00	6.50	0.87~3.44
C6-3	6.00	10.00	0.99~7.52
C6-4/C6-5	10.00	10.00	10.00
C6-6/C6-7	15.00	15.00	10.00
C6-8	10.00	10.00	10.00
C6-9	10.00	15.00	10.00
C7	2.00		
C8-1	1.00	2.40	
C8-2	2.00	4.80	
C8-3	2.00	6.50	
C8-4	5.00	6.50	

来源：NYC Zoning Handbook. Department of City Planning, 1990

　　3）工业用地密度控制

　　《纽约区划条例》把工业用地分成轻工业 M1、中工业 M2 和重工业 M3 三类，认为容积率是对工业用地密度进行控制的最重要指标，建筑密度、开放空间等不具有很强的实际控制价值。与居住用地、商业用地等相毗邻的工业用地另有对于隔离带、建筑高度、开放空间等的专门控制要求（表 7-4）。

表 7-4 《纽约区划条例》对工业建筑最高容积率的控制指标

分区	M1-1	M1-2	M1-3	M1-4	M1-5	M1-6	M2-1	M2-2	M2-3	M2-4	M3-1	M3-2
容积率	1.0	2.0	5.0	2.0	5.0	10.0	2.0	5.0	2.0	5.0	2.0	2.0

来源：NYC Zoning Handbook. Department of City Planning，1990

7.3.2.3 小结

美国城市的密度管制是通则式的。区划条例作为开发控制的唯一依据，包含了几乎全部的规划控制要求，只要开发活动符合这些要求，就肯定能够获得规划的许可。虽然综合规划和包括各层次城市设计在内的各种具体规划也具有一定的指导性，但真正要发挥影响开发建设行为的作用，必须转译为区划条例，通过区划条例来实施管制。区划条例可以根据需要并经过一定的审批程序随时进行修正，但新条例的制定必须以不违背综合规划的要求为原则。

为了增加通则式管理方式的灵活性，美国部分城市在传统区划的基础上，采用了判例式的控制方式。在纽约区划条例中就针对城市中的特别地区制定了规划要求，要求部分影响重大的项目要采取审批的方式。

7.3.3 日本城市的密度控制

日本城市的密度控制主要是通过土地使用区划制度和地区规划来实现的。其中，土地使用区划是在不同的土地使用分区，以城市规划法和建筑标准法为依据，对建筑物的用途、容量和形态等方面进行相应的管制。地区规划作为对区划制度的补充，也是对城市密度进行控制的重要方式。

7.3.3.1 土地使用区划的密度控制

土地使用区划按其类型可以分为基本区划和特别区划，分别针对整个城市化促进地域以及部分地区制定密度发展的限制规定。

1）基本区划的密度控制

在整个城市化促进区域内共有 12 个基本的土地使用分区，学校、图书馆、展览馆、医院和市场等公共设施不在土地使用区划的管制范围之内，它们组成专门的城市公共设施规划。例如在"21 世纪大阪综合规划"中，对大阪城市的 10 类土地使用分区分别规定了相应的容积率和建筑密度指标（两类低层居住专用区不包括在内）并制定了规划目标，以土地的使用功能为基础，形成了大阪整个城市范围内的空间密度分区。

2）特别区划的密度控制

特别区划是根据特定目的而选择城市化促进地域内的部分地区制定的，是对基本区划的补充，以大阪为例（表 7-5）。

表 7-5 大阪城市土地使用基本区划图表

大阪市土地使用分区地图

类别	目标	容积率	建筑密度	面积 (ha)	占用地百分比
一类低层居住专用区	保护低层住宅的居住环境	—	—	—	—
二类低层居住专用区	保护低层住宅的居住环境	—	—	—	—
一类中/高层居住专用区	保护中/高层住宅的居住环境	2.0	60%	353	1.7%
二类中/高层居住专用区	保护中/高层住宅的居住环境	2.0	60%	1 825	8.6%
		3.0	60%	245	1.2%
一类普通居住区	保护居住环境	2.0	60%	4 000	18.9%
		3.0	60%	1 386	6.6%
		4.0	60%	0.9	0.0%
二类普通居住区	保护居住环境	2.0	60%	269	1.3%
		3.0	60%	793	3.8%
		4.0	60%	73	0.3%

续表

类别	目标	容积率	建筑密度	面积（ha）	占用地百分比
准居住区	在保护居住环境的前提下，适当发展路边商业	2.0	60%	50	0.2%
		3.0	60%	283	1.4%
		4.0	60%	22	0.1%
邻里商业区	设置为居民服务的商业设施	3.0	80%	581	2.7%
		4.0	80%	1 994	9.4%
		5.0	80%	58	0.3%
商业区	设置商业和商务设施	6.0	80%	904	4.3%
		8.0	80%	467	2.2%
		10.0	80%	130	0.6%
准工业区	设置无污染的工业	2.0	60%	3 273	15.5%
		3.0	60%	1 343	6.3%
		4.0	60%	46	0.2%
工业区	设置工业设施	2.0	60%	892	4.2%
		3.0	60%	15	0.1%
专用工业区	大规模的工业区	2.0	60%	2 129	10.1%
		3.0	60%	1	0.0%

来源：City Planning in Osaka City. Osaka City Government，1997

● 中高层居住分区

中高层居住分区包括市中心范围内的居住、商业和办公建筑以及沿主要交通干道建设的公寓和住宅。这些区域内建筑的上部楼层应设置居住功能，以保证有足够的住宅供给来满足人口增长的巨大需求。

● 强制高度控制区

在高度控制区内，通过限制建筑物的最大或最小高度来维持良好的城市环境和促进土地的有效利用。大阪针对两类地区制定了高度控制，分别是包括大阪火车站在内的市中心地区和主要交通干道沿线。前者要求建筑高度必须超过 20 米，以创造良好的市中心形象；后者要求建筑高度至少 7 米，以满足作为城市重要防灾疏散通道的技术要求。

● 土地强化利用区

大阪共建立了 12 个土地强化利用区，通过限制区内建筑的最高和最低容积率、最大和最小建筑密度以及建筑退界等来促使土地的有效利用，并要求为城市提供尽可能多的开放空间。另外，大阪还建立了火灾防护区、风景区、停车泊位发展区、文化艺术区、港口区、绿地保护区等特别区划，对不同对象提出了不同的规划策略，具有很强的针对性。

7.3.3.2 地区规划的密度控制

土地使用区划只是保证城市环境质量的最低标准,并不能达到地区发展的理想状态。作为对土地使用区划的进一步细化,地区规划可以修改和取代土地使用区划中的有些规定。

地区规划包括规划策略和再开发规划两个部分。前者要求建立规划目标以及对地区改善、发展和保护的规划策略,后者通常包括对土地使用、公共设施(道路、公园和其他社区服务设施)、最高或最低容积率、最大或最小建筑高度、最高建筑密度以及对建筑物形态和外观等的规定。

大阪在城市中的部分地区已采用了地区规划的方法,如用容积率的奖励措施来鼓励建筑退后,通过增加道路宽度来促进社区的再开发和道路两侧用地的有效利用。同样,地区规划也被应用于地区的再开发项目当中。

7.3.3.3 小结

日本的城市规划法规定土地用途、地块面积、基地覆盖率和容积率,建筑标准法涉及对建筑物的具体规定,它们一起成为土地使用分区和地区规划的法定依据。另外,日本的区划制度是在借鉴美国区划制度经验的基础上发展而成的,较美国的区划更具概括性和整体性,控制要求也没有那么严格,只针对城市中几类大的用地分区提出通则式的密度控制规定,对城市中的特殊地区另外制定专门的特别区划,使规划控制具有更多的灵活性。同时,地区规划的管制方式比区划更为精细,并且不受对土地使用分区进行修编的时间上的限制,可以根据需要随时进行编制。更为重要的是,地区规划可以修改土地使用区划的一般规定,从而成为对土地使用区划的重要的补充。

7.3.4 新加坡城市的密度控制

新加坡城市和中国香港一样,土地资源严重匮乏,面对社会经济发展对土地需求的压力,为了加强对自然和城市环境的保护和培育,新加坡政府采取了高层、高密度开发的高强度城市发展模式。

新加坡城市的密度控制主要是通过发展规划来实现的。自1991年起,新加坡开始实行由概念规划和由55个分区组成的总体规划构成的二级发展规划体系。概念规划是长期的和战略性的,制订长远的发展目标和计划,提供一个优化的土地利用总体构架,用以指导实施性的规划;总体规划包括用途区划和开发强度在内的土地使用的管制措施,涉及具体的容积率、建筑密度等控制性规定,用以作为开发控制的法定依据。对于特别重要的地区,还要在总体规划的基础上编制城市设计或微观区划,以提供更为具体的开发控制和引导。

7.3.4.1 概念规划对密度发展的指引

新加坡 2001 版概念规划预期未来人口规模将达到 550 万。为确保这么大的人口规模仍能保持舒适的生活环境,概念规划根据土地供给和需求之间的长远关系,提出了城市总体规划布局概念,制定了土地使用的总体框架。它作为在宏观层面上开发强度控制的指导原则和发展策略,对各种密度住宅发展的总量及其分配进行了规定,提出了对未来住宅总量的分配方案(表 7-6)。

表 7-6 新加坡 2001 年概念规划总图及住宅密度分配

住宅密度	低密度	中等密度	高密度	新加坡 2001 年概念规划总图
现存比例	9%	13%	78%	
2001 概念规划密度分配	8%	13%	79%	

来源:Concept Plan 2001. Urban Redevelopment Authority.Singapore, 2001

7.3.4.2 总体规划对密度发展的指引

总体规划以土地使用和交通规划为核心,根据概念规划所确定的宏观原则和目标,制定土地用途、发展密度、高度、交通组织、环境改善等方面的开发指导细则和控制参数。总体规划将新加坡划分为 5 个区域,再细分为 55 个分区。每一个分区大致能容纳 15 万人口,并配套有市镇中心。

分区域总体规划的编制要充分考虑到地区发展的优劣势,并明确规定不同地区所允许的开发强度。对于不同土地用途,采取不同的控制方式。

对于居住建筑,主要是通过将确定的居住建筑总量按照低、中高、高三个住宅发展密度在全区范围内进行分配,并确定各个密度分区的发展密度。由于住宅建筑高度已由相应的住宅密度所决定,因此只是针对公共设施及特别地区制定了高度控制(表 7-7)。

表 7-7　新加坡对居住建筑容积率、建筑高度和建筑密度的一般规定

密度	毛容积率（GPR）	建筑密度	建筑高度控制（层数）	
			DGP 的控制规定	可达到的最高值
超高	＞2.8	最高 40%	＞30	＞36
高	最高 2.8	最高 40%	30	36
中高	最高 2.1	最高 40%	20	24
中	最高 1.6	最高 40%	10	12
低	最高 1.4	最高 40%	4	5
独立式住宅(低)	用层数表示			

来源：Development Control Handbook. Urban Redevelopment Authority

对非居住地块，密度控制是采用"基准容积率加奖励"的方式。开发强度奖励计算方法涉及地块与大容量轨道交通站点的距离关系和开发地块本身的规模，具体如下：

a. 根据地块与大容量轨道交通（MRT）站点的距离关系，允许容积率上浮。具体规定是位于 MRT 站点周边距离 200 米内的地块：如果地块 50% 以上面积位于距离站点 200 米范围之内，允许容积率上浮 10%；如果地块 50% 以下的面积位于距离站点周边 200 米之内，允许容积率上浮 5%。

b. 根据开发地块本身的面积规模不同、所处区域不同，允许容积率上浮 5%～15%。对于已有的开发项目其容积率已经大于基准容积率的地块，或者拟建开发批准容积率大于总体规划 2008 版中规定并已经缴纳开发费的地块，均不再享有容积率奖励规定。

7.4　国内城市密度分区的实践案例

国内城市的密度控制主要是通过控制性详细规划来实施的。另外，各城市自行组织编制的《城市规划管理技术规定》，通常会在第三章"建筑容量控制指标"中详细列明对城市建设的密度控制要求；但这种密度控制规定所针对的控制对象主要是用地面积小于一定规模的地块。事实上，在 2000 年以前，国内城市还没有系统性地在全市层面开展密度分区的研究。

2002 年，深圳率先在全市层面完成了《深圳经济特区密度分布研究》；但是，该研究成果并未在城市规划和管理的实践中得到深化和应用，因此缺乏实践的验证。2003 年，上海编制了《上海市中心城开发强度分区研究》，提出中心城区的开发强度体系并予以实施；2010 年，通过实施经验评价对成果体系进行了优化，并进一步将开发强度分区扩展到全市层面。

7.4.1　最早的研究：深圳

规划管理的成败很大程度上取决于管理依据的合理性。与其他城市相比，深圳市的

规划编制和规划管理是比较完善的;但是,超常规的发展态势对于规划决策的理性化提出了更高的要求,需要规划研究提供必要的和充分的依据。城市空间密度分布的规划策略就是一项具有重要意义的规划研究。

深圳密度分区研究的意义在于在全国率先提出并建立了一套城市密度分区的方法体系,包括宏观、中观和微观三个层面的策略(图7-2)。

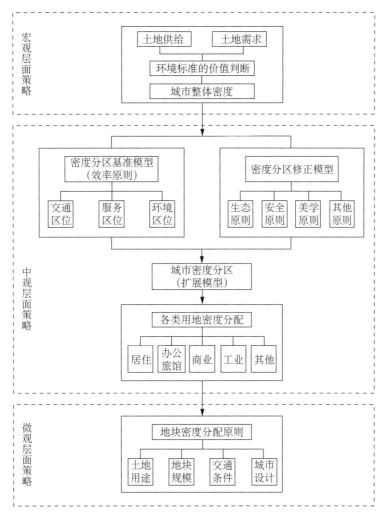

图7-2　城市密度分区的方法体系
来源:唐子来,付磊.城市密度分区研究:以深圳经济特区为例[J].城市规划汇刊,2003(4)

7.4.1.1　宏观层面的策略:城市整体密度

在宏观层面上,各个城市面临建设用地供给和需求的前景是不同的。有些城市的土地供求关系相当紧张,另一些城市的土地供求关系则比较宽松,应当根据各个城市的具体情况,采取合理的、可行的环境标准,由此确定城市整体密度。

　　城市总体规划确定的用地规模和人口规模为土地供求关系提供了基本参考。根据城市社会和经济发展的未来趋势,结合相关经验的类比分析,可以推测各类建筑的需求数量以及占城市建筑总量的比例。

　　在许多情况下,基于环境标准所确定的城市整体密度和根据社会经济发展需求所确定的城市建筑总量之间并不完全一致,需要在社会、经济和环境的综合权衡基础上进行价值判断。深圳的案例对城市整体密度的3种备选方案进行了价值判断。城市整体密度的上限方案能够提供较为充足的建筑总量,但由此带来环境标准的明显下降;城市整体密度的下限方案能够确保较为理想的环境标准,但与社会经济发展的建筑总量需求相距甚远。最终选择的城市整体密度是社会经济发展的空间需求和可接受的环境标准之间的综合权衡(图7-3)。

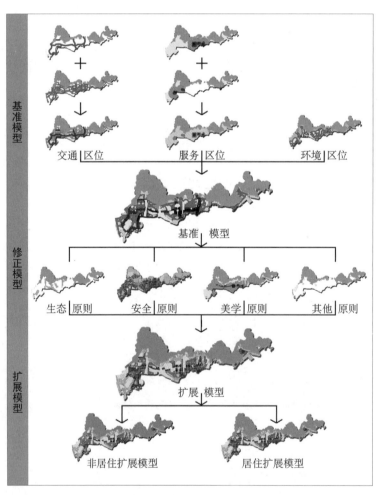

图7-3　深圳经济特区的密度分区模型
来源:唐子来,付磊.城市密度分区研究:以深圳经济特区为例[J].城市规划汇刊,2003(4)

7.4.1.2　中观层面的策略:城市密度分区

深圳的城市密度分区包括基准模型和修正模型两个阶段。基准模型遵循微观经济学的效率原则,以交通区位、服务区位和环境区位作为密度分区的基本影响因素。理论假设是区位条件越是优越,开发强度也就应当越高,这意味着城市公共设施可以得到最为有效的利用。基准模型根据交通区位(如大容量轨道交通线路和城市主次干道)、服务区位(如城市的主次商业中心)和环境区位(如城市的主要公共绿地)的空间格局和影响权重,采取计量化的精细方法,将城市空间划分成为若干基准密度分区。

基准模型是普遍的和全局的密度分区模型。基准模型的普遍性意味着每个城市的基准密度分区都需要考虑将交通区位、服务区位和环境区位作为基本影响因素;基准模型的全局性是指交通区位、服务区位和环境区位的密度分布影响涉及城市空间的整体而不是局部。

在基准模型的效率原则基础上,引入其他相关原则,如生态原则(生态敏感地区)、安全原则(不良地质地区)、美学原则(城市设计的形态考虑)和文化原则(历史保护地区)等,对于基准模型进行逐一修正,可能会提高或者降低局部地区的开发强度。

修正模型是特殊的和局部的密度分区模型。修正模型的特殊性意味着并不是每个城市的基准密度分区都需要进行相同的修正。一些城市存在生态敏感地区(如深圳经济特区的红树林生态湿地),另一些城市存在历史保护地区,还有一些城市存在不良地质地区。修正模型的局部性是指基于生态、安全、美学或其他原则的各项密度修正只是涉及城市的局部地区,以使城市密度分区更为精细化。

在基准模型经历了各项局部修正以后,形成城市密度分区的扩展模型,包括基于效率原则的基准(或称为“一般”)密度分区和基于其他原则的修正(或称为“特殊”)密度分区。各类建筑(如居住、办公、商业和工业等)的密度分配在满足建筑总量需求的前提下,应当遵循微观经济学的区位理论:①在同一密度分区,各类建筑的开发强度通常是不同的。如在城市中心地区,办公建筑的开发强度应当高于居住建筑的开发强度。②从高密度分区到低密度分区,各类建筑开发强度的递减幅度也是不同的。如办公建筑开发强度的递减幅度一般大于居住建筑开发强度的递减幅度。在深圳经济特区的案例研究中,对各类用途的地价分布和各类建筑的密度分布进行的比较分析验证了区位理论的有效性。

7.4.1.3　微观层面的策略:地块密度分配

微观层面上的密度分配是对于中观层面上的密度分配的精细化,但不应当导致建筑总量的明显突破。在深圳的案例研究中,地块密度分配考虑到土地用途、地块规模、交通条件和城市设计四个方面的影响。

有些地块具有两种或以上的用途类型,综合用途地块的容积率显然会不同于单一用途地块的容积率。许多城市采用基于地块规模的容积率折减方法。实际上,用地规模对于地块开发强度的影响主要体现在居住服务设施的配置要求。当居住地块大于一定规模时,需要在其中设置幼托、小学或中学等居住服务设施,因而影响到地块开发强度,而有些城市的居住服务设施用地是分列的,用地规模对于地块容积率的影响并不显著。

根据香港的经验,地块周边的道路条件(即地块面临的道路数量)越好,地块的开发强度越高,其对于相邻地块的环境影响也会减少。一般来说,地块规模越大,面临道路数量就可能越多。因此,地块规模和交通条件之间具有一定程度的相关性。

在微观层面上,可能还会涉及各个地区城市设计所提出的特定要求,如地标建筑的具体位置和视线通廊的具体走向等,因而会影响到个别地块的开发强度。

7.4.2　最先的实施:上海

上海是全国最先将开发强度分区运用到实际的规划管理与实践中的城市。2003 年编制的《上海市中心城开发强度分区研究》采用了与深圳相同的方法和技术路线,并建立了三个层面的研究体系(图 7-4)。

(1)宏观层面研究:开发强度控制的价值取向和总体策略。以 2010 年为目标年份,对于城市建设用地资源的供求状况(包括主要用地类型的供给和需求)进行总体判断。基于土地资源的供求关系,借鉴相关城市的成功经验,遵循可持续发展的基本原则,明确开发强度控制的价值取向,在综合协调的基础上确定各类区域开发强度控制的总体策略。

(2)中观层面研究:开发强度分区体系。在开发强度控制的总体策略指导下,以轨道交通条件为核心,确定中心城的开发强度分区体系,制定相应的开发强度区间指标。

(3)微观层面研究:地块开发强度控制的修正参数体系。在开发强度分区体系的基础上,建立针对具体地块开发强度指标的修正参数体系,讨论这些修正参数对于地块开发强度的可能影响,为控制性详细规划在基准开发强度区间中确定地块的开发控制指标提供指导依据。

根据《上海市中心城开发强度分区研究》,上海中心城被划分为六级强度分区,具有各自不同的住宅、商办用途开发强度技术标准。中心城的开发强度标准以容积率为核心控制参数,以建筑密度和建筑高度为相关控制参数,形成综合控制体系。对住宅提出了由容积率、建筑密度、建筑高度组成的强度分区控制体系,对商办提出了由容积率、建筑高度组成的强度分区控制体系。

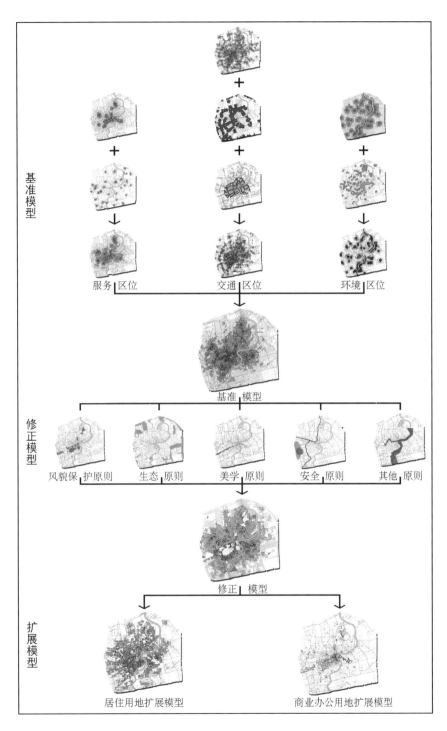

图 7-4　上海密度分区模型
来源:上海市城市规划设计研究院.上海市中心城分区规划[R],2004

2003 年,《上海市中心城开发强度分区研究》提出的六类强度区以街坊为空间单元，将六级强度分区落实到中心城内的每个街坊上（表 7-8）。

表 7-8 上海中心城开发强度等级（2003 年）

建筑性质	内容	一级强度	二级强度	三级强度	四级强度	五级强度	六级强度
住宅	容积率	<0.8	<1.2	<1.6	<2.0	<2.5	<2.5
	一般高度	<12 m	<18 m	<30 m	<45 m	<60 m	60 m以上
	适宜层数	3 层以下	4～6 层	6～8 层	8～14 层	12～18 层	18 层以上
	建筑密度	<30%	<30%	<30%	<25%	<25%	<25%
商办	容积率	<1.0	<2.0	<2.5	<3.0	<4.0	<4.0
	一般高度	<15 m	<25 m	<40 m	<60 m	<80 m	>80 m
	适宜层数	3 层以下	3～5 层	5～8 层	16 层以下	20 层以下	20 层以上

来源：上海市城市规划设计研究院 中心城强度分区研究［R］,2004

7.4.3 最新的探索：大理

深圳和上海对于密度分区的研究仅限于开发强度的单一要素，对于大理这样的风景旅游城市来说，开发强度固然重要，但是基于美学标准的城市高度格局则更加重要。在大理总体城市设计项目中，项目组提出应通过对强度控制和高度控制两个指标的双重引导来实现对建成环境的公共干预。

一般而言，效率原则直接决定强度控制，美学原则直接影响高度控制。基于大理市"经济效率与美学形态并重"的公共政策价值取向，在研究中提出强度控制与高度控制的双基准模型。

首先，采用与深圳密度分区同样的技术路线，由服务、交通、环境等多个全域性的区位因子叠加，并经拆迁成本等因子进行局域性修正，得到大理中心城区强度控制的基准模型，这是一个偏重经济理性的技术路线。

其次，基于城市设计结构提出建成空间的高度格局，经生态要素、视线廊道和机场净空等因子进行局域性修正，得到高度控制的基准模型。

最后，结合地方建筑规范，对强度与高度的基准模型进行相互校核和匹配性检验，最终得到强度和高度的分区控制要求，实现对建成空间的形态管控。研究成果以总体城市设计的形式进行展现，并整理出专门的技术文件，不仅指导了大理中心城区的控规编制和城市建设管理工作，也为其他类似城市提供了经验借鉴（图 7-5）。

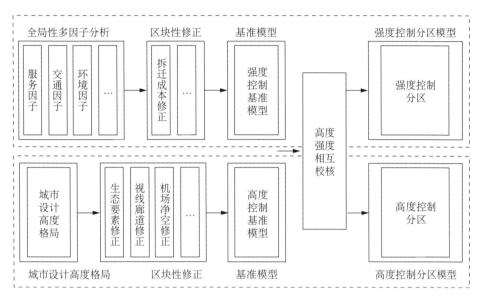

图7-5 大理开发强度控制与高度控制双基准模型的技术路线
来源:张泽,付磊,姜秋全,唐子来.总体城市设计中高度和强度控制的双基准模型[J].同济大学学报(自然科学版),2019(8)

参考文献

[1] 香港特别行政区规划署.香港规划标准与准则.1982.

[2] 上海市城市规划设计研究院.上海市中心城开发强度分区研究,2003.

[3] 唐子来,付磊.城市密度分区研究:以深圳经济特区为例[J].城市规划汇刊,2003(4).

[4] 张泽,付磊,姜秋全,唐子来.总体城市设计中高度和强度控制的双基准模型[J].同济大学学报(自然科学版),2019(8).

8 聚焦四个关系的城市设计实践

丁 宁 肖 达*

为顺应我国社会经济的转型,响应新时代国土空间规划全面开展的新要求,城市设计亦应与时俱进,由传统注重城市形象建设的规划视角转向更为关注生态化、人本化和规划管控的全面融合视角,这是当前规划工作与城市建设实践中的一项重要工作内容。对此,住建部于2017年颁布《城市设计管理办法》,并启动了一批城市的城市设计试点工作。2020年10月,由自然资源部发布《国土空间规划城市设计指南》(征求意见稿),明确了城市设计在国土空间规划体系、规划编制以及提升国土空间品质中的重要作用。城市设计不再仅局限于传统概念中只作为城市终极蓝图在三维空间形态上的表达,也不再单纯注重对城市物质空间形态美学效果的追求,而是更多作为一种非常有效的设计思维方式用以推进国土空间资源的有效整合,从而成为国土空间高质量发展的重要支撑手段,贯穿于国土空间规划建设管理的全过程。在上述新时代、新理念、新要求和空间规划改革的大背景下,笔者基于近年来的实践,从新的技术思路、方法和实施管理的对接路径等方面提出城市设计的编制要点。

笔者认为,可以将城市设计的编制要点总结为四个关系,即在编制过程中需要予以着重考虑的上下关系、左右关系、内外关系与前后关系。其中,上下关系重点指城市设计自身由上至下的编制层次,如总体城市设计、分区城市设计、重点地区重要节点的城市设计等。左右关系为在同一层次的城市设计中,需重点考虑相邻城市、城市内部的相邻城区、相邻地块彼此之间在空间上如何进行对接,从区域角度和周边更大的研究范围统筹协调,从而解决仅就单一地块思考所无法解决的系统性与区域衔接等相关问题,如交通、生态、产业等在更大范围内的总体布局。内外关系是指城市设计应考虑与法定国土空间规划进行衔接,与各相关专项规划之间进行衔接,这需要考虑在城市设计自身编制的主体内容外,结合实际需求多方拓展城市设计的外延,从而综合解决城市设计编制内容的内外衔接及法定化问题。前后关系是指在城市设计编制过程中纳入时间的维度,重点构建城市设计自身编制以及对接规划管理实施的全过程闭环,构建长效化规划与跟踪,创新服务模式。

---

* 丁宁,上海同济城市规划设计研究院有限公司城市开发规划研究院一所所长。邮箱:21853617@qq.com。肖达,上海同济城市规划设计研究院有限公司党委副书记、正高级工程师,杨浦区第十六届人民代表大会常务委员会专家咨询组成员。邮箱:XD823@vip.163.com。

8.1 上下关系——建立多层次、系统化的城市设计体系

当前规划编制中已构建了层级清晰、上下贯通的"总体城市设计、片区城市设计、重点地区/项目层面城市设计"的三级城市设计编制体系。本文以具体项目为例,解析不同阶段、不同层次城市设计的编制目的、编制重点与内容的上下逐级传导与深化、细化。

8.1.1 总体城市设计——以池州总体城市设计为例

以往城市总体规划在中心城区重点关注用地规模控制、空间结构设计、道路系统梳理、公服设施和市政设施配置等,更多是满足相应法规与规范的基础性要求。然而,在总体层面运用城市设计思维的关注点则与之不同,在"基础性"之上,重点研究如何才能做到"品质性",通过空间品质的提升,更多彰显城市自身的个性。

8.1.1.1 总体层面的整体系统统筹

1) 主体内容

以安徽省池州市总体城市设计为例。池州市中心城区自然山水资源丰富,此前在总体规划中相应确定了组团型发展的空间结构形式,较为符合池州城市发展和自然生态保护的双重需求。然而,由于未在总规指导下针对特色空间与组团结构进行更为深入的详细规划管控与引导研究,导致在近年的城市建设进程中出现了一些问题,例如基于市民城市意象地图调研的结果发现,由于城市组团型结构差异化定位不清晰,在全市层面,各类资源和空间要素缺乏统筹考虑。由此导致在开发建设过程中项目选址比较随意,未能形成各组团的特色和集聚效应。此外,城市布局分散,没有明确的市中心,为此,需要通过总体城市设计对各级城市中心、发展轴线和功能片区等分别进行梳理,重构城市用地和自然山水格局之间的关系(图8-1),并结合自然山水格局整体谋划生态廊道的选址、城市组团边界的界定等。在此基础上,进一步明确城市内部骨架、中心和功能分区的结构(图8-2),明确各片区的定位、主导功能、空间开发重点(图8-3)以及各中心节点的级别、职能、风貌形象等(图8-4),以此来指导后续层次规划设计的编制。

2) 城市设计思维的系统管控示例

以高度控制为例。传统规划一般通过考虑地块所在的区位条件、周边限制条件、地块性质、容积率等判定建筑高度限值,缺乏从城市设计角度出发的三维空间的推敲,由此导致在实际建设中出现城市天际线视觉效果不佳、城市重要的地标性建构筑物和景观节点之间的视线廊道受阻、城市内部向外围自然山体观望的视线廊道受阻等问题(图8-5—图8-7)。上述诸多问题均需在城市总体层面进行系统性的分析和解决。

图 8-1　总体城市设计区域空间格局图

来源：上海同济城市规划设计研究院有限公司.池州市总体城市设计,2020

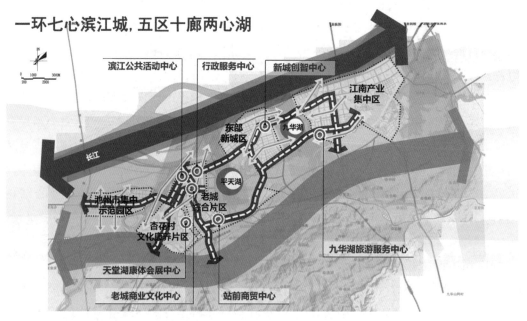

图 8-2　总体城市设计规划功能结构图

来源：同上

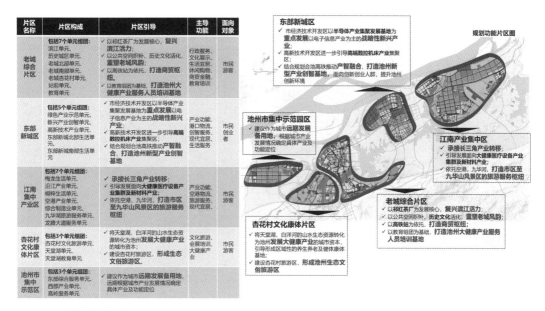

片区名称	片区构成	片区引导	主导功能	面向对象
老城综合片区	包括7个单元组团： 滨江单元、历史城区单元、老城北部单元、老城南部单元、老城杏花村单元、站前单元、教育单元	✓ 以祁红茶厂为发展核心，复兴滨江活力； ✓ 以公共空间织补、历史文化活化，重塑老城风韵； ✓ 以高铁站为依托，打造商贸枢纽； ✓ 以教育组团为基础，打造池州大健康产业服务人员培训基地	行政服务、文化展示、生活宜居、休闲购物、商贸金融、教育培训	市民游客
东部新城区	包括5个单元组团：绿色产业示范单元、新兴产业创智单元、高新技术产业单元、东部新城北部生活单元、东部新城南部生活单元	✓ 市经济技术开发区以半导体产业集聚发展基地为重点发展以电子信息产业为主的战略性新兴产业； ✓ 高新技术开发区进一步引导高端数控机床产业聚集； ✓ 结合规划合池高铁推动产智融合，打造池州新型产业创智基地	产业功能、港口物流、创智宜居、现代宜居、生活服务	市民创业者
江南集中产业区	包括7个单元组团：梅龙生活单元、沿江产业单元、桐梓生活单元、空港生活单元、综合制造业单元、九华旅游服务单元、龙腾大道单元	✓ 承接长三角产业转移； ✓ 引导发展面向大健康医疗设备产业集群及新材料产业； ✓ 依托空港、九华河，打造市区至九华山风景区的旅游服务枢纽	产业功能、空港物流、旅游服务、现代宜居、生活服务	市民游客
杏花村文化康体片区	包括3个单元组团：杏花村文化旅游单元、天堂湖单元、天堂湖教育单元	✓ 将天堂湖、白洋河的山水生态资源转化为池州发展大健康产业的城市资本之一，引导形成区域性的养生养老及康体基地； ✓ 建设杏花村旅游区，形成生态文俗旅游区	文化旅游、会展培训、大健康产业	市民游客
池州市集中示范区	包括3个单元组团：东部综合服务单元、西部产业单元、高岭服务单元	✓ 建议作为城市远期发展备用地，远期根据城市产业发展情况确定具体产业及功能定位		

东部新城区
- 市经济技术开发区以**半导体产业集聚发展基地**为**重点发展**以电子信息产业为主的**战略性新兴产业**；
- 高新技术开发区进一步引导高端数控机床产业聚集；
- 结合规划合池高铁推动**产智融合，打造池州新型产业创智基地**，面向创新创业人群，提升池州创新环境

规划功能片区图

池州市集中示范园区
- 建议作为城市远期发展备用地，根据城市产业发展情况确定具体产业及功能定位

江南产业集中区
- 承接长三角产业转移；
- 引导发展面向大健康医疗设备产业集群及新材料产业；
- 依托空港、九华河，打造市区至九华山风景区的旅游服务枢纽

老城综合片区
- 以祁红茶厂为发展核心，复兴滨江活力；
- 以公共空间织补、**历史文化活化**，重塑老城风韵；
- 以高铁站为依托，打造商贸枢纽；
- 以教育组团为基础，打造池州大健康产业服务人员培训基地

杏花村文化康体片区
- 将天堂湖、白洋河的山水生态资源转化为池州**发展大健康产业**的城市资本之一，引导形成区域性的养生养老及康体基地；
- 建设杏花村旅游区，形成池州生态文俗旅游区

图 8-3　总体城市设计功能分区引导图
来源：上海同济城市规划设计研究院有限公司.池州市总体城市设计.2020

■ **七大公共服务中心 让池州未来城市更有活力**，打造展示池州现代城市形象和精神的七个城市节点区域。

规划公共服务中心图

1. 清风路市级行政服务中心：
　　围绕百牙山-百荷公园的城市公共空间，联动周边新老行政功能区，梳理周边公共空间，完善"T"字形结构的市级行政服务中心

2. 滨江公共活动中心：
　　以祁红国润茶厂为核心，推动周边工业老厂房、老民居、老码头的功能更新，延伸池州茶产业、茶文化、拓展城市公共活动功能和旅游产业，形成代表池州现代滨江城市风貌以及展现工业文化的新公共活动中心

3. 老城商业文化中心：
　　复兴老城的街巷空间，以线型公共空间为脉，串联起老城南部的商业街、孝肃街、包公井，北部的文庙文化节点、城墙遗址公园、宗教建筑，打造展示池州地域文化和传统商业的老城商业文化中心

4. 站前商贸中心：
　　依托高铁站，形成池州市对外商贸中心

5. 天堂湖体会展中心：
　　依托天堂湖大健康产业片区发展、杏花村文化旅游区的打造以及现状已形成的城市体育会展中心，形成面向康养、培训、会展、博览、旅游的城市公共服务中心

6. 新城创智中心：
　　依托规划合池高铁站点，以及池州市经济技术开发区、池州市高新技术产业开发区的战略性新兴产业的产业基础，形成池州未来产业发展的创智中心，引领池州产业形成区域发展的新动能

7. 九华湖旅游服务中心：
　　依托九华机场、九华湖以及九华河的交通区位优势，打造池州**市区面向九华山景区旅游的市区旅游配套服务中心，以及旅游交通中转枢纽**

图 8-4　总体城市设计公共服务中心图
来源：同上

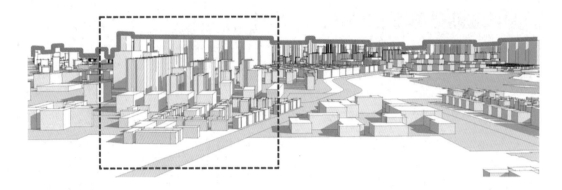

图 8-5　现状天际线一刀切问题示意图

图 8-6　现状视线廊道受阻示意图

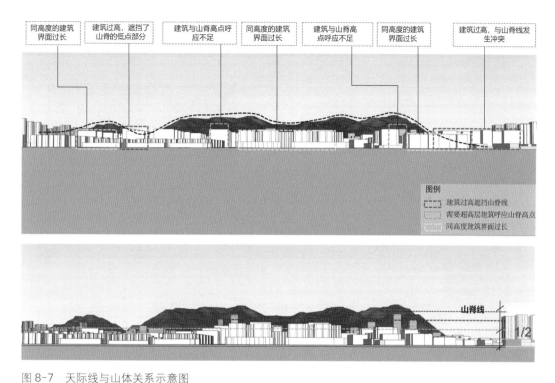

图 8-7　天际线与山体关系示意图

来源：上海同济城市规划设计研究院有限公司.西安市常宁新区分区城市设计,2018

　　例如池州城市内部一些重要的历史性眺望点,如清溪塔、三台山亭等之间的视线廊道被沿线一些新建建筑阻隔。针对上述情况,总体城市设计建议严格限定视廊控制区,严控区内新建地块的建筑高度。在某些特定视点需要协调局部建筑高度与山体的关系,针对性地加强了对于特定局部视面的设计管控,采取建筑天际线顺应山脊线的控制方式,即新建建筑高点不宜超过山体高度的 1/2,局部标志性建筑不能超过山体高度的 3/4,确保重要标志物可见(图 8-8)。此外,总体城市设计基于外围山顶制高点眺望城市的视觉效果,

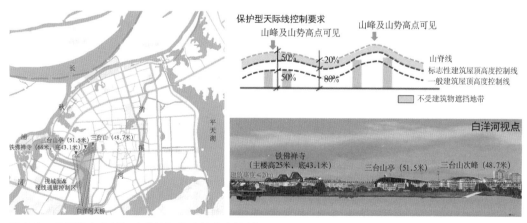

图 8-8　基于视点分析与山体协调的建筑高度控制图

来源：上海同济城市规划设计研究院有限公司.池州市总体城市设计,2020

对城市天际线进行分级管控,重点确定地标性建筑的位置及高度,整体协调城市的高低起伏关系(图8-9)。在此基础上,总体城市设计进一步确定了城市整体的高度分区管控。

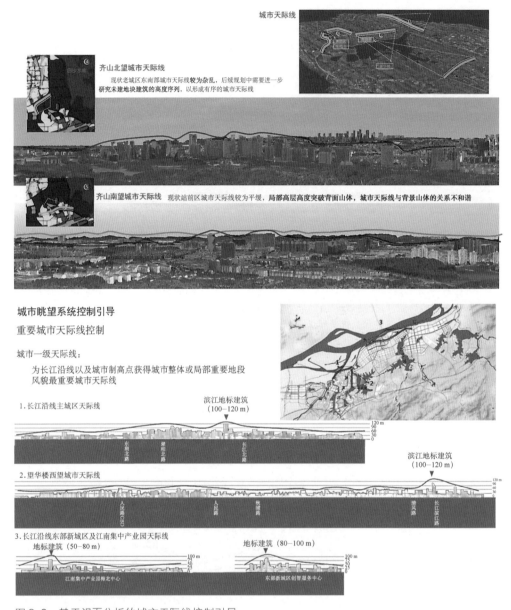

图8-9　基于视面分析的城市天际线控制引导
来源:上海同济城市规划设计研究院有限公司.池州市总体城市设计,2020

8.1.1.2　问题导向的整体解决方案

1)关键问题

除整体统筹外,城市设计还需针对具体问题从整体层面提出专项的解决方案,从而将原本的弊端转化成为城市的个性特征,体现出城市设计思维在总体层面运用所能起到的重要作用。

池州城市的组团型结构决定了各城市组团和生态空间相交接的边界较长,城市建成区和中心城区与自然山水的距离极为贴近,这是池州有别于其他城市的重要特征之一。然而,由于缺乏总体层面的引导和利用,周边良好的山水生态空间与城市组团相互隔离,而城市组团内部的绿地空间明显不足,这使得池州虽然自然山水资源容量充足,但在日常生活中既不方便进入,又无法承载各种类型的活动,无法有效提升市民的获得感,更多充当的只是供市民"看一看的绿"(图8-10)。

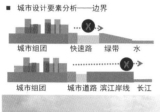

图 8-10　建设用地组团与生态空间边界现状问题分析图
来源:上海同济城市规划设计研究院有限公司.池州市总体城市设计,2020

2)解决策略

规划采用升级评价的技术手段,提出"城市生态可享度"的概念。以可享绿地为具体指标进行城市生态绿地水平的评价,不仅对传统规划中的公园绿地、防护绿地等城市建设用地中的绿地类型进行评价,同时还对城市内部保留的湖泊、山体等非建设用地中的生态空间进行评价,将原本不相统属的两部分生态绿地空间一并纳入城市整体生态开放空间的管控中,作为市民日常享用的休闲游憩空间使用(图8-11)。

根据人对生态空间的使用频率,池州市中心城区的边界生态空间分为:高频使用生态空间——一天使用一次或多次,中频使用生态空间——一周使用一次,低频使用生态空间——一月使用一次(图8-12)。其中,高频空间主要满足城市市民的日常使用,中低频的生态空间结合池州作为旅游城市的特点考虑面向旅游人群的使用需求。城市设计将各类不同需求概括总结为可玩、可游、可憩、可感、可赏五大方面,从"四大控制门类"和"九大引导要素"入手进行有效的管控与引导(图8-13)。

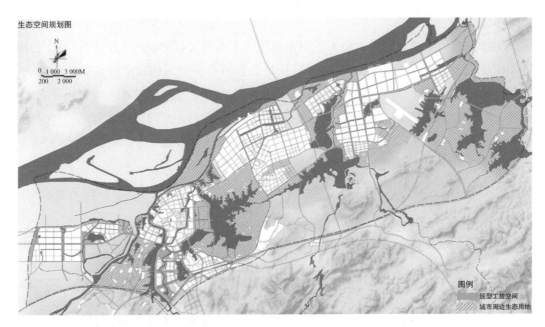

图 8-11　生态空间规划图

来源：上海同济城市规划设计研究院有限公司.池州市总体城市设计,2020

图 8-12　城市生态空间使用频率分类图

来源：同上

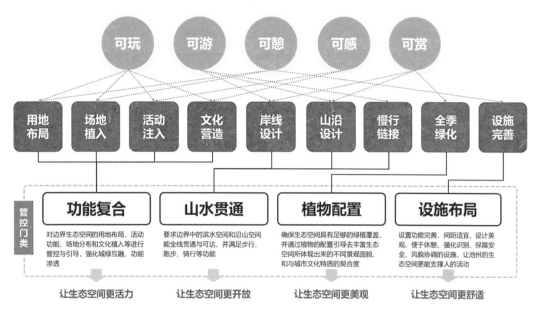

图 8-13　生态可享度的要素引导与管控图

来源:上海同济城市规划设计研究院有限公司.池州市总体城市设计,2020

　　在功能复合方面,城市设计将部分商业、文化娱乐等公共性质的城市用地,少量、零散地布局在近水绿地中,同时鼓励被上述公共用地占用的绿地向城市组团内部进行渗透式布局,从而形成城市用地和生态绿地相互渗透、嵌合的关系,既支撑生态空间中各种功能活动的开展,又使城市组团中的开放空间量、质同升。另外,结合使用频率,城市设计提出不同的用地布局建议(图 8-14),在高频使用生态空间中,可更多地配置公共功能性质的用地和设施,强调该类地块与城市公共节点的相互协同关系;在中低频使用生态空间(主要为风景名胜保护区、生态保护红线内的刚性约束区域以及东南部山体)中,重点研究解决现状生态空间过于空旷、缺少活力的问题,采用"点状供地"的模式,将小规模的点状设施用地在生态空间内进行散落布置,提供多种服务功能,提高生态空间的使用品质。同时,对中低频使用生态空间中的现状村庄予以保留,选取部分闲置建筑、公共建筑将其功能置换为旅游服务及住宿等,形成"景-村融合"的共生发展。最后,城市设计还更进一步考虑到不同频率空间的使用需求,将各种公共活动功能沿边界空间布置,将城水、城绿的交界面由闲置的消极界面转化为富有吸引力的积极界面。

　　在山水贯通方面,城市设计侧重于滨水岸线设计、沿山空间带设计、慢行系统设计三方面的控制引导。基于整体结构管控(图 8-15),根据空间不同的使用频率明确各自设计要点,统筹协调道路、用地布局形式、建筑与自然之间的空间关系,从而更好地实现城市空间的"显山露水"。

　　在植物配置方面,城市设计根据空间使用频率和线性、面状两种不同的空间特征,将生态空间分为三种频率、六类空间,提出具体植物配置的建议(图 8-16)。

用地功能复合引导

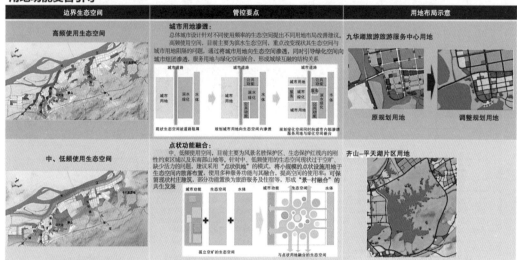

图 8-14　结合频率的用地布局管控要点与示意图

来源：上海同济城市规划设计研究院有限公司.池州市总体城市设计,2020

山水贯通引导

图 8-15　山水贯通设计引导图

来源：同上

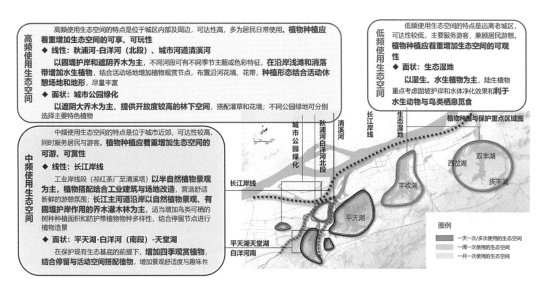

图 8-16　重点区域植物种植与保护引导图
来源：上海同济城市规划设计研究院有限公司.池州市总体城市设计,2020

　　在设施布局方面,城市设计在物质空间塑造的基础上,增加对感知系统、设施布局的引导,以达到让生态空间更舒适的设计目的(图 8-17),增强生态空间的服务能力,从而更好支撑人的活动。

图 8-17　城市感知系统规划图
来源：同上

8.1.1.3　总体城市设计的向下传导

在池州项目中为后续管控方便,总体城市设计结合行政区划、功能特征将主要空间结构和系统性内容按片区进行划分,通过强制性指标管控、准则引导、重点控制地区设计要点管控和形态示意,明确落实总体意图。形成每个片区的差异化的管理手册,作为下一阶段城市设计任务书,方便后续设计对接(图 8-18)。

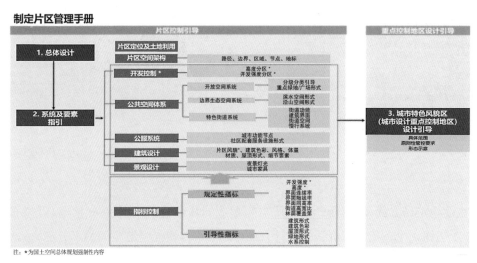

注:*为国土空间总体规划强制性内容

图 8-18　便于管控的片区管理手册传导
来源:上海同济城市规划设计研究院有限公司.池州市总体城市设计,2020

上述对池州项目的解析,清晰阐明了城市设计在城市总体层面发挥的重要作用:在城市总体格局、空间结构、景观风貌和公共空间等方面能够作为传统规划的有益补充,尤其是在塑造城市特色、空间格局和空间形态等方面。

8.1.2　详细规划层面的城市设计——片区、重点地区城市设计

详细规划层面的城市设计主要是针对城市中局部地区的空间形态进行优化,加强场所营造,与实际开发建设的关系更为紧密。

8.1.2.1　针对片区需求的多类型设计

除常规城市设计的系统性内容外,由于城市的局部片区在城市中所承担的职能角色不同,这一层次城市设计的编制重点在于关注片区诉求,聚焦解决制约片区发展的关键问题,将空间布局的模式性要求通过具体设计手法的运用落实到空间设计中。

例如漯河市城乡一体化示范区起步区(以下简称起步区)城市设计项目。漯河市

的城市发展因水而生,因水而盛,但也因水给城市建设造成了诸多障碍。多年来,为解决城市夏季的洪涝问题,河堤两侧建立了高差为5米的堤墙(图8-19),并在堤外50米设置了防护绿化带,城区内部与河流之间不仅被高耸的堤墙所阻隔,且城、河距离较远。针对这一问题,城市设计提出在局部用地上将沿岸布局的滨河路后置,选取合适的位置将城市功能地块内嵌至滨河区,并增加了面向河流的"绿色口袋"——四湖公园,从而通过绿的双向渗透解决城河隔离的问题。在此基础上,进一步构建活力绿环连通四湖水面,满足水系循环需求,整体形成"一河一环"的景观结构(图8-20),实现"城""水"互融。

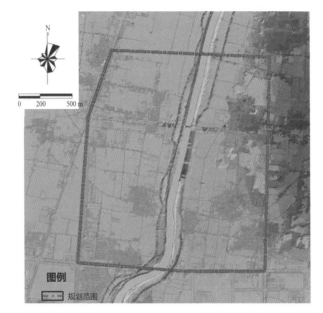

图8-19 堤墙造成的城河阻隔
来源:上海同济城市规划设计研究院有限公司.漯河市城乡一体化示范区 D01 编制单元控制性详细规划及城市设计,2019

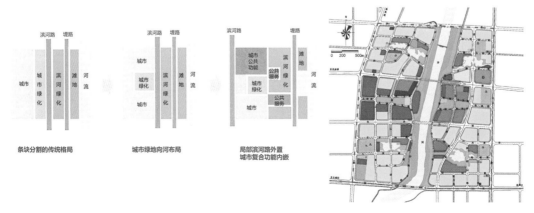

图8-20

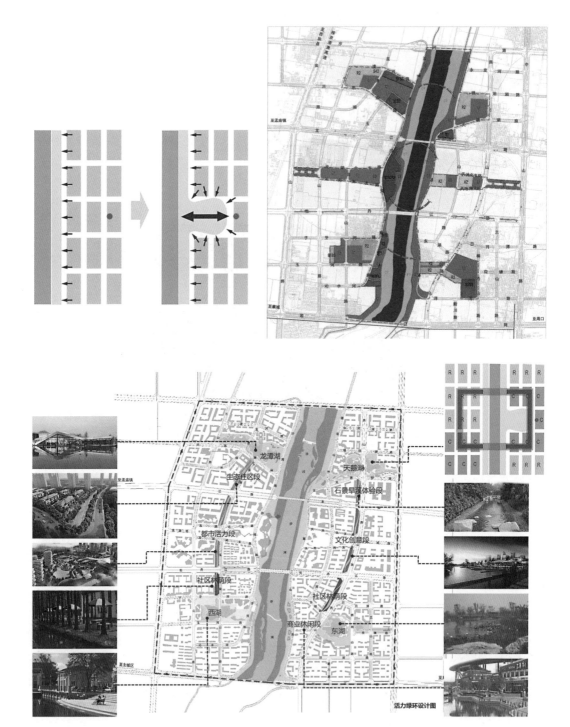

图 8-20　多手法弹性设计促进城河共融

来源：上海同济城市规划设计研究院有限公司.漯河市城乡一体化示范区 D01 编制单元控制性详细规划及城市设计,2019

如图 8-20 所示,通过城市设计的手法,不仅解决了城水距离远,尺度大,只可远观、无法全方位感受的现实问题,还增加了水道、旱溪、湿地、水池、湖泊等丰富的景观体验,使得作为"中原水城"的漯河再次焕发生机。此外,城市设计在塑造滨水景观结构的基础上,叠加了一系列功能性设计,通过自循环保证水质,利用四湖增加城市的调蓄水量。同时,周边地块的雨水全部就近分散,排放至这一具有"海绵体"特征的循环系统中。通过下凹式绿地、植被净化群落、生物滞留池、雨水净化利用设施等措施进行初雨治理,解决了城市夏季易涝的问题。如图所示,通过对设计前后的对比可见,这一循环系统能够有效提高片区的排水能力(图 8-21)。

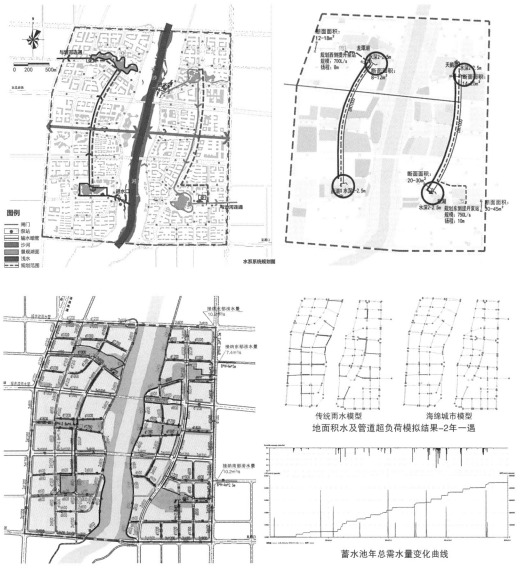

图 8-21

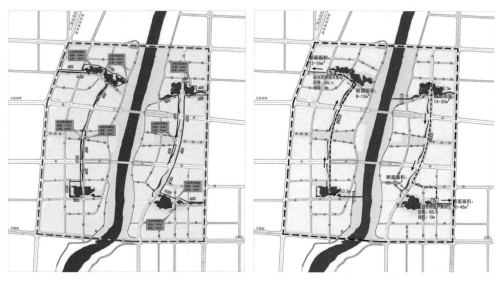

图 8-21　兼具水景观、水资源、水安全、水生态与水环境的水系统规划图
来源:上海同济城市规划设计研究院有限公司.漯河市城乡一体化示范区 D01 编制单元控制性详细规
划及城市设计,2019

关于堤墙问题,城市设计结合场地高程对慢行交通进行立体连通,利用滨水建筑及其屋顶平台拓宽堤顶路,弱化堤路对城河的阻隔。在堤顶高程的景观设计上,运用一体化的设计手法将各种景观活动场地与堤顶路进行合并设置,改变了堤顶路单一的景观效果。如图 8-22,城市设计将原本紫色的堤顶路设计为同为堤顶高程的红色场地,从而弱化了防洪堤对城河的阻隔。

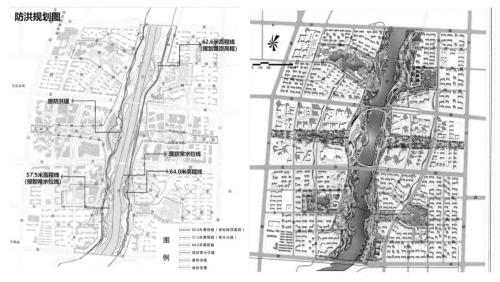

图 8-22　防洪规划与详细景观设计图
来源:同上

8.1.2.2　针对重点地区的精细化设计与二次订单

在重点地区的城市设计上,联合多专业对重点建筑和景观提出详细的设计方案。对于实施性项目,城市设计编制重点应为详细的形态方案表达;对于非实施性项目,城市设计编制重点应为提出要点式的设计要求,作为二次订单,引导后续详细设计中具体开发商和建筑设计师的二次设计。非实施性项目的城市设计只是进行要点落实示范,起到辅助和指导作用,后续详细设计应按照城市设计提出的要点进行再设计,这种方式更为合理和灵活。

以前滩核心区方案为例,对重点地区内的实施性项目需进行详细的平面布局,展开重点建筑各层平面的方案设计和功能业态分布等(图 8-23)。

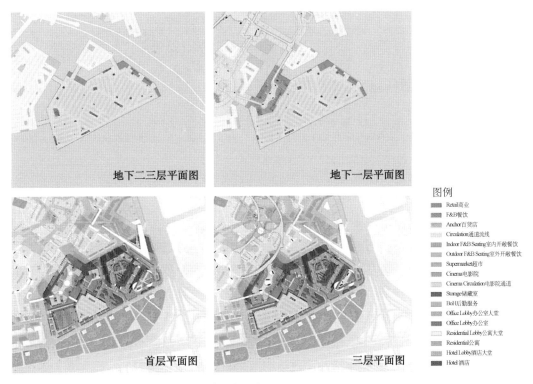

图 8-23　实施类项目的重点地区城市设计深度示意
来源:BENOY.浦东前滩"五星洲际中心"概念方案设计,2012

对于非实施性项目,以宁波中山路樱花公园的景观节点为例。城市设计提出两大设计要点:一是设置步行桥跨河连接周边居住社区与学校,进而向北连通至宁波市体育中心;二是设置便捷的地铁口线性联络景观步道。通过设计要点,明确城市设计的任务和目标,从而指导后续的景观工程方案设计。该项目于 2017 年 4 月完成建设,连通了北岸的步行桥与通往地铁口的赏樱栈道,大批市民和游客纷至沓来。另外,北岸学校主动连通了原本到滨河断头的支路,调整了学校停车与人行空间布局,极大方便了市民的使用(图 8-24)。

图 8-24　重点地区要点式引导的城市设计实践案例示意
来源：上海同济城市规划设计研究院有限公司.宁波市中山路城市设计,2015

8.2　左右关系——协同全域全要素的城市设计思维转变

　　左右关系重点解决同一空间层级中相邻城市、城区、地块彼此衔接的问题。特别是在当前国土空间规划全域统筹考虑的背景下,协同考虑城市群、都市圈、发展廊带、一体化示范区(如粤港澳大湾区、长三角、成渝)之间的空间关系,协同考虑不同城市之间以及城市内部相邻重点片区之间、建设用地与非建设用地之间、相邻地块之间的空间关系。运用城市设计的思维将研究视野放大到全域全要素范围,结合当前空间所产生的实际联系与对未来发展的预判,全方位协调各类空间要素。

8.2.1　跨区域层面

　　跨区域层面,例如长三角生态绿色一体化发展示范区,涉及两省一市层面,面积大,空间层次丰富,城镇建成度高,跨区域交往频繁,生态、生活、生产三生空间矛盾突出,非常需要跳出省市自身局限,从区域一体化发展的全局角度统筹谋划重要战略空间,统筹资源配置,形成具有共识性的设计规则和行动计划,引导各板块与周边地区开展一体化跨界协同与融合发展,避免板块之间的重复布局与无序竞争。

8.2.2 市县域层面

8.2.2.1 城、乡、绿的整合协同

在大西安东轴线城市设计项目中,城市设计不仅涉及高陵、临潼、灞桥、临渭、阎良等几个区之间的衔接,更进一步放大到市域范围内与周边富平县、蓝田县,以及骊山等几个风景名胜区、白鹿塬以及沿线乡村的广泛协同(图8-25)。大西安东轴线整合协调了城市、乡村与生态用地的布局关系,将城乡建设组团与大范围的生态城市建设区进行整体考虑,虚实相生,形成一条有山、有塬、有川、有城的多元融合且虚实相间的轴带(图8-26)。在生态资源协同方面,大西安东轴线叠加各类生态要素以调节城市热岛效应与风环境,保障城市生命体的自主呼吸,在不同区段协调了河流山体与城市组团的关系,既有生态涵养与修复的碧川,又有缝河连河打造的金滩,形成了远山、显山、望山的整体格局。在城乡一体化发展方面,大西安东轴线考虑田园、乡村在功能和产业上的融合,生态和文化要素的整合,结合塬面、塬坡、塬脚的自然生态本底,对景观、村庄、农田三大资源要素进行管控引导,形成组团化的功能板块。总体而言,大西安东轴线实现了城、乡、绿三者相融、三元一体的空间格局(图8-27)。

图 8-25 西安市东轴线研究范围
来源:上海同济城市规划设计研究院有限公司.大西安东轴线城市设计,2019

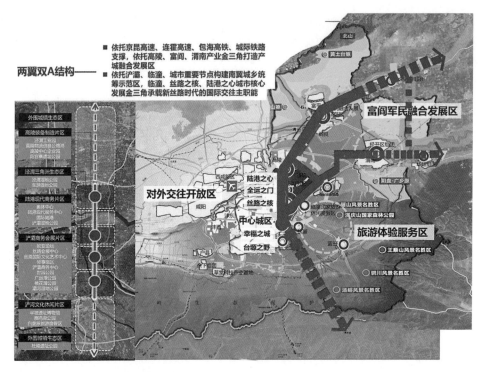

图 8-26　多元融合、虚实相间的轴带模式

来源：上海同济城市规划设计研究院有限公司.大西安东轴线城市设计，2019

图 8-27　山、川、田、塬、城的总体空间格局

来源：同上

8.2.2.2 市级各区之间协同

在市级空间结构上,西安长安国际大学城规划位于科创大走廊与西安城市发展中轴线的交点,作为西安科创大走廊的核心区段,需要与东西两侧的高新区、航天基地等区域进行战略协同,构建产、学、研三位一体的科技创新孵化链,强化西安科技创新联动机制,共同承担起打造西安"创新增长极"的重要职能。此外,大学城所在的长安区位于西安市最南端,南望秦岭,川塬相间,历史上一直是长安城南著名的风景区度假胜地,因此这一片区与南侧文化产业大走廊、秦岭生态旅游带的关系非常紧密,需要与曲江新区、白鹿塬、楼观道文化展示区等文创大走廊战略节点协同,强化文化、文创联动新机制(图8-28)。

本项目城市设计扩展研究范围,提出了具体的协同策略:在城市交通协同方面,对横向联系三个区的主干道、轨道交通线路进行调整、连通,增设区域校际公交专线,支撑大西安科教资源的协同;在功能结构协同方面,通过横向主轴强化与高新和航天城重要服务节点以及各大产业园片区的联系,通过两条纵向主轴和节点紧密联系主城区与高新区的总部与产业服务核心,同时主动对接周边产业功能组团,布局与之相复合的居住与生

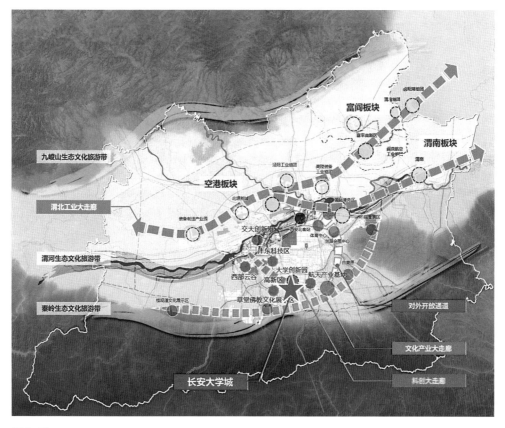

图 8-28

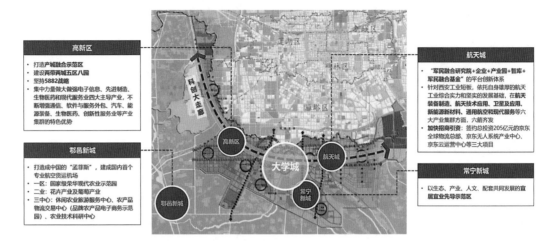

图 8-28　各区之间的战略协同
来源：上海同济城市规划设计研究院有限公司.西安长安国际大学城规划,2019

活服务功能；在产业发展协同方面，中部大学城充分发挥科技创新优势，整合周边高新
与航天两大板块的产业资源，提供强有力的产业支撑，助推大学城成为工业转型的新引
擎、科技创新的知识策源地；在文化资源协同方面，城市设计通过控制开发强度、建设高
度，增设间口率、视线通廊等措施，协调城市天际线与山体关系，保证城市望秦岭的景观
视线达到最大化，并通过慢行系统串联城市文化功能节点，促进文化与城市功能和公共
空间相互融合。

8.3　内外关系——采取差异化、多元化的专项对接与法定化传导

　　城市设计的内外关系解决的是城市设计自身编制内容如何纳入法定化的国土空间规
划体系，以及与相关各专项规划之间如何对接。基于实践项目总结，笔者认为一方面可以
通过城市设计转译方式的创新，将城市设计管控内容纳入国土空间规划；另一方面可以结
合具体问题进行跨界思考，将原本不属于城市设计研究范畴的内容和方法融入城市设计
中，解决实际问题。

8.3.1　城市设计传导机制的创新实践

　　城市设计传导机制的创新应该对接国土空间规划体系，明确城市设计与"五级三类"
国土空间规划相融合的关系构架。在指南要求的基本内容之外，只有结合城市自身特色
与需求做出更为明确与深入的传导，才能确保作为有机生命体的城市得以将其独一无二
的基因传递下去。

8.3.1.1 对接国土空间总体规划

宏观层面的总体城市设计重点对城市总体框架格局和风貌定位进行管控,具体包括战略层面的总体目标定位、规划策略、指标体系等基本内容。以池州项目为例,从城市自身山水资源特性出发,优化发展底盘,构建城市与自然山水相互融合的整体格局框架,对接战略引领、指标约束、城镇开发边界的划定,通过明确统领中心城区的特色空间结构、功能分区与建设用地的空间布局,组织城市公共空间系统、景观风貌系统,将上述关键结构性要素的刚性管控内容纳入国土空间规划的结构控制、分区控制、城市控制线的划定之中,以章节条文、空间管控线或发展指标的形式纳入国土空间总体规划中(图8-29)。

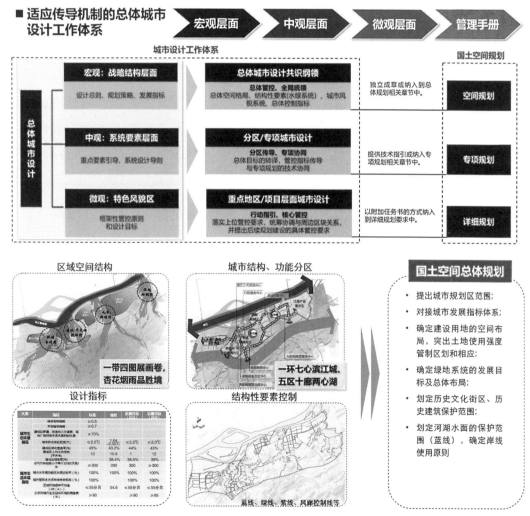

图8-29 分层对接与宏观层面的传导示意
来源:上海同济城市规划设计研究院有限公司.池州市总体城市设计,2020

8.3.1.2　对接专项规划

中观层面城市设计通过系统控制要素与专项规划对接,更加注重自然生态的和谐和对历史人文要素的保护,真正从人文主义和公共利益的角度对空间场所进行营造,激发各类要素的空间活力,为基础性的专项规划提供技术支撑与优化建议,并将设计指导要点纳入国土空间专项规划。例如在池州街道空间设计中,城市设计通过"六道十巷"(六条城市景观大道和十条历史街巷)的特色街道系统彰显城市形象,串联多尺度的城市公共活动空间,并在此基础上丰富与完善五类特色街道的系统分类。从提升街道活力、美化沿街建筑、打造特色节点、协调街道尺度、美化街道景观等方面考虑,建立以建筑界面控制要素与街道空间控制要素的为主的控制体系,对特色街道进行控制引导。根据城市设计形成各类街道的设计要点、管控指标,例如道路断面路权分配模式等,将其在后续专项规划中进行落实与深化,实现城市设计与专项规划的衔接。

8.3.1.3　对接详细规划

微观层面城市设计通过附加任务书和要点管控型两种传导方式,将管控原则和设计目标纳入详细规划要求中(图8-30)。对于实施性项目,尤其是城市新建区域、重要节点区域的城市设计项目,需要通过城市设计对用地布局、空间效果和控制指标进行研究,以

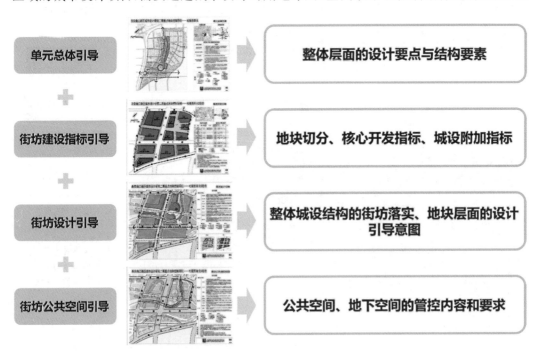

图8-30　管控型和任务书属性的城市设计传导方式
来源:上海同济城市规划设计研究院有限公司.西安曲江新区城市设计研究,2016

附加任务书的形式促进法定规划控规编制和管理实施上的精细化。然而，对于非实施性项目，考虑到后期开发过程中的不确定性，该类项目城市设计的管控目标与修建性详细规划的目标存在较大差异，更加注重灵活性和可操作性，严格的指标转译不仅会加大后续实施管理中的难度，而且会降低设计的多样性和创造性。

在西安曲江非实施性项目中，以"单元总体控制引导"明确整体层面的设计要点、管控原则和空间要素，以"街坊建设指标引导"通过弹性区间的方式为控规提供地块切分和核心开发指标的参考，将空间风貌关系（高度控制、界面控制、视觉感受等）量化为具体指标要点，完成城市设计微观层面的传导。这种传导方式更加重视提炼基本问题、诉求目标、设计难点，以及遵照底线思维表达城市设计对开放空间、场地界面、立体交通、视线廊道、设施环境等系统要素的思考和管控要求。形态方案只是作为城市设计落实的一种示意，由注重"表形"转向注重"表意"。

在漯河起步区实施性项目中，城市设计和控规、海绵专项规划等同步编制，该项目在用地和指标两方面进行城市设计传导（图8-31）。在用地方面，城市设计引入混合用地模式，明确各类功能的混合比例和业态准入清单，促进土地的集约利用；在指标方面，城市设计扩展传统的控规指标体系，例如地块同高率和界面同高率等，进一步强化城市设计的管控要求。

地块编号	用地性质	容积率	用地面积(hm²)	建筑高度(m)	建筑密度	绿地率	地块同高率	界面同高率	界面透空率	界面连续率	年径流总量控制率	雨水资源化利用率	绿色屋顶率	下沉式绿地率	透水铺装率	机动车停车位指标	备注
D010501	RB	2.0	3.71	80	40%	25%	-	E: - S: - W: 40% N: 40%	E: 35% S: - W: 35% N: -	E: - S: - W: 70% N: 70%	78%	33%	15%	35%	20%	商业：1车位/百m²建筑面积 居住：1车位/户	居住≤75%
D010502	G1	0.1	4.95	12	10%	70%	-				95%	-	50%	25%	40%		水面率≥50%，计算绿地率时应先扣除水域面积
D010503	G1	0.1	4.77	12	10%	70%	-				98%	51%	50%	25%	40%	-	水面率≥45%，计算绿地率时应先扣除水域面积
D010504	R2	2.0	2.51	54	30%	33%	60%	E: - S: - W: - N: 60%	35%	60%	78%	39%	10%	25%	20%	1车位/户	可兼容B1
D010505	B1	2.0	0.95	18	40%	25%	-	E: - S: - W: - N:	70%		75%	35%	15%	25%	20%	1车位/百m²建筑面积	-

图8-31 与城市设计、海绵城市结合的控规指标控制体系创新
来源：上海同济城市规划设计研究院有限公司.漯河市城乡一体化示范区D01编制单元控制性详细规划及城市设计，2019

8.3.2 多领域拓展的个性化彰显

结合当前国土空间规划多领域跨专业的规划编制新要求，城市设计需要结合新要求、新理念，采用跨界思维和新技术手段解决项目中的实际问题，与其他各类专项进行有效对接。

8.3.2.1 对接生态修复与国土空间整治专项的城市设计实践

在池州总体城市设计项目中，总体城市设计与生态学相结合，通过完善生态安全格局，优化城市生态空间的保护与利用，切实将自然生态、环境质量等与生态相关的内容纳

入城市设计实践中。

　　总体城市设计通过生态敏感度分析、生态干扰度分析、全域综合生态风险评价和全域建设适宜性评价,对规划区域内的生态安全格局进行评估。在此基础上,构建了 10 条连通绿心和区域生态廊道的城市绿廊,细化了城市蓝绿网络,进一步完善、联通和修补生态安全格局,引导各类用地的有序布局(图 8-32)。

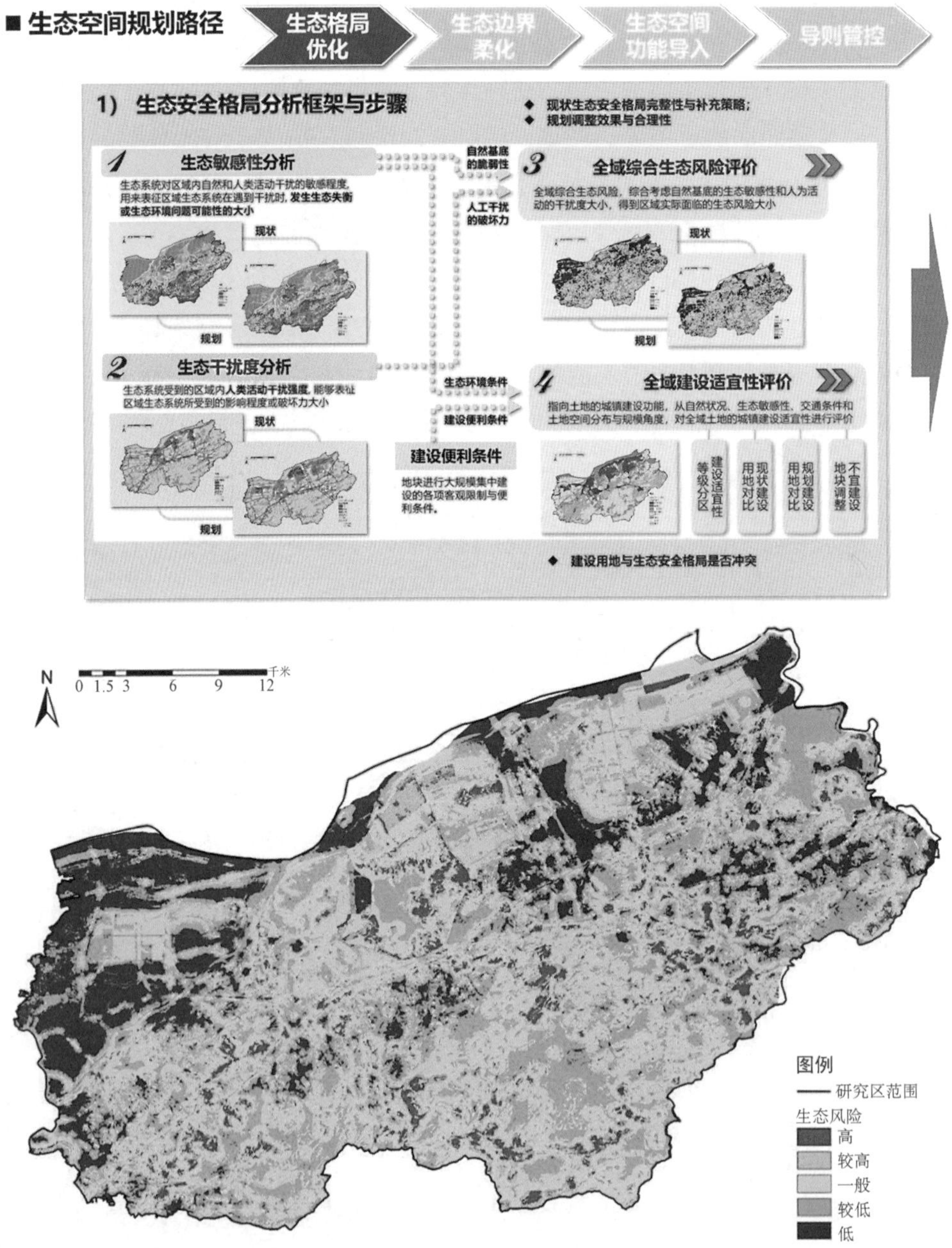

规划生态风险评价结果

图 8-32

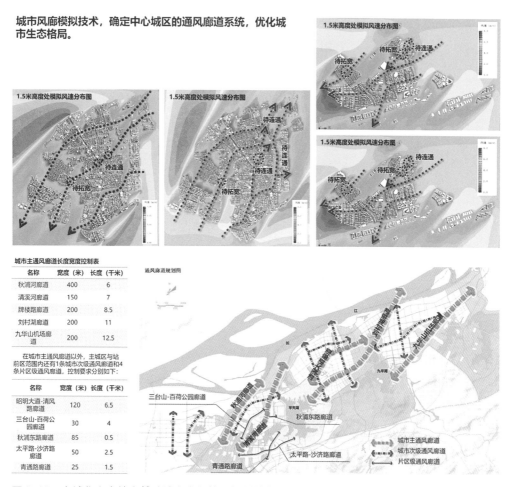

图 8-32　全域化生态技术辅助城市空间格局规划的实践案例
来源：上海同济城市规划设计研究院有限公司.池州市总体城市设计,2020

8.3.2.2　对接生态绿地系统专项的城市设计实践

在长安区公园城市项目中,片区城市设计与公园城市的专项是同步编制的,本次公园城市的设计思路注重现状问题和目标导向,从长安区实际建设与管理需求出发,借鉴相关专项规划技术标准制订本次规划的成果内容,重点从内容体系和指标体系两方面进行创新。

1）规划内容的对接与差异

城市设计借鉴《城市绿地系统规划编制纲要（试行）》的内容要求,结合公园城市的内涵特征,进行内容体系的搭建。例如延续并突破了公园分类的标准,重点从市民感知的角度出发对公园进行分类,将城市公园分为综合公园、社区公园、带状公园、街旁绿地、口袋公园、社区邻里联络通道和屋顶花园七类（图 8-33）。具体来说,增加了带状公园（宽度大于 12 米）和街旁绿地（不大于 12 米）的类型;细分了与市民实际使用中关系紧密的附属绿地,增加了口袋公园、社区邻里联络通道两种类型;从立体绿化的角度出发,增加了附属于建筑的屋顶花园类别,并对城市设计各类公园提出引导要求。

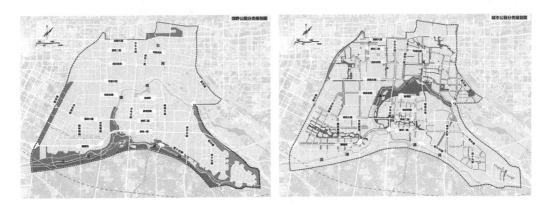

图 8-33 从市民感知角度的公园分类细化
来源:上海同济城市规划设计研究院有限公司.西安市长安区公园城市规划设计,2020

2)指标体系创新

对国内外相关指标体系的研究认为,国内相关标准的指标侧重绿化面积与比例——反映"量"的指标选项,缺少绿化质量方面——反映"质"的指标。因此,城市设计借鉴国外相关标准与经验,从生态环境、绿化体系、品质生活、城市魅力四个维度量身定做长安区公园城市"量"+"质"的指标体系,构建"目标-指标-策略"的体系框架,增强规划的可实施、可监测性,具体增加了人均可享绿地面积、绿视率、城市绿化覆盖率、公园接入绿道的连通率、休闲生活方式多样性指数、智能化公园个数占比等反映绿化空间质量的指标体系(图 8-34)。

指标体系构建

在国家生态城市、国家园林城市等七类指标及陕西省生态文明建设示范区指标的基础上,参照《陕西省生态文明建设示范区指标》,从使用者实际体验角度出发增加反映绿化品质的指标——即"质"的指标。

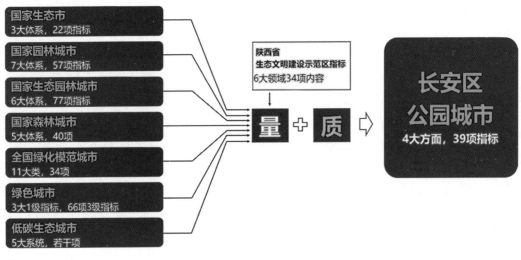

图 8-34

量身定做长安区公园城市"量"+"质"的指标体系

维度		指标	指标数值	相关规范标准要求
生态环境 碧水蓝天、城 野交融的生态 环境	1	三生空间面积占比关系	划定并遵守	划定并遵守 (省生态示范区)
	2	永久基本农田面积占比		
	3	城市开发边界占比		
	4	生态保护红线占比		
	5	地表水优良率	80%	80%(省生态示范区)
	6	优良空气天数比例	80%	80%(省生态示范区)
绿化体系 点网繁布、触 手可及的绿化 体系	7	全类型公园面积占比	15%	-
	8	人均公园绿地面积(m²/人)	12	10-12(生态园林城市)
	9	人均可享绿地面积(m²/人)	15	-
	10	城市绿地率	35%	35(生态园林城市)
	11	城市绿化覆盖度	40%	40(生态园林城市)
	12	绿道线网密度(km/km²)	1.2	-
	13	公园接入绿道的连通率	95%	-
	14	公共空间绿视率	20%	-
	15	公园500米半径覆盖率	95%	90
	16	新建公共建筑屋顶绿化率	30%	-
	17	自然驳岸比例	80%	-
	18	本土植物指数	0.8	0.8(生态园林城市)
	19	绿化中乔木、灌木占比	60%	-

维度		指标	指标数值	相关规范标准要求
品质生活 高效便捷、低 碳绿色的品质 生活	20	绿色交通分担率	60%	50(省生态示范区)
	21	轨道交通分担率	30%	
	22	公交站点500米半径覆盖率	100%	90(综合交通体系规 划标准)
	23	15分钟公共服务设施覆盖率	95%	-
	24	雨水资源化利用率	10%	
	25	污水再生利用率	30%	
	26	垃圾无害化处理率	90%	85(省生态示范区)
	27	海绵城市建设覆盖率	50%	
	28	年径流总量控制	70%	
	29	避难场所500米覆盖率	100%	
	30	新建社区中绿色社区占比	80%	
城市魅力 开放包容、活 力四射的城市 魅力	31	休闲生活方式多样性指数	80%	
	32	社区15分钟健身圈覆盖率	100%	
	33	智能化公园个数占比	80	
	34	文化设施数量(个)	50	
	35	举办国际化会议次数(次)	10	
	36	城市小品雕塑密度(座/万人)	1	
	37	新建建筑中绿色建筑比例	25%	25(省生态示范区)
	38	公众对生态文明建设的满意度	80%	75(省生态示范区)
	39	公众对社区文化活动满意度	80%	

　　人均可享绿地面积指标的提出,在城乡一体化的背景下,郊野公园、生态田园等非建设用地,在实际使用中能够起到城市公园功能有益补充,满足当代人对生态环境多元需求的用地类型也应纳入指标评价体系。即:将E9类的森林公园、生态绿地等市民可享,但被传统规则忽略的绿化纳入指标评价体系。

图8-34　关注"质"的指标体系创新
来源:上海同济城市规划设计研究院有限公司.西安市长安区公园城市规划设计,2020

　　笔者认为,城市设计对既有专项规划的内容拓展和深化极具必要性,将城市设计的成果直接纳入专项进行法定化也更利于后续的管控操作。

8.3.2.3　对接历史文化保护专项的城市设计实践

　　在池州项目中,总体城市设计从品质化、人本化的视角,复兴城市中的文化空间,重塑池州以人的体验为主的城市公共空间体系。同时,利用无人机全息采集建模技术的空间分析方法,引导城市传统文化空间的传承与复兴,建立池州特有的文化空间系统。

总体城市设计在梳理城市文保单位(文物保护单位)和重要历史遗存的基础上,结合周边用地及开放空间确定了城市中 10 处重要的文化空间,并融合池州的非物质文化遗产形成诗歌文化、酒文化、徽派文化、长江文化、佛教文化等文化主题,衍生新的文化产业,构建展示池州城市文化的空间序列。

针对每一类文化主题和文化空间提出发展构想、功能策划、空间引导,并落实到重点地区的设计管控要求中,引导城市双修工作,同时也进一步推动池州历史街区的划定和申报工作。

此外,城市文化空间体系充分考虑水系对于池州城市公共开放空间的重要作用,依托城市内的重要水脉,以水为媒,打造不同主题的文化脉络,串联起沿岸的城市文化空间。

结合对城市街巷空间、慢行空间、城市公共活动空间的修补与重塑,在陆上文化空间和水上文化空间的基础上,总体城市设计进一步提出打造池州诗境之路,构建陆上感知游线和水上感知游线,以线性公共空间的串联让池州成为人可慢行其中并被细细品味的城市(图 8-35)。

图 8-35

■ 虚实交织的两条线索挖掘 池州人文空间

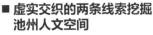

| 文化 "实" 空间 | 文化 "虚" 空间 | 重点地区 导引 | 城市感知 系统 |

以池州诗歌为线索构筑城市文化"虚"空间

文化主题	规划策略
诗	以村落传统民居为主要建筑风格，置延杏花村这一核心意象，营造村自然景观风貌；再结乡村生产生活场景和民俗活动，结合特色民宿、非遗体验和文化娱乐活动，打造杏花村特色 境文化休闲度假区
戏	以傩戏非遗文化与青阳腔、傩仪、傩舞等民间戏曲文化为核心，形成完整展示池州戏文化的空间。可以沉浸式、开放式演出的形式让观众直接了解地方戏曲的台前幕后，也可以傩唱等方式加深体验。同时对舒张戏曲文化开发文化创意产品，使其更加亲民
佛	以三合山—铁佛禅寺和金地藏两个传佛寺为核心，通过在铁佛禅寺周边引入佛学科普、禅修研习、民间手工制作、民俗节庆、纪念品购物等文化项目，形成人气集中的禅学街巷和尺度宜人的商业街区
茶	以国润祁红茶厂为核心，延续老厂房与传统工艺的记忆，在周边配套种植、休闲、交流和消费空间，打造以茶文化科普、体验为核心的"种茶-采茶-制茶-品茶-茶产品"完整茶文化创意园区，形成"活的"茶文化博物馆
酒	以"杜牧酒素"为文化内涵，杏花村十二景之一"黄公酒垆"为主要载体，结合杏花村古井与杏花村酒文化圈展示池州诗酒相辅的品酒文化，同时增加酿造、窖藏等制作过程，结合周边厂房改造，加入酒事、主题购物，形成完整的黄公酒文化产业
风	将老城南部孝贵街区及周边地块中散布的历史古迹通过流线进行串联，在建筑风貌上发扬傩派木雕文化，引入非遗技艺展示学习、传统手工艺制作、开发面具、木雕、拓版等非遗文化与传统手工艺体验区，形成"展示-学习-交流-文创"一体的非遗文化与传统手工艺体验街区
文	在老城北部文庙及周边地块中整合小尺度建筑，构建特色院落空间，以传统国学文化为核心、借鉴"书店+"模式，形成集阅读、咖啡、艺术、文创、手作、手信、零售、民宿于一体的城市新型书院
纸	以西庙解厄泉旧址为核心，结合池州白麻纸的造纸历史，打造"诗文养心—手工造纸—刻版印刷"的文化体验区，在恢复传统技艺展示的同时，增加造纸、捡碼、印刷等手工体验项目
渡	利用场地原有的老码头、闲置工业厂房，引入新的娱乐休闲功能，联动周边的生态、商业等用地，配套影院、展览、酒吧、餐厅、露天演出场地等休闲消费场所，打造商业娱乐新地标

杜坞渔歌　　　游船渡口　　　登岛望华

■ 虚实交织的两条线索挖掘 池州人文空间

| 文化 "实" 空间 | 文化 "虚" 空间 | 重点地区 导引 | 城市感知 系统 |

重点地区导引指引城市"双修"工作

茶

以国润祁红茶厂为核心，延续老厂房及传统工艺的记忆，在周边配套种植、休闲、交流和消费空间，打造以茶文化科普、体验为核心的"种茶-采茶-制茶-品茶-茶产品"完整茶文化创意园区，形成"活的"茶文化博物馆

- ◆ 利用池口镇老建筑、旧厂房，与周边区域共同塑造茶文化主题
- ◆ 肉眼可见的历史：手工制茶技艺、茶厂木栈与木质组装生产线
- ◆ 与自然的互动：茶园种茶与采茶
- ◆ 可参与的体验：手工制茶、茶道学习
- ◆ 有趣的科普与宜人的环境
- ◆ 衍生创意产品

案例：济州岛雪绿茶博物馆

济州岛绿茶博物馆对茶的历史、传播、种类、制作进行了全面展示，还有各种绿茶相关的衍生产品，如茶叶、茶杯、茶食品、伴手礼等。博物馆**美丽的环境、有趣的创意装饰和旁边可以亲自采摘茶叶的茶园**都为游客提供了良好的游览体验。

雕塑与茶园

绿茶衍生产品

绿茶衍生

渡

利用场地原有的老码头、废弃工业厂房，进行建筑改造，引入新的娱乐休闲功能，联动周边的生态、商业等用地，配套影院、展览、酒吧、餐厅、露天演出场地等休闲消费场所，打造商业娱乐新地标

- ◆ 工业遗留建筑的功能更新
- ◆ 丰富的户外公共空间
- ◆ 引入艺术展览、大型表演等公共艺术活动
- ◆ 完整的休闲娱乐服务功能

保留工业遗址

工业风格设施

图 8-35

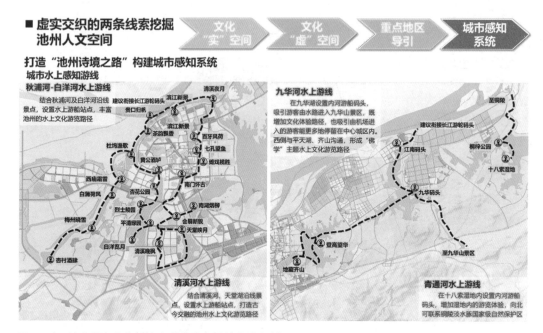

图 8-35   结合历史文化保护专项的城市设计实践案例
来源：上海同济城市规划设计研究院有限公司.池州市总体城市设计,2020

8.3.2.4   对接健康城市规划的城市设计实践

以曲靖市中心城区南片区控制性详细规划与城市设计项目为例。由于南片区位于曲靖市上风上水的南部区域,周边山水生态环境良好,计划布局一系列健康休闲产业项目,同时将其作为中心城区功能拓展的城市新区。由于受城市煤炭等能源产业发展以及长久以来人们生活习俗的影响,曲靖市某些相关特定类型的疾病发病率较高,成为城市在健康方面亟须改善的典型案例,为此城市设计针对曲靖这一特殊的健康问题,在新城区的打造中引入了健康城区规划的新理念,以健康城区的规划要求为指引,开展整体层面和启动区两个空间尺度的研究,着重对既有的健康问题予以改善和提升,成为推动曲靖向健康转型的新尝试与示范(图 8-36)。

在城区整体层面,城市设计分别针对现状和现有规划设计方案进行健康影响评估,包括健康风险和健康资源分析,通过对污染源、风环境、日照环境的模拟分析,进行综合风险评估,基于评估结论对城市设计方案提出优化建议。在日常健康和疫情防控两个方面提出健康城区建设构想,形成控制性详细规划通用导则。在启动区层面,聚焦健康社区,以15 分钟健康社区生活圈为空间载体,结合启动区的具体城市设计方案,提出设计优化建议;考虑日常健康和疫情应急两个方面的设施配置,提出控制性详细规划的具体指标和导则,并建立分步实施-目标指标的管控体系。

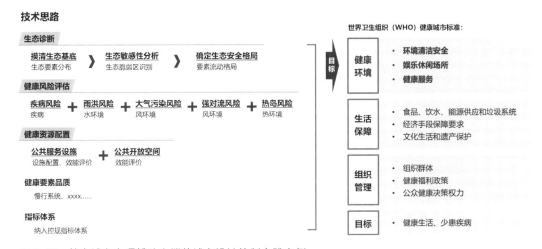

图 8-36　健康城市专项辅助支撑的城市设计编制实践案例
来源:上海同济城市规划设计研究院有限公司.曲靖中心城区南片区控制性详细规划和城市设计,2021

8.3.2.5　对接产业专项规划的城市设计实践

面对城市发展、规划建设中的重要领域,城市设计需要转变角色,更多以产业策划、制度设计等拓展方向来支撑与引导空间设计。

以西安长安国际大学城项目为例。市政府迫切希望能够切实理清现状发展中的问题,瞄准发展趋势,抓住当前大西安战略升级建设国家中心城市的机遇,明确该怎么发展,发展哪些产业,怎么分步骤实现阶段目标,体制机制怎么相应地去改进和运作等问题。针对上述诉求,城市设计联合专业的产业团队进行产业专题研究与策划,和空间设计相互支撑、对接,将国际大学城真正落实下来。首先,基于现状详细分析,提出大学城作为产业集群知识服务中枢的发展定位和科研科创的发展路径,完成从关注科技创新发展的孵化到聚焦新兴产业培育,再到完善各项金融、信息与专业服务集成的转变。其次,基于产业策划进行科技创新产业集群规划,明确产业发展模式、产业板块与重点项目体系,并提出详细的产业运营计划,确立开发与实施策略框架,结合分阶段的发展目标进行顶层设计,明确总体建设方案,制订重大项目推进路线图。再次,对大学城领导机制、组织架构与职责提出建议,对大学城申报省级和国家级重点专项试点做出具体路径规划,对开发模式与科技创新平台搭建策略、招商引资策略、城市配套体系策略提出建议。最后,采取"规划引导控制""土地租售策略"和"争端协调机制"规范开发建设,打造"开放型"城内片区发展模式,建立产、学、研资金支持机制,建立与各阶段发展目标相对应的项目阶段性指标测算,包括经济类指标、创新创业投入指标、创新创业能力指标等,便于实时评估工作绩效与建设发展成效。

上述产业规划内容较好地支撑了城市设计的空间布局,促进了对于城市交流空间的特色营造(图 8-37)。此外,结合产业对各高校优势专业的分析,规划建议将相关的研发功能进行外置化,在高校周边设置城市级的创新孵化服务中心,推动产、学、研机制的建立。

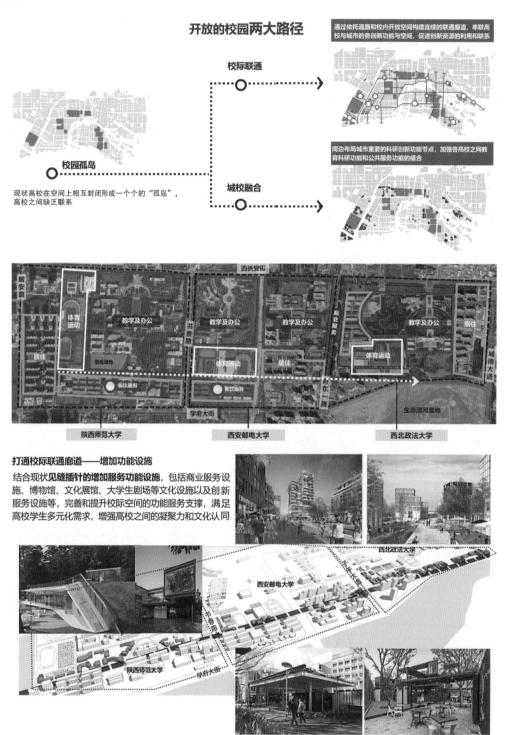

图 8-37

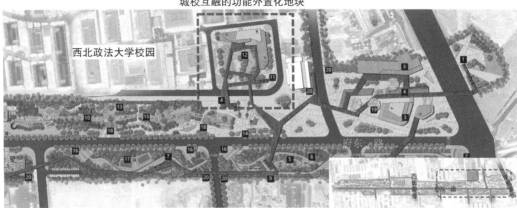

图 8-37 产业专项支撑的精细化空间设计实践案例
来源:上海同济城市规划设计研究院有限公司.西安长安国际大学城规划,2019

8.3.2.6 对接道路工程规划的城市设计实践

楚雄总体城市设计与道路交通专项规划同步编制。楚雄市的现状核心问题表现为现状中心城区空间不断拉大,居住用地向外扩展,公共服务设施却相对集中,城市职住分离强度不断加剧,道路系统内不规则十字交叉口多,路网连通性差、断头路多,道路存在结构性、系统性缺陷。楚雄虽为中小城市的规模,但却有着大城市的交通运行特征:高峰期间核心区(老城区)拥堵严重,由此导致了城市内部空间的混乱。对此,项目团队提出了四个方面的设计策略。

1）交通需求预测辅助城市功能布局调整

综合交通规划依据城市人口、岗位的分布和出行交通量的预测，通过交通需求分析，模拟不同情景条件下的路网运行状态，对楚雄老城核心区进行功能疏解（图 8-38）。总体城市设计调整了城市的功能布局，并进一步提出未来城市交通重要吸引点（由公共节点和交通枢纽复合形成）的布局方案。结合吸引点布局，划定客流交通走廊和公共交通线路，从而使城市空间的布局与发展更加合理、有序（图 8-39）。

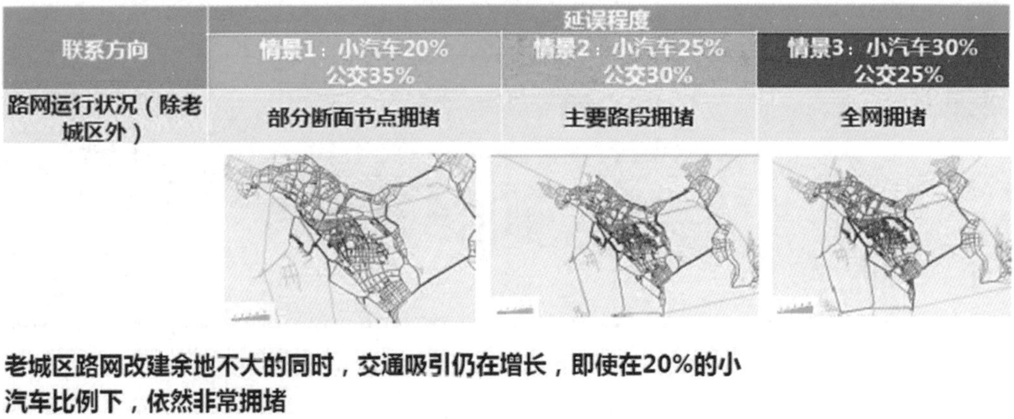

联系方向
延误程度
情景1：小汽车20% 公交35%
情景2：小汽车25% 公交30%
情景3：小汽车30% 公交25%
路网运行状况（除老城区外）
部分断面节点拥堵
主要路段拥堵
全网拥堵
老城区路网改建余地不大的同时，交通吸引仍在增长，即使在20%的小汽车比例下，依然非常拥堵

图 8-38　不同情景条件下的路网运行状态模拟图

来源：上海同济城市规划设计研究院有限公司.楚雄市总体城市设计，2017

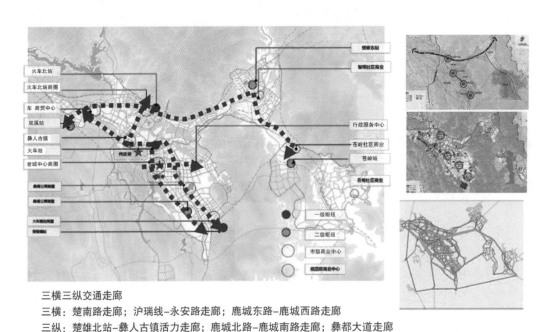

火车北站
火车北站商圈
东 商贸中心
双溪站
彝人古镇
火车站
老城中心商圈
行政服务中心
苍岭社区商业
苍岭站
一级枢纽
二级枢纽
市级商业中心
三横三纵交通走廊
三横：楚南路走廊；沪瑞线-永安路走廊；鹿城东路-鹿城西路走廊
三纵：楚雄北站-彝人古镇活力走廊；鹿城北路-鹿城南路走廊；彝都大道走廊

图 8-39　重要吸引点及交通走廊分析

来源：同上

2）路网调整促进城市更新

综合交通规划针对老城的交通问题，提出楚雄老城区路网组织模式的改造策略，解决老城交通拥堵的问题，明确道路交通组织流线，为街巷贯通策略和特色街道引导提供可行性依据（图 8-40）。

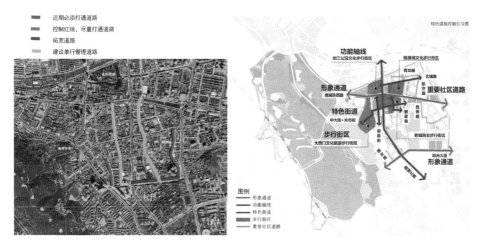

图 8-40　基于路网组织模式改造的城市特色街道系统设计

来源：上海同济城市规划设计研究院有限公司.楚雄市总体城市设计，2017

3）结合开放空间系统，布局慢行网络

基于宜居城市建设的目标，综合交通规划结合城市开放空间，合理布局城市的步行和自行车交通系统网络，形成休闲网、商业网、文化网、通勤网的"四网"布局，并串联城市重要公共空间的城市绿道，打造完善的城市慢行系统（图 8-41）。

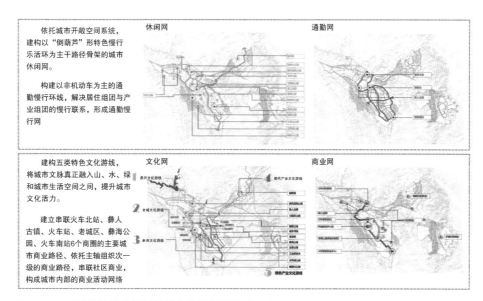

图 8-41　匹配慢行系统规划的城市设计四网绿道方案

来源：同上

4）交通先行引领城市建设,促进资源调控和优化配置

总体城市设计提出了"由线及点、由点及面"的开发方式,在城市近、中、远和远景四期开发时序中,与综合交通规划相衔接,每期建设均先明确道路建设的内容,并由此扩展到周边重要吸引点及区域,以保证城市建设的有序开展(图 8-42)。

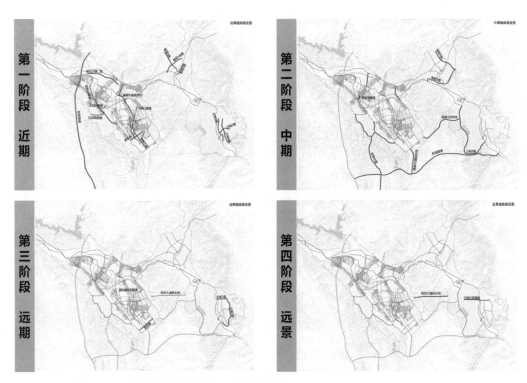

图 8-42　道路交通建设时序安排支撑城市设计分期实施
来源:上海同济城市规划设计研究院有限公司.楚雄市总体城市设计,2017

8.3.2.7　对接建筑整治改造专项的城市设计实践

在中山路城市设计项目中,城市设计对建筑整治进行了整体引导,通过现状建筑分类评估,提出建筑风貌、色彩、夜景、广告等系统的引导措施,并对每栋建筑的整治更新提出要点型引导措施,为后续建设实施提供依据。目前,沿线 180 余幢建筑立面已完成设计、更新,规范了广告、店招及立面外置设施,城市更新得到了积极推进,体现出城市设计与导则对建设的有效指导(图 8-43)。

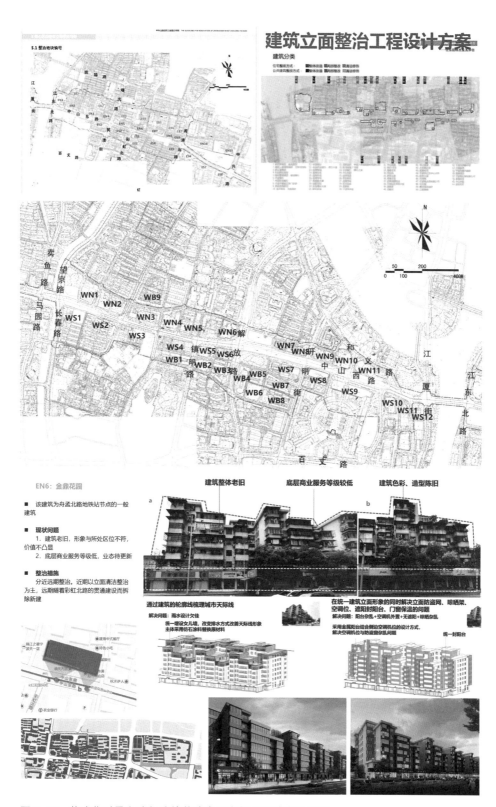

图 8-43　范式化引导方式与建筑整治专项良好对接的实践案例
来源：上海同济城市规划设计研究院有限公司.宁波市中山路综合整治工程(机场路至世纪大道),2018

8.4 前后关系——创新全过程、长效化的陪伴式规划服务模式

对应时间维度的前后关系而言,城市设计需考虑此前编制的规划与后面的规划如何衔接才能有效保证整体系统性内容的有效传递,结合管理建设中对问题的有效修正,形成城市设计自身的全过程编制闭环。传统城市设计更多以蓝图式的目标管理为主,缺乏过程参与与把控,难免会导致在具体建设中由于单个地块的具体开发偏离而破坏原本城市设计的整体性结构,导致城市设计成果难以管控和落实。对此,笔者认为可以尝试在项目结束后以陪伴式规划、在地服务、项目总规划师等多种形式构建成熟、全过程、长效化跟踪服务的新模式。

8.4.1 城市设计全过程编制闭环

城市设计作为有效的空间管控工具,不仅出现在建设之初,用来抓前端、治未病,随着近年来城市建设出现的问题,以及当前国土空间规划提出建立定期体检评估制度的要求,人们开始认识到城市设计对于建设动态评估维护的重要性。通过城市设计的评估体检及时厘清和发现问题所在,提出有效的改造提升方案,可以避免后续城市建设的重蹈覆辙,体现出城市设计抓末端,治已病,抓根源,防再病的多重功效。

例如很多城市普遍存在老城堵、乱的问题。在很多情况下,城市最堵的往往并非老城,反而是新修的大马路——为了展示城市形象,城市级的大医院、优质学校统统布局于这些主干道的沿路地块。此外,为解决道路拥堵问题而新建大型停车场的作法,由于停车方便吸引了更大的交通流量,反而加剧了道路拥堵。上述情况所反映出来的问题说明了城市设计编制后定期进行体检评估的重要性。

以西安市曲江新区为例。建设中虽然取得了很大的建设成就,但仍然出现了一些问题,例如沿三环界面的视觉效果不好,重要视点如大雁塔等的瞭望视面效果不佳等。在没有先例可循的情况下,项目团队首先从城市设计视角出发全面建立了评估体系,在评估体系构建、技术方法等方面都进行了很多有益的探索,为当前城市体检评估中引入城市设计的思维提供了有益的经验借鉴。

建设评估从目标定位、规划系统和城市意象三大方面展开,重视实施过程和建设成效的综合考量,全面分析规划—建设—管理各环节影响,从宏观的规划目标结构、中观的系统指标、微观的环境细节各方面予以主、客观评判。

以三环界面为例进行说明(图8-44)。三环正好是曲江一期重要的形象展示界面,由于一期建设中存在的问题导致一直以来省市政府及公众都对界面效果不甚满意。为此,在曲江的城市设计评估中,一个重要任务就是查找和解决三环界面效果不佳的问题所在。

典型案例分析——三环界面

问题总结

　　三环沿线界面视觉感受欠佳的路段主要分布于南段的雁塔南路至新开门南路之间，以及北段的西影路至城墙遗址公园区段

　　问题主要集中在以下两方面：

　　1）控规层面用地及指标控制问题：由用地类别、街坊尺度与控制指标导致的整体空间成效欠佳，视觉效果较为单一、拥堵，丰富性不足

　　2）城市设计层面的形态及风貌引导问题：由建筑退界、布局方式、平面形式、建筑面宽因素导致的建筑组群间彼此协调度不够，整体视觉效果较为单一、压抑，缺少必要的透空与节奏变化；由建筑色彩与风格因素导致的视觉效果雷同、丰富性不足问题

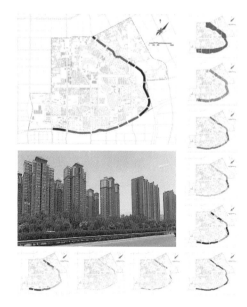

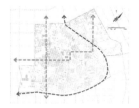

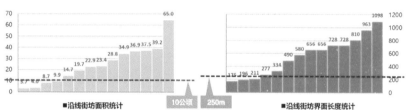

图 8-44　城市设计评估体检的实践案例

来源：上海同济城市规划设计研究院有限公司.西安曲江新区城市设计研究,2016

（1）控规层面用地及指标控制问题：由用地类别、街坊尺度与控制指标导致的整体空间成效欠佳，视觉效果较为单一、拥堵，丰富性不足。

（2）城市设计层面的形态及风貌引导问题：由建筑退界、布局方式、平面形式、建筑面宽因素导致的建筑组群间彼此协调度不够，整体视觉效果较为单一、压抑，缺少必要的透空与节奏变化；由建筑色彩与风格因素导致的视觉效果雷同、丰富性不足。

三环只是本次城市设计评估中的一个典型案例，除此之外，城市设计评估系统性地从多环节、多角度、多尺度指出了曲江过往的建设问题，并对应提出应对思路和建议措施（图8-45），为二期开发的城市设计工作指明了方向。通过二期城市设计具体阐释了如何进行更为有效的管控引导，从而构建城市设计治未病—治已病—防再病的自身闭环。

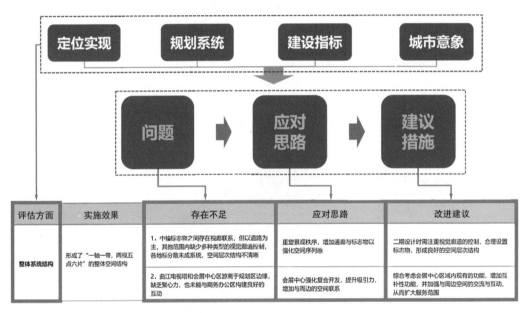

图8-45　城市设计评估体检的技术思路
来源：上海同济城市规划设计研究院有限公司.西安曲江新区城市设计研究，2016

8.4.2　规划编制—管理—实施的全过程服务

当前城市设计项目更多侧重于从项目服务转向平台服务，不以成果提交合同完成为结束，而是在后续规划管理与建设实施的过程中，应对实施项目多工种配合的复杂性，进行地块开发建设的二次设计方案的技术把关，全流程深入地方规划建设的工作中，确保城市设计想法的实施落地。在项目实践中，个性化的规划由于非标准化的创新做法，在落实过程中更容易遇到各种困难，需对现行管理方式内容等进行相应调整，这对规划管理者也提出了更高的要求，需要管理人员不断提高自身的管理能力，改进方式方法，在项目后续规划管理与建设中，提供持续的各种在地服务。在经验借鉴方面，提供国内外相关案例的解决思路作为参考,提供考察学习案例,提出管理方式方法和城市技术管理规定的改进建议。在项目审查方面,由项目负责人担任驻地规划师,负责后续具体地块开发的设计引导和技术把关,保证地块设计符合整体要求,更好地辅助政府决策与管控。在专业技术培训方面,依托高校的设计单位、多学科支撑与产学研优势,构建针对专业管理人员的技术培训、人才实训,组织学术和行业论坛、国内国际会议,提供政府招投标、公众参与、政策研究等方面的专家咨询服务(图8-46)。

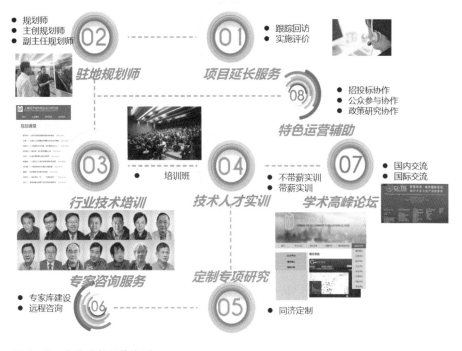

图8-46　在地服务工作类型
来源:上海同济城市规划设计研究院有限公司

　　以漯河市一体化示范区启动区城市设计及控制性详细规划为例。在城市设计及控规编制完成后,以市政府主导确立了由规划行政主管部门、示范区管委会、同济规划院三方合作的管控机制,从制度上保证了后续全过程设计管理的落实。同时,由市政府与同济规划院签订战略合作框架协议、实践研究基地框架协议等的一揽子协议,将重点区域、重要街区项目列为必须实行城市设计专家决策制度的管控类别。该类项目规划需由总工领衔,实行专案责任制的"总规划师"把关控制,建立规划设计项目报建前置辅导制,由上位规划编制单位对后续方案提供设计咨询,负责把握后续详细设计过程中除容积率之外的其他指标的弹性调整工作。如此可避免由资本追求利益最大化而导致对城市整体环境建设的忽视,避免因此导致在建设方案审批过程中,因为方案不符合要求而反复修改的局面。通过增设专家把关环节,增加上位规划与下一层级规划设计之间的对接与沟通,由专家针对具体问题提出修改方向与建议,供管理部门参考。修改后的方案经专家讨论认可后方可进行后续审批管理手续的办理,以此确保详细设计满足上位规划整体的设计意图。在漯河项目的后续操作中验证了这一环节对于城市开发管理的重要作用,取得了较好的实施效果。

如在规划范围中央绿轴南侧、滨河重点区——昌建总部港地块的修建性详细设计中,通过城市设计团队与规划行政主管部门、示范区管委会三方的共同介入,以城市设计团队为主对详规设计进行的前置辅导与全过程建议引导的方式,将原本体现开发商意图的别墅区转变为产业办公园区,从地块功能到整体形态、空间、风貌等均较为全面地落实了城市设计的管控意图,取得了较好的社会与经济效益(图8-47)。

以别墅区为主的原方案   转变为产业办公园区的修改方案

图 8-47　详规方案的总规划师技术把关实践案例
来源:上海同设建筑设计院有限公司.漯河市昌建总部港地块修建性详细设计,2018

8.5　结语

在国土空间规划的变革期,伴随各类新技术、新领域、新问题的出现,城市设计实践也进入系统化、开放化、精细化与全周期化的自我进化与完善过程。基于这样的发展趋势,本文以规划编制一线工作中所接触到的实际案例,探索相应的城市设计思维的应用,希望能够较全面地体现出当前城市设计工作的价值。更多相关项目的实践,更为全面与深入地进行城市设计思维应用的多维度分析与研究,将为城市设计编制与城市管理工作带来更多的启发和思考,从而为城市经济的高质量发展、城市环境的高品质提升、城市活力的高复合繁荣创造更多的可能性。

参考文献

[1] 段进.关于《国土空间规划城市设计指南》编制工作的几点思考[EB/OL]. 清华同衡规划播报,[2020-08-12]. https://mp.weixin.qq.com/s/WJYm8mgcrwdg4YckiAMnuQ.

[2] 李汶,徐刚.将城市设计贯穿于市级国土空间总体规划全过程——市级国土空间总体规划城市设计解读[EB/OL]. 中国国土空间规划,[2020-11-02]. https://mp.weixin.qq.com/s/xd9WAdW92XigdKgPtI_CXA.

[3] 王凯.以"制"提"质"——加强城市设计制度建设,保障城市空间品质提升[EB/OL]. 新土地规划人,[2020-10-29]. https://mp.weixin.qq.com/s/fO62KNpYyAbEYoyQx61OSA.

9 城市风貌规划

戴慎志*

9.1 城市风貌现状与相关概念

9.1.1 城市风貌现状问题

9.1.1.1 城市风貌特色缺失

我国城市化的快速发展促使了城市风貌的巨变。城市化与全球化犹如双刃剑,在带来进步与发展的同时,也使城市建设在某些方面陷入窘境。科技进步和工业化生产使得"国际式"的建筑风格成为快速城市建设中最好套用和照搬的形式。《北京宪章》指出,20世纪是一个"大发展"和"大破坏"的时代,"建设性破坏"在城市开发过程中屡见不鲜。历史形成的空间形态,由于城市产业结构的变迁、功能结构的调整等发生了剧烈的变化,大量的历史街区和历史保护建筑被推倒、拆除,城市肌理被破坏,场所的人文情趣和亲切感丧失,而新建建筑特色性不够,导致走遍大江南北,所到之处几乎都是如出一辙的高楼大厦和风格、形式相似的标志性建筑、城市广场、雕塑以及雷同的仿古街等城市景观,"南方、北方一个样,大城、小城一个样",甚至"国内、国外一个样"。"千城一面"的现象严重,城市风貌特色逐渐消逝。

9.1.1.2 城市风貌关注度

一方面,年代越久,许多建筑发生老化、外观破损等现象,影响城市风貌,亟须进行整修改造;另一方面,城市建设规模越来越大,随着城市建筑密度加大、建筑高度增高,新建建设项目风貌引导与控制亟须理论指导。随着时代的进步,人们已不满足于对城市单纯功能性的要求,逐渐对城市文化、城市特色、空间环境、城市审美等提出了更高的要求,城市风貌越来越引起政府和市民的关注。许多城市编制了城市风貌规划,或制定了城市风貌整治行动规划和城市风貌管理条例等。

* 戴慎志,同济大学建筑与城市规划学院教授,中国城市规划学会工程规划学术委员会副主任委员,城市安全与防灾规划学术委员会副主任委员。邮箱:szdai2606@126.com。

9.1.1.3 城市风貌规划与管理的需求

我国城市规划管理部门对城市建设进行规划管理的主要依据是控制性详细规划(以下简称控规),控规所使用的表达方式主要是以二维平面表达的图则和数字化控制指标体系(规划管理人员据此作为规划设计条件,对建设用地与建设工程进行管理),因而涉及建筑的组群关系、外部空间的形体、景观与艺术处理等方面的内容都无法在常规控规成果中得以体现。为此,许多城市开展了城市风貌规划编制或建筑风貌规划编制;但是,这些已完成的城市风貌规划却并未完全有效地指导城市建设。现行的城市风貌规划理论与实践方面还存在亟须完善的地方。

9.1.2 城市风貌定义与构成要素

9.1.2.1 城市风貌定义

1)风貌

"风貌"一词,最早用来形容人的风采和容貌,其区别于"面貌""外貌"的地方在于"风"所表达的反映人内在气质和精神风采。除了形容人的风采、容貌,古语中的风貌亦可形容环境的面貌和景象。现代汉语中,风貌一词多用来形容事物的面貌、格调,如精神风貌、民族风貌、城市风貌等,可以理解为事物内在情感与外在特征的综合表现,充分体现了哲学范畴内的辩证关系,其含义既可以通过事物或人这些物质载体表现出来,也具有相对的精神取向。

2)城市风貌

城市风貌既包括城市形象、城市文化、城市特色、城市情感等精神层面的内涵,也包括反映城市精神气质的独特形态。城市风貌具有长期性和动态性的特征,是描述城市在长期的历史发展中沿袭和沉淀下来的景观面貌特征、文化底蕴和精神气质的整体性状态,其内容如下:

第一,城市风貌的形成与发展是一个漫长、复杂的过程,具有长期的动态演化性,是记录城市发展过程的载体。城市风貌的形成是在一定的时空范围内,由城市的自然环境、历史文化、政治经济等各种要素通过竞争、调整、适应等行为长期演化形成的。

第二,城市风貌作为能够运用规划手段控制和引导的对象,其营造重点是城市物质空间环境。城市风貌通过城市物质空间环境的表达,使公众能够对城市文化内涵、精神气质和社会意识进行感知和解读。城市风貌必须依托物质实体要素,通过对城市空间、场景、建筑、景观以及雕塑标志等实体景观形态要素的设计和统筹,表现城市的历史、文化和地域精神,使城市的显性形态与隐性意义相互印证,协调统一,共同满足城市的政治、经济、文化、社会、艺术审美等基本要求。

基于以上对城市风貌的分析,城市风貌的定义为:城市风貌是在长期历史发展中,在一定的空间范围内,由城市的自然地理、历史人文、制度环境等各种因素相互作用,通过不断演化、调整而形成的相对稳定的状态,是由城市的自然景观环境和人文景观要素所体现的视觉形态。这是一个与城市的政治经济、历史文化、地域特征、精神气质协调统一、共同演进的有机系统。

9.1.2.2 城市风貌的构成要素

1) 城市风貌物质构成要素的分类

目前,对城市风貌实体物质要素的常见分类方式有:①层次法,将城市的物质要素分为宏观层次要素(风貌分区、路网格局、绿地系统、天际线形态等)、中观层次要素(街道界面、滨水岸线、景观通廊等)、微观层次要素(景观节点、标志物、雕塑等);②二元法,将城市的物质要素分为人工要素和自然要素;③三元法,将城市的物质要素分为人工要素、自然要素和复合要素;④虚实法,将城市的物质要素分为物质形态实体和围合空间。

2) 基于生态学组合方式的要素构成

按照生态学的原理,把城市风貌看成是一个有机体,其物质实体要素可以分为:城市风貌基质、城市风貌斑块、城市风貌界面、城市风貌走廊、城市风貌节点和城市风貌符号。

● 城市风貌基质

基质指"分布最广、连续性最大的背景结构"①。城市风貌基质是指城市的自然地理环境,如城市的地形地貌、山水格局等,它是城市人工环境的背景和基地资源,对城市风貌的营造和规划起到条件限定的作用。城市风貌规划必须以城市风貌基质的协调共生为前提②。

● 城市风貌斑块

斑块泛指"与周围环境在外貌或性质上不同,并具有一定内部均质性的空间单元"③。在城市空间体系中,具有相同性质、特征和一定空间范围的一片区域可以看成是一个斑块,例如一片公园绿地、一片历史街区。城市风貌斑块可以按照用地功能进行划分,例如居住空间斑块、工业空间斑块、商业空间斑块等。不同类型的斑块间具有不同的风貌样态④。

● 城市风貌界面

界面,一是指两个或多个不同物体之间的分界面,即不同风貌斑块的地块界限,具有界定功能,是城市风貌的协调地带;二是指划分某一空间的实体面,例如街景立面、建筑群体立面等。界面不仅限定空间范围,更起着延续空间意义的作用。城市风貌界面在艺术形式上应体现统一、节奏和韵律等特点。

① 邬建国.景观生态学——格局、过程、尺度与等级[M].北京:高等教育出版社,2000.
② 王敏.城市风貌协同优化理论与规划方法研究[D].武汉:华中科技大学,2012.
③ 同上.
④ 同上.

● 城市风貌廊道

廊道是"线性的不同于两侧基质的狭长景观单元,具有通道和阻隔的双重作用"①。城市风貌廊道指城市内的带状要素,例如城市道路、景观绿化带、视线通廊、滨水景观带等。

● 城市风貌节点

城市风貌节点是集中体现城市风貌特征的小型区域,例如城市广场、城市入城口、道路交叉口等,它们是城市风貌视觉形态的中心或焦点,也是城市风貌规划的重点。

● 城市风貌符号

符号是指具有某种代表意义的标识。城市风貌符号是城市精神的象征,一方面它是意义的载体,是城市气质和内涵外化的呈现;另一方面它具有能被感知的客观形式,例如城市里的标志物、雕塑、景观小品等。

9.1.2.3 城市风貌的类型

根据城市的自然条件、城市发展的历史、现状和未来趋势,可以从自然因素和人文因素两个方面对城市风貌进行分类。

1)按自然因素分类

对城市风貌影响较大的自然因素有地形地貌、河湖水系、气候气象。

● 按地形地貌特征可将城市分为山地型城市和平原型城市

地形地貌是指地势高低起伏变化的状态。我国幅员辽阔,地势复杂,城市所处的地形地貌有着很大的区别,在城市的长期发展过程中,不同的地形地貌促使城市形成各自不同的空间形态和风貌特征。

山地型城市。这种类型的城市外围被山岭包围,或是城市内部有丘陵、台地的穿插。大多数山地型城市集中在我国西南山区,并以重庆市、攀枝花市为典型代表。山地型城市常常可以利用其特殊的地形地貌形成丰富多变的城市景观风貌。

平原型城市。平原地区宽阔的地理环境为城市的发展和扩张提供了有利的条件,历史上许多城市都建造在广袤的平原之上。平原型城市具有一望无际的广阔土地,其地形地貌对城市建设的限制极小,因此常常由于历史文化、风土人情、交通区位的不同而形成迥异的城市风貌。

● 按河湖水系特征可以将城市分为滨河(湖)型城市、滨海型城市

我国珠江三角洲、长江三角洲以及中原地区河湖密布,水系众多,不同尺度、不同面积、不同流速、不同形状以及不同地理位置的水系都有不同的审美特点,并且会对城市的风貌产生巨大的影响。例如以西湖为城市重要景观中心打造的杭州与河网交织的苏州形成了完全不同的城市风貌特征。

---

① 麦克哈格.设计结合自然[M].天津:天津大学出版社,2006.

滨海型城市一般拥有较长的海岸线,海洋、山地、岸线、建筑、开敞空间等构成了滨海城市特有的景观特征。例如威海市海岸线长近千公里,有众多的港湾和岛屿,素有"花园城市"的美誉,是避暑、疗养、度假和观光旅游的胜地。2019年编制的《威海市城市风貌保护规划》将其城镇风貌特征概括为:依山抱海之势,翠楼遥屿之情,红瓦绿树之品,继往开来之风。

● 按气候气象特征可以将城市分为极端气候城市和宜人气候城市

"城市均处在不同的经纬度上,气候寒冷和炎热的区位差、温湿的变化以及自然的种种灾害,城市采取必要的防灾措施等,都对城市的特色起了保护作用。"[①]寒冷地区和炎热地区的空间形态和建筑形式都存在较大的差异,带来城市风貌的不同。例如四季如春的"春城"昆明和素有"冰城"之称的哈尔滨相比较,其风貌特色的差异就十分明显。

2)按人文因素分类

城市的功能定位及其经济发展水平对城市风貌有重大影响。①从城市的规模来看,大城市与中小城市的风貌存在明显区别。大城市由于人口多、地域广、经济水平高,其道路交通的组织方式、城市建筑的密度和高度、城市商业的繁荣程度以及居住社区的景观形式等都与中小城市的设计方式不同,这些因素都会对城市风貌的样态产生直接或间接的影响。②城市按照职能定位的不同,可以划分为政治中心城市、经济中心城市、交通枢纽城市、旅游度假城市、工业城市等,不同的城市功能也决定了不同的城市风貌特点。例如工业型城市以工业为主导,工业用地所占比重较大,其城市风貌就会以粗犷、壮观的厂房仓库、工业设施景观为特点,而旅游度假城市则会围绕其优美的山水自然环境或特色的人工建筑去打造城市特色风貌。

基于历史文化资源,结合城市现状发展,可以将城市分为传统风貌城市、混合风貌城市以及现代风貌城市。城市的历史文化和历史文脉的积淀对城市风貌的形成有着非常深刻的影响,每个城市经过长期的发展,其特有的文化特征是其他城市无法复制的。历史文化是城市风貌内在的、最宝贵的资源,在本质上决定了城市风貌的特点和发展方向。例如同为平原型城市,北京和上海的城市风貌就差异很大:北京作为历代古都和国家首都,从城市布局到建筑形式都大气磅礴,充满厚重的历史感;而上海由于自身江南水乡的特色以及近代外来文化的融入,在城市风貌上具有婉约、含蓄、包容的特点。

对于城市风貌类型划分需要强调的是,城市是一个复杂的综合系统,不可能通过一个具体的标准,将城市完全明确地划分到某一类别。分类本身不是目的,我们只是通过分类的方法对不同风貌类型的城市的本质特征、内在联系进行更加系统全面的认识,通过分类完善城市风貌的理论体系,并最终用于指导城市风貌的规划和控制实施。

9.1.2.4　城市风貌的审美取向

从审美视角来说,城市风貌就是审美主体——城市中的人在对审美客体——城市所

---

① 齐康.文脉与特色——城市形态的文化特色[J].建筑与文化,2005(11).

进行的一系列的审美活动中产生的审美意象。人们对城市风貌的认知总是由视觉开始，由表及里，由浅入深。城市风貌规划的最终目的是基于特定环境、自然与历史文脉的体验与分析，透过物质的表现，通过城市空间的利用，开拓城市风貌潜在的艺术与审美特征。城市风貌的价值取向主要通过以下几个方面来达成。

1）和谐的城市环境

美是整体，美是和谐——这是古希腊、古罗马时期人们对美的基本定义。文艺复兴时期，人们进一步认为建筑的内在美是和世界的整体美一致的，这就是"数"的规律——虽然说法比较绝对，但表现出人们对唯美主义的竭力追求。自古以来，"和谐"一直是中国文化的审美理想。现代城市是高度专业化分工和协作的复杂地域，城市风貌审美的价值基础体现在城市中人与城市风貌要素的整体和谐之中。

● 自然环境与人工环境的和谐

在漫长的生物进化过程中，人始终是自然界的一部分，离不开自然的生态环境。由于城市人工环境的建设，有的地方对自然生态环境造成的破坏已很严重。我们必须充分认识面临的自然生态环境的巨大困境，意识到城市的发展必须与生态环境和谐起来。纵观古今中外的城市建设，凡是建设成功的城市无不是根据自然环境来营造人工环境，并把二者巧妙地结合在一起。例如广西桂林"山水甲天下"的自然景色，浙江绍兴的江南水乡特色，江苏苏州的前街后河、小桥流水的城市格局，山东济南的"一城山色半城湖"的风貌等，这些城市特色可谓是"三分人工，七分天成"。我国古代哲学家老子倡导的"人法地、地法天、天法道、道法自然"的"天人合一"的思想，用现代话说，就是"人与自然和谐地发展"。

1889年，奥地利建筑师西特(C. Sitte)在其著名的《城市建设艺术》一书中，针对当时工业化大发展时代中城市建设出现的忽视空间艺术性的状况——城市景观单调且极端规则化、空间关系缺乏相互联系、为达到对称而不惜代价等，提出了以"确定的艺术方式"形成城市建设的艺术原则，主张通过研究过往历代建设案例以寻求"美"的因素，来弥补当今艺术传统方面的缺失，强调通过协调人的尺度、环境的尺度与人的活动以及人的感受，建立丰富多彩的城市风貌，并实现城市风貌与人的活动空间之间的有机互动[①]。

● 历史、现实与未来的和谐

经济的发展、技术的进步正在对全球的城市网络体系、风貌结构、生活方式、经济模式和景观带来深刻的影响，而且这种影响还将继续下去。保持城市发展过程中历史的延续性，保护文化遗产和传统生活方式，促进新技术在城市发展中的运用，并使之为大众服务，努力追求城市文化遗产保护与新的科学技术运用之间的协调等，这些都是城市风貌规划的历史责任。城市风貌必须把现代文明与传统文化遗产的继承结合起来，让城市成为历史、现实和未来的和谐载体。

① 西特.城市建设艺术：遵循艺术原则进行城市建设[M].仲德昆，译.南京：东南大学出版社,1990.

2）特色的城市景观

美的事物都具有独特的个性。艺术美强调艺术家的创作个性，自然美也总是千差万别，而城市美同样如此。全球化导致的全球文化趋同反映在城市上，就是城市的地域文化逐步被全球文化所淹没，建筑的民族性被"国际性"所取代。以我国部分城市为例，具有浓郁山地风情的重庆，沿山两侧的吊脚楼已拆毁殆尽；泉城济南，由大明湖南望千佛山的低平城市轮廓线、风景视线通廊一去不复返，古城的原有建筑风貌在悄然消失。众多的城市成为现代建筑简单"克隆"的产物，没有性格，没有特色，文化趋同，"千城一面"。这样的结果只能是城市个性的模糊，也就无美的吸引力可言了。纵观世界各地名城，它们之所以令人神往，无不是在自然景观或人文景观方面有各自鲜明的个性。北京的古都风貌，巴黎的艺术殿堂，纽约的摩天大楼……这些带有强烈的地域气息、时代特征和民族风情的城市个性是城市地域文化的源泉与结晶。保护与发展城市个性，使本土的城市文化具有鲜明的地域特色是摆在城市风貌规划面前的重要课题。

3）美好的城市意象

从某种程度上说，城市风貌的营造与构建也是一种艺术创作，需要先行构思。构思的中心就在于建构意象、经营意象，其目的是要实现审美意象。虽然城市不是作为一件纯粹的艺术品而存在的，但是随着社会的进步、科学技术的发展和生活水平的提高，人们对城市风貌的艺术追求也越来越高，已不简单满足于城市所提供的物质场所和资源，更加追求城市所传达的情感与精神。

在对美好城市意象的追求和构思中，"意"与"象"如何结合为"意象"是需要解决的基本问题。"象"是客体对象的映像，无论是直接感知的映像，回忆过去而产生的表象，还是自联想而来的印象，尽管各自的清晰度不一样，但都要求符合主体的审美需求。在对城市风貌"象"的塑造中，主要关注的是城市环境艺术的视觉样态，包括建筑、街道、广场、园林、雕塑等元素的形态和组合方式，要将它们的美体现出来，表达出来。"意"是艺术家、设计者主体自身的意向，主体依照自己的意向来感知、改造客体对象，把客体的外在尺度和主体的内在尺度统一起来，按照美的规律把意与象结合为审美意象。

美的城市意象从一定意义上说取决于设计师对审美意象的建构。好的城市风貌塑造应该能够激发人们对城市美的理解。

9.1.3　城市风貌规划的范畴与目标

9.1.3.1　城市风貌规划的范畴

城市风貌规划即在城市发展和建设的过程中，为了引导形成具有和谐的城市环境、特色的城市景观、美好的城市意象的城市风貌，通过对城市的政治经济、社会文化、历史传统、地域特征、风土人情等非物质要素的梳理和提炼，确定城市风貌的品牌定位,并在其指导下,对城市的物质空间和景观环境建设进行规划、引导和不断付诸实践的过程。

城市风貌规划的主要任务是对城市的历史文化、自然环境和城市人工要素进行梳理、组织,并对其物质空间及其承载的风貌特征和景观环境进行整体安排。规划的重点在于对城市历史文脉进行挖掘,引导城市形成富有个性魅力的空间形态。城市风貌规划综合、协调了城市现有的各专项规划,是对城市法定规划的补充和深化。

9.1.3.2 城市风貌规划的目标

1) 彰显城市的空间特色

城市特色是城市的核心竞争优势所在。然而,受功能理性主义和快速城市化的影响,国内很多城市的规划建设往往一味套用已有的理念或成功模式,很少考虑自身在自然、历史、文化等方面的特殊性,导致城市个性丧失,难以引起人们的认同感和归属感。

城市风貌规划即通过详尽的现状调研,将城市的自然特色、发展动力、历史文脉及人文精神等内化到对风貌要素的设计中去,进而凭借空间序列和风貌景观的有效组织,形成别具特色的城市景观风貌系统、道路系统、建筑系统、色彩系统、节点空间系统等,强化城市的特色差异[1]。

2) 营造美好的城市空间景观

自改革开放以来,随着我国经济的快速增长,城市风貌规划适时出现。它以改善城市的空间环境、塑造良好的空间秩序为根本目的,通过对自然山水的整合,对城市色彩、开放空间、景观视廊、眺望系统、建筑要素(风格、体量、高度)等的控制,为城市营造出优美的视觉空间形象。

3) 完善现有城市规划体系

国内城市规划发展至今已经形成了一套自上而下、相对成熟的体系框架;但是,无论是上层次的总体规划还是下层次的详细规划,都普遍缺乏对城市风貌的关注。因此,城市风貌规划的提出正是对当前城市规划体系的补充和完善。一方面,它在不同层次规划间可以起到良好的过渡和衔接作用;另一方面,通过控制图则的编制,为规划管理部门提供必要的专业技术规范和控制要求,有利于项目审批和日常监管,以实现对城市风貌的控制和管理。

4) 便于城市规划实施管理

如果要将城市风貌规划成果运用于规划管理中,就要结合正在编制和已编制完成的控规,将城市风貌控制性要素纳入地块控制条件中。风貌控制性要素与控规法定控制性条件共同作为土地出让的要求。城市有近期建设改造计划的,可以直接编制风貌修建性规划,甚至达到建筑方案深度,直接用于指导建筑实施。

---

① 朱旭辉.城市风貌规划体系构成要素[J].城市规划汇刊,1993(6).

9.1.3.3 城市风貌规划的原则

1）形式美原则

"美的标准定义是：美是事物的一种特质，它使人的感官和理智感到快乐和愉悦。"[①]形式美原则是人类在创造美的过程中总结出来的美的形式和规律：对称均衡、单纯齐一、调和对比、比例、节奏韵律和多样统一。城市风貌本身就是市民作为审美主体对城市进行的审美活动，也就是说，城市风貌是通过公众对城市内空间形态、建筑形式、景观环境等物质形态的视觉体验和感知而形成的印象。因此，只有组成城市风貌的物质要素按照形式美的原则去设计和营造，建立良好的环境秩序，才能使人们产生美好的审美心理和愉悦的感受，增强人们对城市风貌的认同和喜爱。

2）特色原则

城市风貌是城市特色的重要组成部分，是彰显城市特色的重要载体。城市特殊的自然地理条件、历史文化、风土人情等地域特征，是城市不可复制的珍宝，只有充分挖掘这些隐藏在视觉环境背后文化基因，并将其融入和渗透到城市风貌规划中去，才能实现城市风貌的特色营造。因此，城市中的历史街区、保护建筑，那些承载了城市历史印记的风貌要素和具有强烈传统地域特色的风貌空间，都是城市中最可贵、最具竞争力的资源。城市风貌的营造一定要重视保护这些珍贵资源，以理性和谨慎的态度看待传统和现代的关系，既不能一味地不管不顾历史和传统文化，也要考虑如何在城市风貌中体现时代精神。

3）"以人为本"原则

随着科学发展观的深入人心，"以人为本"的设计理念逐渐得到规划界的广泛认同。城市规划的根本目的就是为了满足人的物质和精神需求。人是城市的主体，既是城市风貌的设计者和建设者，也是城市风貌的享受者和评判者。城市风貌营造的最终目的就是顺应人们的场所认知、环境体验、文化认同和审美需要，并以此为出发点，按照"以人为本"的原则，创造一个诗意的人居环境。

9.1.4 我国城市风貌规划编制特征与存在的问题

9.1.4.1 规划编制特征

1）技术方法日趋成熟

城市风貌规划是研究性较强的规划类型，需要在规划编制中不断研究和探索出适宜的技术路线。在国家、省、市出台的相关政策规定、规划导则的指引下，国内各城市风貌规划编制手段不断完善，技术方法日趋成熟。

---

① 乔文黎.城市滨水区景观的评价研究[D].天津：天津大学，2008.

2）管控手段逐渐完善

城市风貌规划的兴起在很大程度上是各地政府重视和推动的结果，各地对城市风貌规划的可操作性要求越来越高。在政府的推动下，城市风貌规划编制逐渐转向对可操作性和实现路径的关注，风貌规划的管控手段也根据城市的实际管理需求在逐渐完善。随着城市设计管理规定的实施，今后城市整体风貌规划的严肃性和可操作性将会愈来愈强。

3）因地制宜为规划编制的首要原则

城市风貌规划强调的是因地制宜和对地域特色的凸显，这在各省、市出台的相关规定和导则中就有明确的反映。有的地方针对城市重点地段，如山边、水边、路边等提出具体建设指引；有的城市自然山水资源丰富，针对滨海、滨湖及景观廊道等进行重点控制和引导；有的城市编制风貌规划是针对管理和建设中存在的现实问题，如地域风格、建筑色彩、广告店招等提出具体的编制要求。

9.1.4.2　规划编制存在的问题

1）规划编制缺乏相关技术指引

目前，已有不少省市出台了城市风貌规划编制导则和相关规定，确保城市风貌规划编制的技术手段和成果深度有据可循；但是，还有相当多的城市风貌规划编制缺乏明确的技术指引，编制技术手段不规范，编制办法不健全，导致编制任务、规划内容与规划目标出现偏差，规划成果良莠不齐等问题。

城市风貌规划属于城市各层面规划的专项规划，深度可以涵盖宏观、中观和微观层面，既需要规划制定总体框架、总体结构，也需要深入某个节点进行详细设计。因此，城市风貌规划编制的广度和深度需根据规划编制任务、现状问题分析等综合判定；但是，很多城市风貌规划由于未能将任务、现状、关键问题分析清楚，更多是对城市空间形态的"蓝图式描绘"，而非面向现实的控制。仅凭规划师根据自身的专业知识，结合现状调研后编制出非常"系统"的规划成果常常因为无法直接指导规划管理而被束之高阁。因此，城市风貌规划亟需内容深度、技术要点等方面的梳理和研究工作，以便形成目标明确、任务清晰、内容深度适当、切实可行的城市风貌规划编制方法。

2）与相关规划和规划管理衔接不够

城市风貌规划上承城市总体规划、历史文化名城保护规划等法定规划，下接控规和修建性规划（以下简称修规），同时又与同一层次的城市设计、城市景观规划、城市绿地系统规划等关系密切。这使得城市风貌规划需要与上述内容充分衔接，既能贯彻并逐步实现城市总体规划的目标，又能与相关规划相互补充，也能在规划管理中落实景观控制的要求。然而，目前多地的城市风貌规划因与相关规划和管理衔接不够，导致内容交叠乃至相互矛盾等问题。

3）缺乏对不同类型城市的风貌塑造诉求的关注

城市风貌规划的背景和任务是需要重点分析和解决的问题。不同类型的城市对城市风貌规划诉求不同,直接影响规划编制的体系和重点。

一般而言,地级市及以上的大城市对规划的管理实施有迫切要求。这类城市的规划编制体系和规划管理体系比较完善,需要做进一步分层次的规划,梳理规划内容体系,如城市总体层面的城市风貌规划、控规层面的风貌规划和修规层面的风貌规划等,分步骤实现城市风貌保护和塑造的目的。在对城市风貌规划进行纵向分层的同时,大中城市还通常需要将风貌规划进行横向的分解,进行专项和专题的研究,以支撑城市风貌规划的结论,如建筑风格传承的研究、城市天际线的研究、城市色彩的规划、城市广告店招的规划、城市雕塑系统的规划和城市街景改造等。

对小城市(一般为县城及以下)而言,由于管理水平和实际需求的不同,城市风貌规划的编制成果一般需要明确的形象展示。规划要突出重点,不宜面面俱到,编制体系不宜庞大。同时,应对重点节点进行详细设计,明确城市风貌建设形象的直观展示和导向。

9.2 城市风貌特色保护的实现路径

9.2.1 规划目标体系

9.2.1.1 显特色

显特色要注重宏观层面的分析、定位以及总体特征的把握,根据城市自然、历史、文化条件,结合产业转型机遇、未来发展预期等,确定城市风貌品牌定位,明确城市风貌建设引导方向,并提炼风貌控制要素,构建城市整体风貌控制系统。在此基础上,根据城市内部不同区域的特征,将城市进行风貌区划定位,在不同区域分别打造既有特色又相互协调的景观风貌,整体和重点显示本城市的特色。

9.2.1.2 可实施

可实施即规划成果可落地。①将城市风貌规划控制性要素纳入正在编制的控制性详细规划中。②将城市风貌控制性要素纳入相应地块控制条件中,使之与已编制完成的控制性详细规划的法定控制性条件共同作为土地出让条件。③对于城市有近期建设改造计划的,可直接编制风貌修建性规划,用于指导建筑设计和建设实施。

9.2.1.3 易管理

风貌控制性要素的提取要与城市规划管理要求紧密结合,通过风貌控制指标的量化、节点导则的示范化与形象化等方式,为风貌控制管理提供依据。

9.2.2　城市风貌规划体系

首先,城市风貌规划首先要解决"如何塑造城市整体形象"的问题,即对影响城市整体形象的物质景观要素进行分析,提炼出主要影响要素,如建筑、色彩、道路、绿化等,通过对城市非物质层面要素特征的理解和把握,提出整体风貌定位。其次,城市风貌规划要解决"如何控制城市形象"的问题。与控规内容不同的是,控规的目标在于保证城市建设的公平性并控制城市开发容量,而城市风貌规划的控制目标是在与控规规定性内容不矛盾且相匹配的前提下,从艺术性、特色性、文化性、协调性等方面提出城市特色风貌要素控制指标。在此基础上,结合城市规划编制体系,可将城市风貌规划体系划分为城市风貌总体规划、城市风貌控制性规划和城市风貌修建性规划。

需要注意的是,由于目前对城市风貌规划、城市设计等存在概念上的混淆,很多地方的城市风貌规划项目名称或命名各有不同。然而,无论名称如何,城市风貌规划的核心思想是不变的,即抓住城市需要解决的重点问题,结合委托方急需解决的问题,梳理规划思路与内容,营造城市特色风貌。

9.2.2.1　城市风貌总体规划

1）适用情况

在城市总体规划基础上,把握城市风貌总体定位,确定城市景观风貌管理的方向、目标和步骤。以之为前提,开展城市风貌总体规划的编制工作。

2）规划编制框架

● 规划范围:中心城区。

● 规划内容:①城市风貌品牌定位。研究城市地理、历史、文化资源,提炼城市品牌,明确景观风貌的建设引导方向。②城市风貌区划。根据土地使用划定区划分类,明确各区的风貌特征;根据区位功能划定区划分级,明确各级区域的风貌控制方式和尺度。③城市风貌系统规划。从城市山水生态格局、道路景观风貌、绿地风貌系统、整体色彩环境、建筑风貌控制、雕塑景观系统、广告及街道家具系统、夜景控制系统等方面提出城市风貌分项控制原则及引导。④分区景观风貌控制要素控制通则。在区划分类基础上,分区提出各要素的一般性控制原则和内容。

● 规划深度:城市总体规划层面的专项规划。根据实际需要,将风貌要素控制内容与控规相衔接,并对局部地区进行城市设计示意。

规划编制需要注意的事项:规划要聚焦,不能面面俱到。选择可体现城市风貌特色、可优化城市风貌格局的空间要素,如建筑、山水、道路等,对其重点进行控制和引导。对于其他系统,如公共环境艺术等内容,以主题引导为主,具体规划需交由下一层面的规划来承担。此外,城市风貌总体规划应考虑与规划管理相衔接,针对重点风貌区提出控制要求,即应以特色街区、节点、特色路径等为城市风貌重点控制区域,以街区或同一土地使用性质为最小控制单元,研究与控规或单元控规相衔接的风貌控制要求,并根据实际需要,选择重点区块作为规划示范。

9.2.2.2　城市风貌控制性规划

1)适用情况

在城市风貌总体规划基础上,城市规划管理部门需要将城市风貌整体定位分解到土地出让条件中,以落实在具体规划管理和建设中。城市风貌控规可满足此类需求,即将风貌总体规划的内容转译为控制条件,纳入控规或土地出让条件中,以此对开发活动进行风貌控制。此层面的风貌规划是面向城市规划管理部门的,要求其规划管理水平较高,有实际管控意愿。控制层面的效果长期可见。

风貌控规要上承城市风貌总体规划,下导风貌修规,发挥好衔接作用。风貌控制导则的控制性或指导性内容可作为管理实施的依据。

2)规划编制框架

● 规划范围:城市中心城区或需重点控制的地区。

● 规划内容:①划分控制小分区。在城市总体层面风貌区划的基础上,基于各分区的实际属性,按照风貌要素控制性要求,将重点控制地区划分为若干小分区。②制定控制细则。根据城市风貌控制要求,在控规层面,首先对城市分区提出整体控制条件及要求。在此基础上,重点对各小分区的风貌要素提出具体的控制细则。细则包括风貌控制规定性指标和风貌控制引导性指标两部分。③协调风貌控制细则与控规的关系。对于已完成控规的分区,补充风貌控制条件,与控规内容一并作为出让条件;对于在编或未编制控规的分区,提出风貌控制条件,作为控规条件的参考。

● 规划深度:达到控规深度。城市风貌控规内容常常作为城市风貌专项规划的部分内容,有的城市将此纳入控规的补充图则中,也有城市将风貌控制要素及控制内容作为城市设计导则的主体内容。

9.2.2.3　城市风貌修建性规划

1)适用情况

对于有明确建设主体、有近期建设意愿的地块,在城市风貌总体规划或风貌控规等上位规划指引下,编制城市风貌修规,用这种方法来体现城市风貌是最为直接的。

城市风貌修规可与建筑设计、街景设计相融合,规划设计成果可作为规划实施的参考或依据。

2）规划编制框架

● 规划内容：研究地域建筑特征，了解地方文化（宗教、历史、习俗、饮食、服饰等），提炼文化符号，将其运用于能够反映城市风貌特色的重要节点、区域或路段设计中，为后续的方案设计提供设计示范或建设指导。

● 规划深度：达到修规深度。城市风貌修规作为城市风貌专项规划中重点地段的详细规划设计内容，通常与城市设计编制方法和内容一致。

9.2.3　城市风貌特色营造的规划编制策略

9.2.3.1　问题导向的规划思路

城市风貌规划体系可以贯穿城市总体层面至详细层面，不同的地方对风貌规划的实施要求不同。因此，风貌规划编制必须以问题为导向，也就是要清楚理解委托方的真实诉求，并对不清晰的规划要求进行完善和修正，编制有针对性的、切实可行的规划成果。

例如一些地方希望对城市的建设发展有城市总体风貌的定位，摸清城市风貌存在的问题。针对这样的诉求，可建议委托方进行城市总体层面的风貌研究。再如有的地方希望通过规划编制，快速打造城市风貌效果，对此可建议做街景风貌整治或节点风貌详细规划。

9.2.3.2　沟通式的工作方式

由于城市风貌规划编制是以问题为导向的，而城市风貌问题的形成机制非常复杂，因此在编制规划过程中，仅凭规划师的个人素养、见识阅历、理想愿景是不能编制出满足地方各界需求的规划成果，还需要与地方管理者、地方规划管理部门、文化名人、城市公众等不断沟通。

在分析问题的过程中，规划师不仅需要向社会各界从各方角度征询意见及建议，作为分析的基础，还需要向地方管理者、文化名人等请教关于城市历史、文化、风俗等资源条件的问题，为风貌规划提供思路。在编制的初步成果形成后，需要联系上述人群，将各方有益意见综合纳入规划成果中——这样的成果才能得到普遍认可，也易于实现。

在实施操作方面，不同地方的规划管理机构内部职责设置不一样，成果的可操作性需要依赖管理机构内部的科室来落实完成。因此，编制过程中与规划管理机构的沟通是必不可少的。这样才能确保编制成果内容与科室的工作范围紧密结合，与各自职责相关。

9.2.3.3　实施导向的工作方法

城市风貌规划的专业性较强，例如色彩规划、建筑风格等，因而有必要针对规划管理部门的工作人员实施管理培训。这需要在规划合同制订时就约定好，如"规划师将编制成果对规划管理机构进行实施培训"或"提交正式规划成果后提供若干年服务咨询"等,这将在很大程度上保证规划的实施。目前,常用做法是外地规划编制单位与当地规划院的合作,后续的培训和服务交由当地规划院来完成。

9.2.3.4 多方位的成果表达

在不同层面的风貌规划成果中,可直接播放的多媒体文件有助于将规划的定位、思路、对策等的形象表达,便于向社会各界推广城市的整体形象设想。

风貌控规的成果表达可借鉴控规的表达方式,成果形式可包括文本、说明书和图则。经过法定审批后,可将文本和图则作为管理的依据。

9.3 面向建设实施的香格里拉城市风貌规划设计实践

9.3.1 项目背景

香格里拉市是云南省迪庆藏族自治州府所在地,原名"中甸县",位于滇西北的滇川藏交界处,是范围涵盖滇西北、川西南、藏东南 9 个地州市的大香格里拉生态旅游区的核心区。2001 年 12 月,经国务院批准,中甸县正式更名为"香格里拉县";2014 年,经国务院批准,撤县建市,更名为"香格里拉市"。辖域内有金沙江以及众多的雪山、峡谷、草甸、湖泊、湿地和原始森林,具有优美的高原自然生态风光、神秘的藏传佛教信仰、多姿多彩的藏族文化风情。

2000 年,清华大学吴良镛院士受邀主持编制《中甸县城市总体规划(2000—2020)》,提出建设"香格里拉理想城"的规划理念。然而,该规划理念未能得以实施,而且当地经济和旅游业发展方式、城市规模扩展的建设方式使香格里拉风貌特色遭到严重破坏,引起社会各界的强烈反响,也引起州、县政府的反思和高度重视。如何保持香格里拉风貌特色、保障城市健康发展成为社会各界共同关注的问题。2006 年,香格里拉市(县)人民政府委托上海同济城市规划设计研究院编制城市发展战略规划、近期建设规划、城市整体形象设计和主要道路街景规划设计等 4 个专项规划。下面介绍"香格里拉城市整体形象设计"与"香格里拉城市街景规划设计"的主要内容和实践概况。

9.3.1.1 香格里拉城市风貌规划的目标

香格里拉城市风貌规划目标是:从大香格里拉区域整体环境中统一考虑香格里拉城市形象,树立现代化和特色化并举的和谐发展观,构建多因子的形象特色综合系统,建立多渠道的城市形象控制体系和实施路径。全方位、多系统有效保护、营造、彰显香格里拉城市的特色风貌,提升城市综合竞争力,促进香格里拉城市健康、合理、持续发展。

9.3.1.2 香格里拉城市风貌资源优势与现状主要问题

1）香格里拉城市风貌资源优势

香格里拉城市风貌优势主要包括：①拥有高原生态城市独特的自然景观资源，山体、河流、湿地等外围生态环境优越；②拥有多民族聚居地区独特的地方文化特质，具有塑造品牌特色的优越潜质；③独克宗古城和噶丹松赞林寺风貌保护完整，是城市不可多得的形象标志；④低密度建设状况有利于城市风貌整合和改造；⑤城市政府已进行的风貌整治工程对城市形象的深化控制有重要借鉴意义。

2）香格里拉城市风貌现状

香格里拉城市风貌现状主要问题：①市域优美而敏感的山体、河流、湿地等自然生态景观系统和以土地开发为中心的人工建设风貌系统缺乏有机联系，高原生态城市的特色不明显；②涉及城市土地使用状况，中心区的土地使用有待进一步整合加强；③古城保护与周边地区开发彼此缺乏协调，城市开放空间，尤其是公共绿化严重不足，进而导致城市缺少具有标志性特色的景观节点；④滨河和主要道路景观缺乏整治，交通、水面景观系统与临界建筑景观系统割裂，造成带状景观廊道使用效率低下；⑤中心区建筑风貌系统特色不明显，现状建筑形式混杂，对新开发的建筑缺乏全方位的宏观控制；⑥城市标志、雕塑、广告宣传、街道家具等微观形象展示设施缺乏系统控制，旅游城市的导向性不足。

根据香格里拉城市风貌资源优势与现状存在主要问题，城市风貌规划提出了相应的解决策略和方法。

9.3.2 香格里拉城市风貌规划主要内容

9.3.2.1 城市整体形象目标与实施策略

香格里拉城市整体形象规划目标为：日月双城、雪山草甸、神圣之地、理想城市。具体包括：

（1）建设人与自然和谐共生的高原生态城市。香格里拉市地处高原，城市周边有良好的自然环境——河流、山川、草甸、湖泊和优美的田园风光。城市形象设计要体现人与城市、人与自然、城市与自然之间和谐的生态城市形象。

（2）建设神秘探奇的世界旅游观光城市。彰显香格里拉城市及地域的风貌特色，塑造体现藏族民俗风情的城市环境，通过建设良好的城市空间，提升城市环境质量，打造国际旅游城市的品牌。提升城市经济活力，以旅游带动相关产业的发展，加强城市各项设施建设，提高城市生活水平，改善城市的居住、休闲环境，建设宜居城市环境。

（3）建设以藏族风情为主体的多元文化城市。香格里拉是一个以藏族为主体的多民族城市，各民族长久以来在此和谐共处，多元化的民族氛围构筑了香格里拉城市和谐统一的氛围。民族文化是城市特色的重要一环，承载城市形象特色的内涵和城市生活特质。综上，香格里拉城市整体形象规划的主体策略和实施策略得以制定（表 9-1）。

表 9-1　城市整体形象规划理念与实施策略

形象目标	主体策略	实施策略
日月双城	构筑城市空间形态意向系统	(1) 强化日月双城的形象核心地位； (2) 建立由道路、水系和绿轴交织而成的景观通廊与路径； (3) 落实重点控制的城市意象区和重点建设的城市景观节点； (4) 整合城区特色建筑风貌系统； (5) 完善城市开放空间系统； (6) 布局地标建筑、街道标志与重要的山、水等共同形成城市方位的指认系统
雪山草甸	凸显高原城市的生态格局	(1) 保护山体，梳理水系，显山露水，让山水与城市完美结合，彰显香格里拉城市的山水形象特色； (2) 以西北、东南侧群山和北侧的草甸和周边的农田形成城市的绿色边界，以远处的哈巴雪山、石卡雪山为背景，形成富有高原雪域特色的天际轮廓线； (3) 结合东侧众山建成两个城市公园，形成城市重要的绿心； (4) 保护草原生态环境系统，适当发展农牧景观旅游； (5) 改善城区绿化环境
神圣之地	保护和展现具有神秘色彩的宗教民族文化	(1) 维护藏族宗教传统习惯和特色风貌的核心地位，适当开发旅游； (2) 保护藏族民俗文化活动的物质环境基础，积极开发旅游； (3) 保护民族文化和宗教文化的特殊载体，整体永久性保护独克宗古城和松赞林寺，保护其物质建设环境和生活方式； (4) 建立完善的民族形象展示系统
理想城市	提高城市物质生活水准	(1) 改善城市能源使用结构，大力发展清洁能源； (2) 综合整治城市环境，彻底消除污染； (3) 提高基础设施的供应水平，满足日常生活和旅游发展需要； (4) 提高城区环境卫生管理标准

9.3.2.2　保护外围生态环境系统

香格里拉城市生态环境规划的目标是：严格保护和合理开发城市赖以生存的自然山水资源，制定富有前瞻性的有效措施，防止建设无节制扩张和对自然资源的人为破坏，增加绿色植被，构建山、水、城相互辉映，人与自然和谐共生的城乡一体的高原城市生态体系。形成城区外侧的三个圈层生态环境格局：第一圈层——香格里拉市域生态环境格局，第二圈层——城区外围生态环境格局，第三圈层——城区边缘生态环境格局。

9.3.2.3　建构城市总体建设风貌系统

香格里拉城市整体形象设计的总体建设风貌系统包括城市风貌分区区划、城市建设区空间意向、城市开发强度、城市人居环境四个部分。以前两项为例。

1) 城市风貌分区区划

香格里拉城市风貌分区区划包括宗教风貌保护区、古城风貌保护区、公共中心风貌区、藏式生活风貌区、现代藏式工业风貌区、门户风貌区以及生态景观过渡带(图 9-1)。

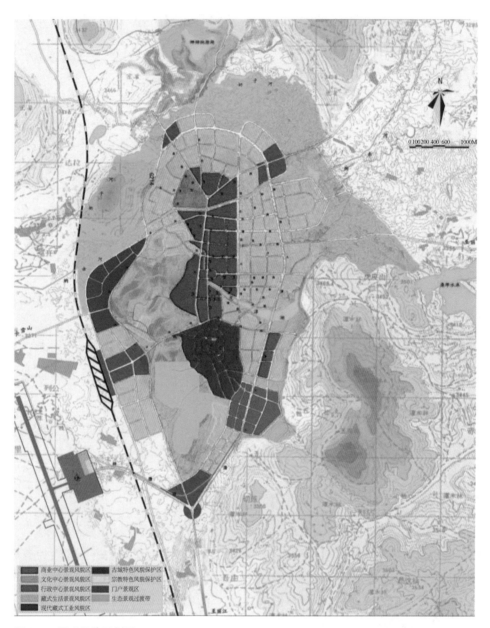

图 9-1 景观风貌区划图

2) 城市建设空间意向

香格里拉城市建设空间意向控制包括城市景观中心、城市景观节点、城市景观路径、城市景观视线等(图 9-2)。

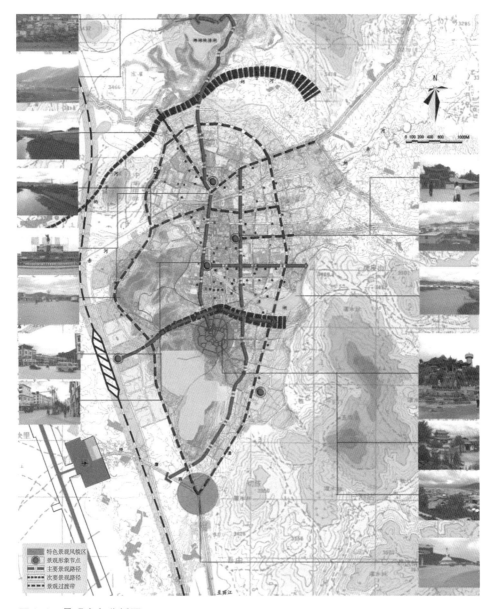

图 9-2　景观意象分析图

9.3.2.4　激活开放空间系统

香格里拉城市开放空间系统包括城市绿地系统、城市道路景观系统和城市滨水景观系统三个部分。

由于当地气候环境因素,绿化植物生长速度缓慢。城市绿地系统控制的关键是适当提高城市开放空间的彩色硬地率。采用策略包括:结合带状绿化设置步行道,结合步行道和街道设置小型广场,结合小区设置健身场所,结合道路设置路边停车场,以小型服务类设施引导开放空间,通过引水设置带状硬质通廊,设置富有民族色彩的小型人工构筑物。

　　城市道路景观系统进行道路功能分类,制定道路景观控制原则和街道家具控制原则,倡导街道家具一路一景(图9-3)。

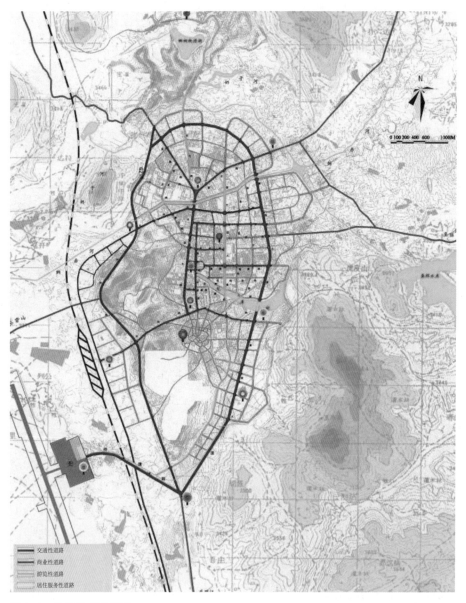

图9-3　道路景观规划图

9.3.2.5　创建文化保护及展示系统

　　香格里拉城市文化保护及展示系统重点保护香格里拉城市多元文化及传承,非物质文化遗产保护与物质文化遗产保护并举,城市文化保护与展示相辅相成,并将城市文化展示纳入香格里拉旅游体系中(图 9-4)。

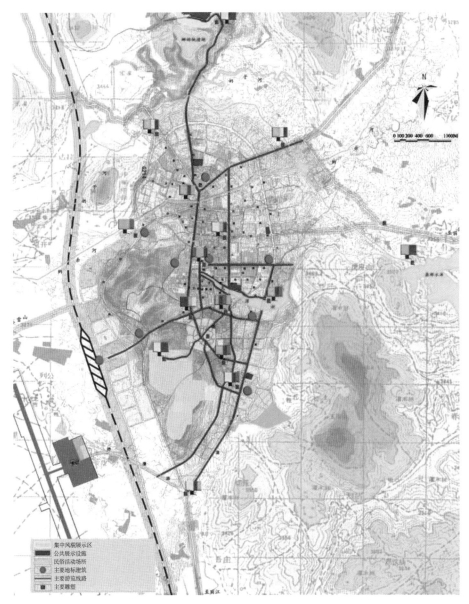

图 9-4　形象展示系统规划图

9.3.2.6　严控建筑风貌系统

1)建筑风貌系统控制原则

确定香格里拉城市建筑风貌系统控制原则为:①积极保留现状具有传统特质的建筑,根据土地使用和建筑区划分类的要求对现状建筑群落进行保留、整修、翻新、重建或拆除。

②新建设进行建筑设计时,在保持传统建筑特色的基础上,借鉴吸收现代城市设计的经验及手法,强化每个风貌组团的特色分区。③在保留传统建筑形式、色彩特征的基础上,鼓励新技术、新材料的运用。④重视环保理念的运用,强调建筑设计与节能技术相结合。

2）建筑风貌区划与分类

香格里拉城市进行建筑风貌区划,重点对建筑风格和建筑高度进行分类控制,将建筑分为风土型建筑、类风土型闪片房、类风土型碉房、新藏式建筑等（图9-5）。

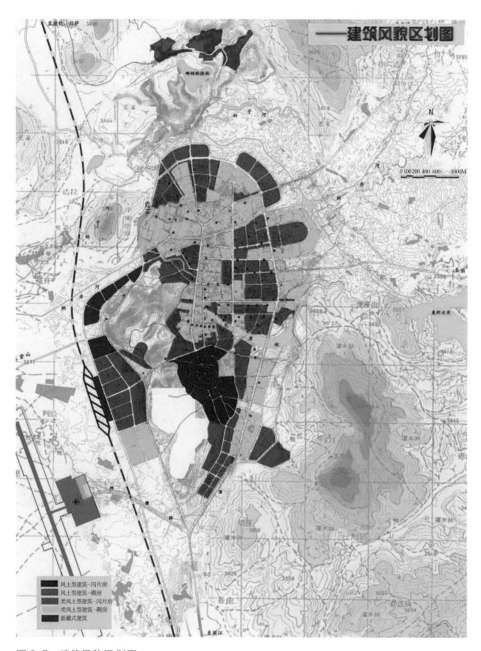

图9-5　建筑风貌区划图

9.3.2.7 开辟夜景照明系统

开辟香格里拉城市夜景照明系统，树立"以人为本"的规划思想，倡导旅游小城市朴素、简约、小巧、精致的风格；突出安全原则，夜景照明系统引导性、标志性、艺术性强，视觉舒适，鼓励使用先进科学技术，节约能源（图 9-6）。

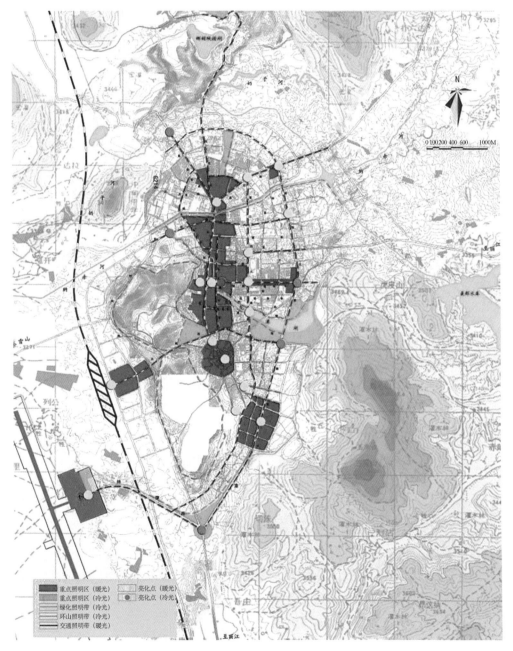

图 9-6　夜景照明系统规划图

9.3.3 香格里拉城市风貌规划特色

香格里拉城市风貌规划具有研究视野广且规划层次清晰、风貌系统完整又聚焦,规划控制模式恰当且可操作、建设实施效果显著等特色。

9.3.3.1 香格里拉城市风貌规划研究视野广且规划层次清晰

香格里拉城市风貌规划从滇、川、藏三省区范围的大香格里拉区域视野,研究香格里拉城市作为大旅游区域核心的功能需求与区域职能,以及迪庆藏族自治州州府的职能与功能,深入研究区域环境资源、环境约束与发展需求,并同步进行香格里拉城市发展战略规划,明确香格里拉城市的区域职能和城市功能,拟制相适应的策略,确定香格里拉城市风貌规划各层次规划内容要求,从县域生态环境、城市外围生态环境和城区边缘、城市内部各分区和各系统规划逐层深入。规划层次清晰,内容明了,重点突出,措施得当。

9.3.3.2 香格里拉城市风貌规划风貌系统完整又聚焦

香格里拉城市风貌规划构建了外围生态环境系统(含县域、城区外围、城区边缘等三圈层)、城市总体建设风貌系统(含风貌分区区划、建设空间意向、开发强度、人居环境等四要素)、开放空间系统(含绿地、道路、滨水空间等三系统)、文化保护与展示系统、建筑风貌系统、夜景照明系统等完整的城市风貌系统,同步进行香格里拉城市 11 条道路的街景规划设计,紧紧抓住藏文化和藏式建筑风格,聚焦体现和营造以藏文化为主体的城市特色氛围。重点进行道路街景文化意境和特色风貌营造,明确城区藏族建筑风格应用与设计、针对性街景立面和平面整治规划设计、重要节点的规划设计示范。

1) 道路街景文化意境和特色风貌营造

深入考察藏民族的生活方式、信仰和文化特征,将藏文化中应用最广泛、最具代表性的"吉祥八宝"(也称"藏八宝")作为城市文化标志符号,用于城市道路街道特色标志。"藏八宝"中的每一"宝"都具有自身独特含义,通过对藏八宝图案的象征意义研究,规划按照每条道路的定位确定每条道路合适的主题,聚焦采用同种图案;通过建筑装饰、街道铺面、店铺招牌、绿化图案,尤其街道家具(路灯、景观灯、候车亭、电话亭、广告栏、座椅、垃圾箱等)等细部,重复使用同一种藏八宝图案,强化该道路的文化意境和街景特色,形成一路一景的街道特色风貌。道路街景规划设计对每条道路都进行了街道家具平面布置与立面组合示意(图 9-7),并制订街道广告设置细则。

2) 藏族建筑风格应用与设计

在综合分析藏族民居建筑尤其迪庆州地方建筑特色的基础上,将香格里拉城市建筑

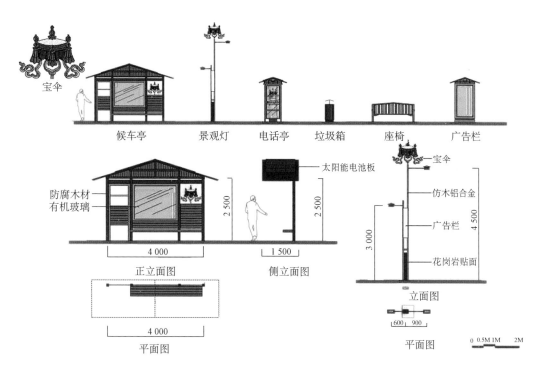

图 9-7 街道家具平面布置与立面组合示意图

聚焦于藏族的"碉房"和"闪片房"建筑形式和风格,进行全城建筑风貌的保护、完善、整治,并根据建筑的特性和体量确定其使用范围:①碉房建筑形式符合大体量建筑要求,适用于大型文化、行政、商业建筑,表达建筑的大气、庄严。②闪片房适用于体量小的建筑,例如住宅和小型公共建筑。③尊重和延续既有建筑状态,在现状碉房较集中的城市中心区延续采用碉房形式,在靠近城市边缘、古城、山体、水系等区域采用闪片房形式(图 9-8—图 9-10)。

图 9-8 碉房风格公共建筑示意图

图9-9　碉房风格住宅示意图

图9-10　闪片房风格住宅示意图

3）针对性街景立面和平面整治规划设计

规划的11条道路街景设计都采用数码相机现场正面拍摄道路两侧含建筑的街景现状。根据委托方提供的1：500街道平面地形图,将两侧现状街景立面按此比例放置在平面地形图相对的位置,形成街道平面和立面同侧对应的现状实景。在此基础上,进行街道平面的整治规划设计,对道路、人行道、铺地、花坛、绿化等进行调整、完善等整治规划设计布置,同时对街道两侧现状建筑进行建筑立面整治规划设计。针对每条道路现状实况和未来建设需求,采用相对应的两侧街景改造的整治方式。每段道路街景规划设计均含有1：500以道路中心线为界的一侧街景平面规划设计图、街景立面现状图、街景立面整治规划设计图、街景立面整治规划设计夜景图。由于采用数码拍摄照片和计算机设计,街景平面和立面设计均可放大或缩小,尤其重要地段的建筑立面整治规划设计,精度大于1：500比例,甚至可以做到建筑方案设计深度,以便于指导实际整治操作(图9-11—图9-14)。

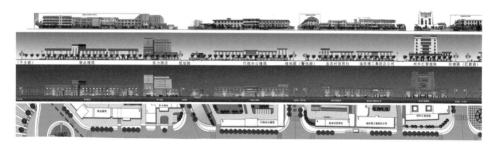

图 9-11 长征路街景整治规划设计·1

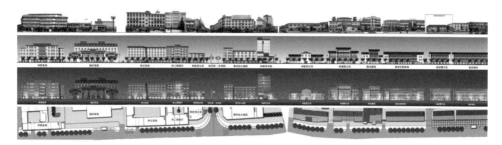

图 9-12 长征路街景整治规划设计·2

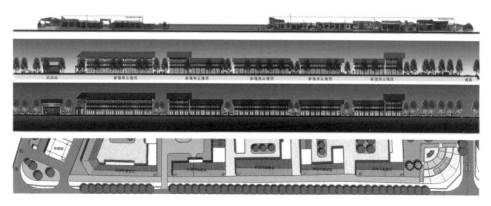

图 9-13 金沙路街景整治规划设计·1

图 9-14 金沙路街景整治规划设计·2

4）重要节点的规划设计示范

城市主要出入口、主要道路交叉口以及若干道路地段等重要节点，视觉影响大，环境要求高，因此进行了重要节点的规划设计示范。采用建筑方案深度的规划设计，且配有整体效果图，直观性强，示范效应强（图9-15—图9-19）。

图9-15　白塔广场规划设计效果图

图9-16　昌都路白塔节点规划设计效果图

图9-17　康定路公共建筑节点规划设计效果图

图9-18　长征路达娃路交叉口东北角规划设计效果图

图 9-19　团结路军区西侧路北节点规划设计效果图

9.3.3.3　香格里拉城市风貌规划控制模式恰当且可操作

香格里拉城市风貌规划根据对现状建筑形式、质量、环境等因素分析以及相应地段的建设发展可能性,采用完全保留、保留整治、新建及拆除等四种规划控制模式,并据此进行现有建筑立面整治和新建建筑设计。

1）规划控制模式（图 9-20）

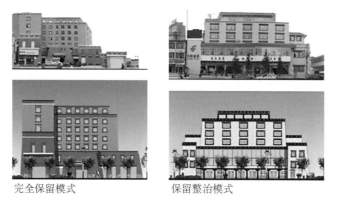

完全保留模式　　　　　　　　保留整治模式

新建模式

因规划街头绿地拆除　　　　　　　拆除模式

图 9-20　街景规划模式示意图

● 完全保留模式：对现状建筑质量较好、有历史保护价值、与规划无冲突的建筑作完全保留，保持其原有形态不做改造。

● 保留整治模式：对现状建筑在保留的基础上，进行适当、合理的美化处理，使之与周边环境更加协调、更加满足规划要求、更加符合香格里拉地方特色。

● 新建模式：现有建筑拆除后，在原有用地以及现有空地进行新建的行为。严格按照规划要求进行，保证新建与周边现有环境格局相协调。

● 拆除模式：对于违章建筑或者占压城市公共绿地绿线、道路红线的建筑，予以拆除。拆除后不得进行新的建筑建设，只进行公共活动场地或绿化建设。

2）建筑立面整治

● 整治建筑立面，统一街道景观形象，强化藏式建筑风格，突出街道景观特色，完善街道景观序列。

● 统一碉房建筑檐口做法，突出香格里拉地域建筑风格。单层檐口（图9-21）的类型适用于4层以下的建筑，双层檐口（图9-22）的类型适用于4层及以上的建筑。檐口色彩采用黑色基底，白（浅灰）色装饰。

图9-21 单层檐口示意图

图9-22 双层檐口示意图

● 对现有门窗进行形态、装饰、细部等方面的整治，使之更富于藏式建筑特色。具体包括：保持原有窗户大小不变，增加藏式窗套与窗楣；变大窗为小窗；增加藏式门斗；改变窗格划分方式（图9-23）。

● 采用墙体收分的方法。墙体收分是藏式建筑的主要特征之一，墙体下宽上窄，建筑重心下移，富有稳定感。按照传统藏式建筑做法，墙体收分角度一般为5度左右。具体有以下两种做法：

做法一，在现有竖直墙体外侧直接加砌砖墙，依靠砖墙做出收分。加砌砖墙时，间隔以金属锚件与原有墙体进行连接，外表面找平后贴石材或刷真石漆。此做法适用于原有墙体较低的情况（图9-24）。

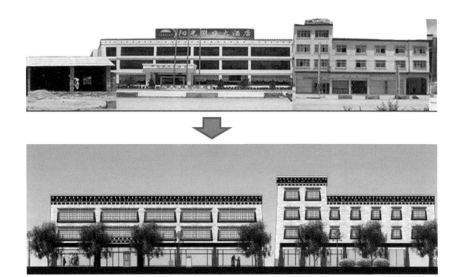

图 9-23　门窗整治示意图

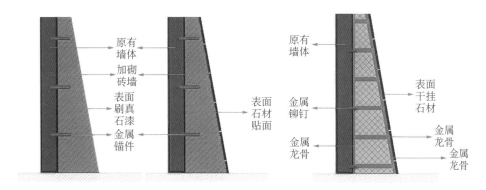

图 9-24　墙体整治做法 1　　　　　　　图 9-25　墙体整治做法 2

做法二,在现有竖直墙体外侧敷设金属龙骨,在龙骨上外挂石材,依靠龙骨做出收分。表面石材与原有墙体之间填充保温材料,可以改善建筑的热工性能。此做法适用范围较广,尤其适用于原有墙体较高的情况(图 9-25)。

在建筑立面整治时,在可能的条件下,应尽可能做出墙体收分,以渲染藏式建筑的氛围(图 9-26)。

9.3.3.4　香格里拉城市风貌规划实施效果显著

"香格里拉城市整体形象设计"与"香格里拉城市街景规划设计"于 2007 年开始实施。在 2007 年 9 月迪庆藏族自治州建州 50 周年州庆前,严格按照道路街景规划设计成果,从建筑立面整治、路面铺装改造、绿化种植、街道家具配置等方面全方位完成了长征路(整条路)和团结路(半条街)的街景实施改造工程,初具良好的示范效果。随后 3 年,按照城市风貌规划和街景规划设计成果,对 11 条道路进行街景规划

工商银行改造情况　　　　　香巴拉酒店改造情况　　　　　州公安处改造情况

图 9-26　立面改造实施效果图

设计实施建设,取得了良好的实施效果。之后,按照城市风貌规划,参照街景规划设计成果,进行全城区街景整治改造:对噶丹松赞林寺进行保护性修缮,对独克宗古城进行提质拓展建设,并根据贯穿城区龙潭湖、纳曲河、奶子河等水系实况、生态保护要求和城区建设需求,开展水系和滨水区空间改造的提质建设工程,极大地提升了香格里拉城市环境品质,彰显浓郁的藏族文化特色氛围,推进了全域旅游发展,充实了香格里拉城市活力、吸引力和综合竞争力。城市风貌规划实施效果显著(图 9-27—图 9-38)。

图 9-27　香格里拉机场实景图

图 9-28　迪庆州政府(碉房风格的行政建筑)

图 9-29　建塘路某公共建筑

图 9-30　整治后的长征路实景 1

图 9-31　整治后的长征路实景 2

图 9-32　整治后的建塘路实景

图 9-33　整治后的龙潭湖实景 1

图 9-34　整治后的龙潭湖实景 2

图 9-35　整治后的龙潭湖实景 3

图 9-36　整治后的龙潭湖实景 4

图 9-37　整治后的龙潭湖实景 5 　　　　　　　　　图 9-38　纳曲河实景

参考文献

［1］邬建国.景观生态学——格局、过程、尺度与等级［M］.北京：高等教育出版社，2000.

［2］王敏.城市风貌协同优化理论与规划方法研究［D］.武汉：华中科技大学，2012.

［3］麦克哈格.设计结合自然［M］.天津：天津大学出版社，2006.

［4］齐康.文脉与特色——城市形态的文化特色［J］.建筑与文化，2005(11).

［5］西特.城市建设艺术：遵循艺术原则进行城市建设［M］.仲德昆，译.南京：东南大学出版社，1990.

［6］朱旭辉.城市风貌规划体系构成要素［J］.城市规划汇刊，1993(6).

［7］乔文黎.城市滨水区景观的评价研究［D］.天津：天津大学，2008.

实践案例篇

PLANNING PRACTICES

10　上海外滩地区城市更新研究及城市设计

项目负责人：唐子来*

项目组成员：付　磊　姜秋全　戚天宇　金笑辉

10.1　背景及项目基本情况

2019 年，习近平总书记在上海滨江提出"人民城市人民建，人民城市为人民"的城市建设理念。上海在《上海市城市总体规划（2017—2035 年）》（以下简称"上海 2035 总规"）实施阶段，空前重视以"一江一河"为代表的城市滨水空间。外滩地区作为黄浦江与苏州河的交点、上海中央活动区的中心，是践行习近平总书记城市建设理念的核心抓手之一。

外滩地区被誉为"一部活着的中国近代史"，更是有"中国历史一千年看西安，五百年看北京，一百年看外滩"的说法。它一直是上海国际地位的象征，在 20 世纪二三十年代凭借 600 多家金融机构的集聚，打造了上海远东金融中心的地位。今天的外滩是上海国际大都市的形象标识地，以其富有特色的街巷空间集聚着近代"万国建筑博览群"，其经典的天际线不仅是上海形象的代表，同时也是外国游客在上海的第一"打卡地"。

然而，相比历史上外滩地区的功能地位以及现状滨水界面的整体形象，外滩腹地地区目前功能低效、交通混乱、空间品质差，已成为上海亟须改造提升的重点地区之一。在此背景下，我们规划团队于 2019 年年初开始《上海外滩地区城市更新研究及城市设计》的规划编制工作，旨在关注外滩地区整体的功能更新、品质提升与建设实施。

10.2　规划范围与任务

本次规划范围北临苏州河，东至黄浦江，西至河南中路，南至延安东路。基于黄浦区相关政府工作报告，规划范围内中山东一路西侧第一排历史建筑群，以及中山东一路以东地区被称为"外滩第一立面地区"（以下简称外滩第一立面）；规划范围内的西部地区被称为"外滩第二立面地区"（以下简称外滩第二立面）。

本次规划范围内的外滩地区总面积 82.7 公顷，其中建设用地面积 78.1 公顷，非建设用地（水域）面积为 4.6 公顷（图 10-1）。

* 唐子来，同济大学建筑与城市规划学院教授，上海市人民政府参事。邮箱：zltang@tongji.edu.cn。

本次规划任务聚焦制订外滩地区的功能更新方案与空间设计规则,并在政策层面,针对性地提出针对外滩地区更新的特定政策建议。重点是在"上海2035总规"的指导下,确定地区发展的战略目标,研究地区功能业态及规划布局,并基于风貌资源评估,确定融合历史风貌保护要求的设计控制方案(图10-2)。

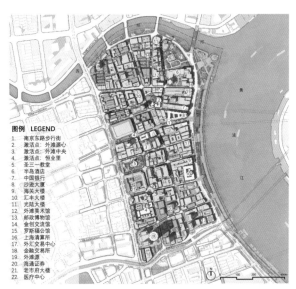

图 10-1　规划范围示意图　　　　　　　　图 10-2　更新空间示意图

10.3　基本特征与问题

外滩地区承载上海众多的历史印记,如今也是上海公共空间的核心,其地区的城市更新不仅是城市设计策略与方案的问题,更多的是在管理制度、更新政策等深层次一直存在的问题。

首先,在全市已经对"中央活动区"和"一江一河地区"在总体层面有目标指引的前提下,还需要针对承载城市发展战略目标的核心空间载体制订更为详尽的、有针对性的功能指引和开发要求。外滩地区还有46%的低效利用建筑且产权分散,在地区与街区层面,都缺乏对特定地区的规划指引。

其次,规划范围78公顷用地整体属于历史风貌保护区,其中50.5公顷属于核心保护区,优秀历史建筑、文保单位众多。包括规划部门、文管部门以及房屋管理部门的保护要求相互叠加,为建筑功能的更新带来极大的困难。

再次,得益于外滩风貌保护的要求,道路格局保护较好,但在街区层面,由于缺少明确的控制要求,零散已建的超高层建筑不仅冲击着外滩的天际线,同时也冲击着传统的街巷内部空间。

最后,外滩地区在马车时代开始建设的路网尺度难以适应如今新的功能植入。特色街巷空间受到冲击,机动车交通制约活力的进一步提升。在公共交通支撑方面,外滩地区乃至整个浦西的黄浦滨江都存在明显短板,影响着未来新功能的植入。

10.4 规划要点

通过基于时空联动的功能分析、基于资源特质的价值分析、基于规划指导的责任分析以及基于服务人群的需求分析,确定未来外滩地区聚焦"建设全球城市经典的海派客厅"这一发展愿景,定位上海的金融服务的标杆区、海派文化的典范区以及消费旅游的活力区。构建"与时空对话的经典外滩"这一设计定位。

在空间的功能业态方面,研究建筑的历史功能演变特征以及现状周边功能的影响,确定外滩地区"2+2"的功能体系。其中,主导功能包括:以金融为特色的商务和含酒店旅游服务在内的商业功能。嵌入功能包括:文化功能和公寓等为商务人群生活服务的功能。根据历史建筑的功能演化规律,结合现状确定每栋建筑的主导功能以及建筑首层的功能。

在历史资源活化策略中,结合有保护要求建筑的"留改拆"处理以及普通建筑的质量评定,形成建筑更新设计的完整底图。根据街区内保护建筑要求的不同类型,形成三类街坊的划分:第一类是以活化利用为主的街坊,第二类是更新空间集中的街坊,第三类是更新空间分散的街坊。

在街区空间高度控制方面,从滨江天际轮廓控制和街道界面高度控制两个视角控制街坊的高度。其中,滨江天际轮廓控制需要把握:第一,在浦西滨江视角,把握"不见原则",即被外滩第一立面建筑遮挡,看不到后排新建建筑,保护外滩经典的天际轮廓线。第二,在浦东滨江视角,确定"前有遮挡,后有背景"的控高原则,即如果新建建筑高度能被前排现状建筑遮挡,则控高指标可行;若不能,则要求最高不能超过其后排现状建筑的高度,具体高度通过一事一议方案评审确定。此外,通过街道界面控制要求校核高度指标。街道界面高度控制以 20 世纪 20 年代工部局对外滩的建设要求,即以当时对街道高宽比、开放空间尺度以及建筑高度的控制要求为标准,校核现状的周边建设情况。最终,形成对街区层面的三维高度控制要求,并融入城市设计导则之中。

在空间品质提升方面,第一,从慢行环境入手,确立南京路步行街东拓的设计方案,以及设立慢行主导区、慢行节点和相应交通组织方式;第二,从街巷空间梳理的角度,要求建筑首层的开放,具有街巷空间的公共性;第三,从地下空间开发的角度,梳理更新和建筑保护要求之间的症结,确立可行的三种类型。

在政策层面,首先整合各个部门针对建筑的保护要求,其次梳理上海市近年出台的各类"更新实施办法与细则"在外滩实际操作层面的掣肘原因,最后通过建立市区两级政府联动的"外滩保护更新管理委员会",从"土地获取、开发建设以及运营管理"三个视角提出政策建议,化解更新的难点和痛点。

10.5　规划创新

创新点 1:基于时空联动的功能分析,做好功能业态引导

基于历史建筑原型分析,做好特色功能导入。外滩有深厚的历史底蕴,地区更新需要考虑历史建筑功能可改造方向的实际情况。因此,外滩的历史建筑功能活化是地区提升活力的重点,地区的功能更新离不开对外滩历史原型的分析。规划基于历史原型的分析,总结出三类建筑原型,分析其古今功能的演变,从而明确三类历史建筑原型未来适合的功能改造方向(图 10-3)。

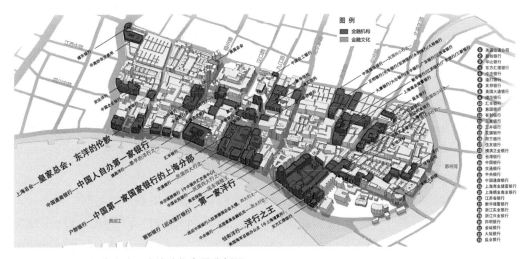

图 10-3　1947 年外滩地区建筑功能布局分析图

创新点 2:基于历史原型的空间分析,构建三维管控图则

外滩亲切宜人、连续紧凑的经典街道界面高宽比是该地区容易忽略却非常重要的经典空间价值。外滩的经典街道高宽比秩序来源于历史上工部局的建筑规范,即历史建筑的高度是规范中明确的 1.5∶1 的街道高宽比规则控制出来的。因此,要延续外滩经典的历史空间格局,就需要延续其历史上的空间建构规则。本次规划在研究外滩高度格局时,重点研究了外滩经典街道高宽比的保留与延续,尊重历史街道界面高宽比控制规则,创新性地提出并构建了三维高度控制体系,并落实到图则中。

创新点 3:基于现实开发的管理视角,寻求制度政策创新

上海市已经初步建立城市更新和风貌保护相关的政策体系,规划研究也更加侧重对政策导向的研究。经过对现有政策条款的梳理,我们发现外滩地区既有政策仍面临几个方面的问题,包括平台协调和土地获取政策支撑的问题、普适性消防安全标准不完全适用特定地区的问题、政策条文不明导致定向土地出让方式和弹性规划控制政策难以落实的问题,以及风貌保护项目的扶持政策有待完善和落实的问题。因此,规划从统一政策平台建构、创新土地获取政策、特定建设标准规范、规划管理政策和财税补贴政策等五个方面入手,针对产权协调和土地快速收储供地、既有的容积率奖励落实、肌理保护、消防规范的满足、财税补贴等各方人士比较关心的问题提出了政策优化建议。

此外,该项规划研究在关注后街内巷、人车共板设计、强化慢行网络等方面也有些创新性的研究。

10.6 实施成效

此次外滩城市更新有三点成效:第一,南京路步行街东拓计划实施,南京路步行街于2020年国庆节前正式东拓开街,与外滩紧密相连;第二,外滩中央改造更新项目的校核落实,目前已正常运营;第三,外滩源二期地块的指标与方案校核,目前已经推进到实质阶段。

参考文献

[1] 周俭,阎树鑫,万智英.关于完善上海城市更新体系的思考[J].城市规划学刊,2019(1).

[2] 苏蓉蓉.上海市历史文化风貌区更新规划思路与路径探讨[J].规划师,2019(1).

[3] 阳建强.走向持续的城市更新——基于价值取向与复杂系统的理性思考[J].城市规划学刊,2018(10).

11 上海杨浦滨江南段滨水公共空间的复兴[*]

项目负责人：章　明^{**}

项目团队：同济原作设计工作室

自 20 世纪 60 年代起，在全球范围内以区域振兴为目的、资本开发为手段的城市滨水区发展计划开启了后工业时代城市滨水空间的迭代与复兴，以文化为媒、空间公共化为实，力求将滨水空间重新纳入整个城市的生长与更新体系。本文试图通过回溯上海杨浦滨江南段滨水公共空间自 2015 年起的设计与发展历程，解读在总体概念、既有建筑更新改造、工业遗产保护、生态系统修复等方面的理念与策略，在城市政策导向和建筑师自主创作的双重框架下阐述滨水公共空间复兴的社会属性与建筑学意义。

11.1 迭代与复兴

11.1.1 迭代——从生产岸线到生活岸线

远古的先民站在陆地与水域的边界，身后是大片可供种植和收获的丰沃土地，面前是辽阔而永不衰竭的水源。他们择水而居，享受着开枝散叶与源远流长的大自然的双份恩泽，既可固守家园又可远走世界。于是，这种栖居理想如同基因般根植于绵长不绝的社会进化链条中，绵延至今。

工业时代的人们站在陆地与水域的边界，身后的大片良田被密布的货仓码头所取代，水面上船桅栉比，各类厂区将居住地推移至远离水岸的城市腹地。曾属于大工业时代的杨浦滨江南段就是这种状态最为典型的例证。本地人一语双关地把杨浦区称为"大杨浦"，就是因为它是上海开埠以来最集中的工业区，承载着大工业时代带来的荣耀与创伤，兼具铿锵之美与粗放之气。

然而，虽然城市建筑不断刷新高度与密度的记录，城市生活却与水岸渐行渐远。杨浦滨江南段就形象地印证了滨水区与城市相隔离的状态：杨树浦路以南密布的几十家工厂，沿江边形成宽窄不一的条带状的独立用地与特殊的城市肌理，将城市生活阻挡在距黄浦

---

* 原文刊发于《建筑学报》2019 年第 8 期第 16—26 页，题目：涤岸之兴——上海杨浦滨江南段滨水公共空间的复兴，作者：章明，张姿，张洁，秦曙，王绪男。本文略有删节。

** 章明，同济大学教授，建筑与城市规划学院景观学系主任，同济设计集团原作设计工作室主持建筑师，中国建筑学会建筑改造和城市更新专业委员会副主任。邮箱：zmz0008@126.com。

江 0.5 千米开外的地方,形成"临江不见江"的状态。

20 世纪 60 年代末,城市滨水区重新受到全球性的关注。一方面,随着商品贸易增长日益全球化,货物储存需要更大的空间,运输路线要求更畅通的布局,从而导致港口和码头设施逐渐从城市中心区撤离。世界各地因此被空置出来的滨水场地拥有与杨浦滨江几乎差不多的面貌:废弃的厂房,锈蚀的设施,恣肆的荒草。另一方面,随着全球资本下生产行为向低价劳动力市场的转移,"退二进三"成为客观的经济增长需求,城市区域的工业区纷纷面临关停和转型,因此催生出一大批从生产岸线到生活岸线迭代的早期案例,如 20 世纪 80 年代中期建设成为中央商务区的伦敦金丝雀码头。

历经几十年的探索,如今的滨水空间复兴不再是单一功能的简单置换,而是通过嵌入公共交通、公共空间、景观体系,力求将滨水空间重新纳入整个城市的生长与更新体系中,形成一种渐进的、综合的开发模式。新加坡河畔滨水历史街区、中国香港维多利亚湾启德休闲及旅游综合区以及美国芝加哥滨水公共岸线均属于此类建设,为市民提供更多公共开放空间的同时也带动了相邻区域的商业与房地产投资[1]。亚历克斯·克里格(Alex Krieger)在滨水区开发十原则中指出:"城市滨水区沿岸的更新是城市生活中的复发性事件,通常当经济或文化的主体发生转变并导致当代城市生活出现冲突性观点时,滨水区更新就有可能发生。"[2]

在经济高速发展、城市更新理念不断深化的大背景下,人们期望滨水空间的复兴计划如同清流涤岸,为城市带来更多活力复兴的契机(图 11-1)。

图 11-1　1939 年金子常光绘制的上海鸟瞰图

　　图片来源:钟翀.旧城胜景:日绘近代中国都市鸟瞰地图[M].上海:上海书画出版社,2011:98-99

---

① 张庆秋.城市滨水地区建设与更新策略研究[J].建设科技,2018(5):53-54.
② 克里格.城市滨水区的发展[M]//美国城市土地研究学会.城市滨水景观规划设计.马青,马雪梅,李殿生,译.沈阳:辽宁科学技术出版社,2010.

11.1.2 复兴——基于百年工业传承的场所复兴

自 2002 年始,黄浦江两岸的综合开发就成为上海市的重大建设战略之一,而 2010 年的上海世界博览会更加速了相关工业企业的搬迁。杨浦滨江(内环以内)作为上海市城市总体规划(2017—2035)中重点突出的中央活动区的重要组成部分,将实现从封闭的生产岸线转变成为开放共享的生活岸线的目标。2014 年年底,黄浦江两岸 45 千米长公共空间三年行动计划启动(于 2017 年年底实现贯通),杨浦滨江滨水空间的复兴就在这样的时代背景之下进入我们的研究与实践范畴。

黄浦江岸线东端的杨浦滨江,拥有 15.5 千米上海浦西中心城区最长岸线。自 1869 年公共租界当局在原浦江江堤上修筑杨树浦路,揭开了杨树浦百年工业文明的序幕。杨浦滨江所在的杨树浦工业区作为上海乃至近代中国最大的能源供给和工业基地,在城市经济和社会生活中占有举足轻重的地位,在其发展历程中创造了中国工业史上无数的"工业之最",被称为"中国近代工业文明长廊"(图 11-2)。这里的工业遗存规模宏大,分布集中,其中不少曾是中国工业史上的代表性建筑:中国最早的钢筋混凝土结构厂房——怡和纱厂锯齿屋顶的纺车间(1911 年),中国最早的钢结构多层厂房——江边电站 1 号锅炉间(1913 年),近代最长的钢结构船坞式厂房——慎昌洋行杨树浦工厂间(1921 年),近代最高的钢框架结构厂房——江边电站 5 号锅炉间(1938 年)等。

图 11-2　基地历史背景

　　杨浦滨江沿途混杂着各色建筑,几乎就是 20 世纪末至 21 世纪初城市产业结构调整的缩影。伴随着区域内大量的工厂停产迁出,城市生活空间开始见缝插针式地向江边渗透,但这种渗透在即将到达江边的 0.5 千米的地方戛然而止。通往基地的最后一段道路崎岖而荒芜,随处可见高耸的厂区围墙、生锈的金属大门以及"闲人莫入"的标牌提示着:曾被工业时代猛烈冲刷过的这片土地虽疲态尽显,却依然是往昔那片不容轻易踏足的"禁地"。

　　确切地说,我们是在示范段现场施工已经启动的情况下接受这个项目设计委托的,目标是对原方案进行修改与提升。然而,现场踏勘使我们意识到:如果依照原有方案向前推进,就意味着会落入一个先入为主的模式,这将使我们放弃一贯坚持的"在现有场所的残留痕迹中挖掘价值与寻求线索"的主张。曾经高速而粗放的城市化进程,几乎已经抹去原有场地上的历史痕迹,与此同时,一种喜闻乐见的滨水景观模式在黄浦岸边被不断复制——类似的流畅曲线构图、植物园般丰富的植物配置、各色花岗岩铺装的广场、似曾相识的景观雕塑以及批量采购的景观小品。如今,在城市发展逐步从粗放扩张转向品质提升的背景下,越来越多的人开始意识到原有模式存在的问题,我们也就是在这样的"机缘"下开始了这次注定充满挑战的改造实践。

11.2　锚固与游离

11.2.1　杨浦滨江南段公共空间总体概念

　　2015 年盛夏,杨浦滨江的设计面临多重压力。一方面,我们"抢救"式地挖掘和保留场地上的工业遗存,以边设计边施工的方式保证示范段于 2016 年 7 月向公众正式开放。另一方面,我们需要系统性地梳理杨浦滨江南段 5.5 千米长度范围内的总体概念方案,寻求将工业区原有的特色空间和场所特质重新融入城市生活中的全新方式,并实现 2017 年 7 月杨浦滨江南段 2.8 千米长的公共空间贯通开放,以及 2019 年杨浦滨江南段 5.5 千米长公共空间全线贯通开放的大目标。

　　亚历克斯·克里格指出:"闲置的或荒废的城市滨水区,当它们成为令人满意的生活场地而不再是仅供参观的地方时,它们便复活了。"①同样,我们一直在思考的问题是:如何将"还江于民"的宏大主旨落位到"以工业传承为线索,营造一个生态性、生活化、智慧型的杨浦滨江公共空间"的设计理念,通过实施有限介入,以低冲击开发的设计策略,实现工业遗存的"再利用"、原生景观的"重修复"和城市生活的"新整合"。杨浦南段滨江的总体

---

① 克里格.城市滨水区的发展[M]//美国城市土地研究学会.城市滨水景观规划设计.马青,马雪梅,李殿生,译.沈阳:辽宁科学技术出版社,2010.

概念方案可以形象地概括为：三带和弦、九章共谱(图 11-3)。

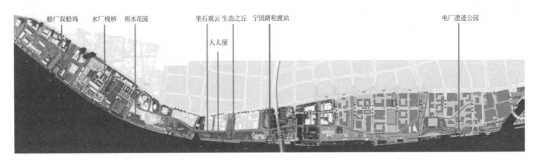

图 11-3　杨浦滨江南段 5.5 千米总体平面图

　　三带：主要是指 5.5 千米长度连续不间断的工业遗存博览带，漫步道、慢跑道和骑行道并行的健康活力带以及原生景观体验带。贯通道路上的六个断点，通过水上栈桥、架空通廊、码头建筑顶部穿越、景观连桥等不同方式予以解决。

　　九章：主要是挖掘原有"八厂一桥"的历史特色，即结合上海船厂、上海杨树浦自来水厂、上海第一毛条厂、上海烟草厂、上海电站辅机专业设计制造厂、上海杨树浦煤气厂、上海杨树浦发电厂、上海十七棉纺织厂，以及定海桥自身的空间与景观条件，形成九段各具特色的公共空间。例如以船厂中 200 米长的两座船坞为标志点，大小船坞联动开发使用，大船坞为室外剧场，小船坞为剧场前厅与展示馆，船坞的西侧和东侧分别设置可举办各类室外演艺活动的广场与大草坪，形成船坞综合演艺区；以烟草公司、上海化工厂为主的三组楔形绿地向城市延伸，形成带状发展、指状渗透的空间结构。丹东路码头北侧的楔形绿地结合江浦路越江隧道风塔设计了滨江观光塔；在安浦路跨越杨树浦港处设计了双向曲线变截面钢桁架景观桥，并通过桥下通道连接北侧楔形绿地和兰州路；在宽甸路旁的楔形绿地中保留了烟草公司仓库的主体结构，通过体量消减形成跨越城市道路之上的生态之丘，建立起安浦路以北区域与滨江公共空间的立体连接；借助杨浦大桥下的滨江区域形成工业博览园，以电站辅机厂两座极具历史价值的厂房为核心，改建更新为工业博览馆，将大桥下的空旷场地改造为工业主题公园，形成内外互动的综合性博物馆群和工业博览园。在黄浦江转折处，利用曾是远东最大的火力发电厂的杨树浦电厂滨江段改造为杨树浦电厂遗迹公园，保留码头上的塔吊、灰罐、输煤栈桥以及防汛墙后的水泵深坑，植入塔吊吧、净水池咖啡厅、灰仓艺术空间、深坑攀岩等功能，使其成为整个杨浦滨江南段的压轴之作。

　　5.5 千米长度范围内的总体概念方案为杨浦滨江南段公共空间的日后发展确定了特色鲜明的基调，也确定了我们作为总建筑师团队参与各段实施的全过程工作。在一个相对开放的合作平台上，后续参与的多家设计单位呈现出风格略有差异，但总体策略连续、风貌协调的各段实施设计。

11.2.2 锚固与游离——示范段的尝试

西尔维奥·卡尔塔(Silvio Cartazai)在《蓝色的纹路》一文中描写:"当工业时代与信息时代相遇,新的美学价值观就产生了。旧的工业场地变得令人着迷……这些旧的港口设施矗立于场地中,见证着过往那些工人、市场的故事,这些故事或多或少地吸引了年轻的一代人,在城市的旧场所,这种能唤起人们回忆的力量得到了放大。"[①]2015年的杨浦滨江就是埋没于荒草之中静待有心人发现的独特之地。作为最先启动的杨浦滨江示范段,占据了怀德路东西两侧长约1 100米的滨江岸线,曾分属三家企业:西侧始建于1883年的杨树浦水厂因其典雅的英国古典城堡式建筑群成为"上海市文物保护单位";中部的上海第一毛条厂,其前身是始建于1915年的新怡和纱厂[②];东侧的第一水产批发部,其前身是1945年建成的中国第一渔货市场[③]。场所精神既存在于锚固在场地中的物质存留,又存在于游离在场地之外的诗意呈现。杨浦滨江公共空间示范段就是基于这一理念的一次全新实践,它的成功成为后续同类实践的立足点。

11.2.2.1 挖掘工业遗存——防汛墙、浮动限位桩、老码头地面与拴船桩

目前防汛墙有两种改造方式:①保留原有防汛墙,②隐藏于绿地之下成为隐蔽式防汛墙。现有的滨江规划中除了用地过于紧张的区段外,大多采用后者以增加公共空间的亲水性。然而,考虑到防汛墙是原有场地遗存的重要特征物与识别物,我们在示范段中保留了近300米长的防汛墙——斑驳的墙面与厚重的墙体提示着往昔工业码头的记忆。同时,我们适当提升了防汛墙内侧的地面高度,形成视角理想的望江平台,避免了防汛墙对滨江公共空间视觉上的阻挡。在将其余部分拆除后,远离水岸,我们设计新建了埋于绿坡之下的隐蔽式防汛墙。

老旧的渔市货运通道和防汛闸门也面临被拆除的命运。考虑到这些都是场地中极富感染力的特征元素,曾见证当年货物吞吐量十分惊人的"中国第一远洋渔获市场"的辉煌,经过和后区开发公司以及水务部门的多次沟通,通过调整防汛墙后区地面标高、搭建新的镂空钢栈道,并利用闸口空间种植乌桕等方式,实现了保存工业遗迹与满足使

① 卡尔塔.蓝色的纹路[J].C3,2010(1001):6-11.
② 纺织业是杨树浦工业区发展最早、规模最大、历程最完整、最具代表性的一个行业。杨浦工业区的纺织企业是国内纺织行业的鼻祖,其产量和市场份额也在多个时期于国内首屈一指,其发展历程代表了我国纺织业的发展。1896年《马关条约》签订后,外国投资者攫取了在通商口岸设厂的权利,英国怡和洋行借机在沪率先办起了第一家外商棉纺织厂——怡和纱厂。怡和纱厂作为最早建立的外商纱厂,在新中国成立后,转型为上海第一毛条厂。
③ 上海渔市发展经历了从十六铺码头到复兴岛码头再到江浦路的历程。抗日战争胜利后,齐物浦路(今江浦路)坐拥"中国第一远洋渔获市场",及至1990年,发展成为5万平方米面积的国家级"上海水产中心批发市场"。江浦路的渔获市场在上海乃至全国的水产交易中都起着举足轻重的作用。

图 11-4　穿越草海的钢栈道
来源：章勇摄影

图 11-5　广场上用拴船桩布置形成的矩阵
来源：同上

用功能间的平衡（图 11-4）。

另一个我们努力保留下来的特征物是原有趸船的浮动限位桩①。粗壮的混凝土墩和箍在上面的双排钢柱极具工业感，同时也是滨水空间入口的对景。最终在拆除作业船已然到港的状态下，我们将这个当时不起眼的浮动限位桩保留了下来。

码头地面的混凝土在长年累月的货运压力下显得斑驳粗糙，面层脱落处裸露出原始的骨料，形成一种介于水刷石和水磨石之间的效果。通过多次试验，我们最终确定了局部地面修补、混凝土直磨、机器抛丸、表层固化的施工工艺，从而实现了老码头表面原有肌理的保留与品质提升。

和老码头的粗糙肌理一同被保留下来的还有大小不一的钢质拴船桩和混凝土系缆墩。由于这些遗存物与新增维护栏杆存在位置上的冲突，因此需要针对性的节点设计，它们在移位后又被重新组织排布，成为滨江步道上时隐时现的一组景观小品（图 11-5）。

11.2.2.2　基础设施建筑化——水厂栈桥

基础设施进入建筑学的视野早在古罗马的引水道就初露端倪，前普林斯顿建筑系主任斯坦·艾伦（Stan Allen）将之理论化②。他认为，基础设施的大量重复性和对日常生活的深层介入本质上是一种公共空间，能够在城市中建构起一张人工地表网络，成为城市生活的载体。1 100 米长的示范段中有 535 米的防汛墙处于安全性要求极高的杨树浦水厂外，由于水厂运营要求必须在紧邻江边的防汛墙外设置一系列生产设施以及拦污网、隔油网和防撞柱等防护设施，客观上形成了杨浦滨江贯通工程中的最长断点。对此，我们提

---

① 趸船又称"浮码头"，通过趸船系柱的限位控制，使其高度跟随水位而变化，但其水平位置始终不变。

② ALLEN S. "Infrastructural Urbanism" in Points + Lines：Diagram and Projects for the City[M]. New York：Princeton Architectural Press, 1999.

出利用水厂外的基础设施进行更新和改造的方案,将景观步行桥整合其中,形成公共水上栈桥,提供新的观赏江景和观赏水厂历史建筑的双向角度,产生悬浮于江上的独一无二的漫游体验。栈桥与基础设施原有的结构产生了新的对话关系,完成了基础设施建筑化的过程(图 11-6)。

图 11-6　依托防撞桩架设于江面的水厂栈桥
来源:章勇摄影

　　栈桥利用水厂外防撞柱作为下部基础结构,跨度在 6～8 米之间。因受到浚浦线的限制和水厂各类生产设施的影响,在全长 535 米的范围内栈桥的宽度不断发生变化,设计对此采用了相对普适性的结构策略,将格构间距控制在 750 毫米的钢格栅结构体轻盈地"搁置"在粗壮的基础设施结构上,使得桥体形态类似于江岸边首尾相连的趸船。栈桥结构的基本断面为 U 形,依据宽度、景观朝向、不同活动的差异发展成为多种不同的形式:在桥面较宽的地方,延伸单侧的扶手成为遮阳棚或休息亭;两个相邻 U 形的宽度变化产生了可停留的观景台,在最宽的地方设置了一个朝向江面的缓坡和江上小舞台;U 形的结构原型也会异化成为背靠背的座椅。利用座椅靠背的高度设置小乔木树池,解决了栈桥上的种植难题,为人们提供了天然的遮阴空间。

11.2.2.3　建构工业美学——钢廊架、钢栈道与水管灯

　　邦尼·费舍(Bonnie Fisher)在《滨水景观的设计》一文中提出:"没有一个滨水区完全

相似于另一个,也不该相似。设计应该承认每一座场景的内在特性。"①杨浦滨江示范段的设计不仅要将滨水工业区转变为宜人的城市生活公共空间,也要建构新的工业美学价值观,尽管这样做在现有的社会认知体系中存在风险。

为解决防汛墙后区与码头区的高差所形成的交通阻断,我们在二者之间引入了两组集合了交通、休憩、种植等功能的钢廊架。廊架的建构原型源自原纺纱厂的整经机,将其演绎出座椅、攀爬索和遮阳棚等功能。纤细的钢柱和线性排列的钢索使廊架和坡道显得格外轻盈、通透,与厚重的防汛墙和斑驳的浮码头相比对,形成脱离于场地之上的漂浮态势(图 11-7)。

图 11-7　复合功能的钢廊架
来源:战长恒摄影

原先属于不同厂区的浮码头不可避免地存在高差和断裂,我们新建漫步道力图将其缝合。例如在 3 号码头落差 1 米多的下凹地段新建了一组悬浮于原码头之上可连通多个方向的钢栈道,同时满足了通行、坐憩和远眺的功能需求。同样,1 号、2 号码头之间七八米宽的断裂带也以搭建钢栈桥的方式加以解决。断面呈 U 形的钢栈桥结构外露,形成格构状的桥身外观。透过底板局部透空的格栅网板能看到高桩码头插入河床的粗壮的混凝土桩柱,能观察到桥下黄浦江水的涨落,还能清晰地听到江水通过码头的夹缝拍打防汛墙的回响。

栏杆与灯柱的设计源自老工厂中管道林立的样貌。通过单一元素"水管"的组合变化

①　费舍.滨水景观的设计[M]//美国城市土地研究学会.城市滨水景观规划设计.马青,马雪梅,李殿生,译.沈
　　阳:辽宁科学技术出版社,2010.

形成适用于不同位置的栏杆与灯柱系列(图11-
8)。这些小品元素轻轻"游离"于既有环境之
上,又依然保持着同既有环境的关联。如今"水
管灯"已成为杨浦滨江具有标识性的特征。取
名为"工业之舟"的景观小品复合了花池与座椅
的功能,并以轮式支撑的形式安置于码头保留
的钢轨之上。

示范段的实践勾勒出滨江改造两个方面的重
要议题:其一是对旧的留存和新的植入之间关系
的讨论,将既有建筑看作是一种既存的空间实践,
以当下的空间观综合考虑、评估现状与历史,并
加以甄别、取舍,使更新成果成为一种建立于历
史事实之上的创作。其二是针对滨水用地的稀
有性,对既有基础设施进行"垂直复合利用"的尝
试,并将这种探索在后续的实践中渐次展开,推
而广之。

图 11-8 保留的混凝土系缆墩与水管灯柱
来源:苏圣亮摄影

11.3 "向史而新"

在滨江实践中,我们始终延续着"向史而新"的建筑史观,即将历史看作是一个
"流程"——一个连续且不断叠加的过程。新介入的元素既保持着对既有环境的尊
重,有限度地介入现存空间之中,同时又以一种清晰可辨的方式避免对既有环境的附
着与粘连,与之形成比对性的并置关系。建筑的目的既在于包含过去,又在于将过去
转向未来。

11.3.1 叠合的原真:电厂遗迹公园

1913年由英商投资建成的杨树浦发电厂曾是远东第一火力发电厂,其105米高的烟
囱在当时无疑是船只驶入上海港的地标。江岸上的鹤嘴吊、输煤栈桥、传送带、净水池、湿
灰储灰罐、干灰储灰罐等设施令人印象深刻。基于这些特殊的场地遗存,电厂段在总体设
计概念被定位为电厂遗迹公园(图11-9)。

电厂段的工业遗迹整饬是在深入了解原电厂工艺流程的基础上展开的。供发电用
的粉煤灰传输路径是从江边的鹤嘴吊、传送带经由输煤栈桥传导至后方的燃烧区。当
我们介入这段场地时,输煤栈桥中靠近江岸的两座转运建筑连同一座办公楼已经被拆

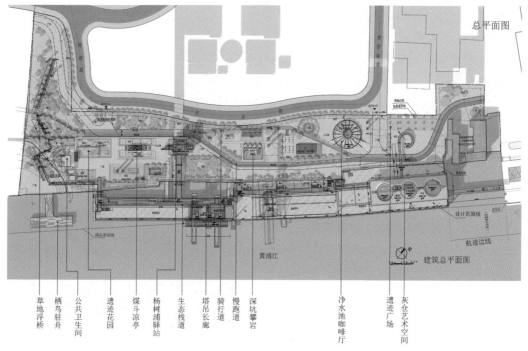

图 11-9　杨浦滨江公共空间三期总图

除。为了显露原先构筑物在工艺流程中的定位，我们决定在已被拆除的建筑下方继续挖掘基坑，形成三个供水生植物生长的池塘，保留原有基础与暴露的钢筋，将周围场地略加整饬，构成遗迹广场的基本格局。此外，我们在场地最西侧，利用挖掘出来的土方堆出一个小山丘；利用维护池塘基坑的帽形钢板桩作为外部模板，于内侧浇筑混凝土形成设备间、厕所与凉亭；将从原址建筑中拆卸下来的煤斗上下倒置，覆盖于其中一方池塘之上，作为休憩凉亭之用。

我们将码头上 200 米长的输煤栈桥改造成可眺望江景的生态栈桥；将输煤传送带上半圆形的橡皮履带更换为通长的半圆形钢板，覆土并种植花草；利用码头上原有三座高大塔吊中的两座，采用下部挑梁支撑与上部悬索吊挂的方式，将长 24 米、宽 6 米钢板肋结构的玻璃咖啡吧悬置于江面之上。鉴于三个黄灰色相间、巨大而醒目的干灰储灰罐位于码头最东端，是电厂段的重要工业遗存，我们在拆除外围护结构后，对原有下部混凝土结构和上部钢结构分别加固，在中部形成一个平坦开阔的功能间层，为日后的功能拓展留下伏笔。对于灰罐的内部空间，其中两个经过重新划分层面后用作展示，另一个则以盘旋而上的坡道兼具交通和展示功能。罐体的外部界面虽全部置换为新的构造，却依然保留了黄灰色相间的金属立面特征。

原电厂工艺流程中的一组储水、净水装置在现有场地上仅剩两个圆形的池坑。我们设计保留其中一处基坑作为景观水池，另一处则改造为净水池咖啡厅。采用轻薄的混凝土劈锥拱覆盖于原有净水池上方，以点式细柱落在原基坑圆形基础的外圈，穹顶在顶部留

有直径 6 米的洞口，不仅引入自然光，也将
电厂标志性的 105 米烟囱展露出来。游人
坐在下凹式的净水池咖啡厅中，既能透过
拱间的开口瞥见基坑水塘的一方静水，又
能望见远处码头高耸的橙红色塔吊
（图 11-10）。

图 11-10　净水池咖啡厅及远处的灰仓艺术空间
来源：章勇摄影

咖啡厅不远处是电厂用以储水的深坑
并附有一组复杂的装置：覆盖平台、四组水
泵管、四个锚固盖。改造工程首先将储水
坑上盖平台拆除，清理储水深坑和管道坑，
将其整饬为深坑攀岩场地，四个锚固盖作为攀岩坑的服务点被置于坑口。其次，将四根水
泵管的外管与管芯分离，两两一组分布于电厂段主要路径转折处，既标识出空间布局又指
示了行进方向，并成为电厂段具有工业特征的标识物。

在对电厂段的改造中，不同时期的人工痕迹无差别的并置状态表达出对叠合的不同
历史时期的回应。历史的原真性不再以一种封闭的法则或系统呈现，而是在充分尊重原
始状态的基础上呈现出不断叠加的历史过程。

11.3.2　现代木构的探索："人人屋"与"坐石观云"

滨水岸线的复兴基于对工业遗存的改造，需要从当代的视野重新审视和甄别这些遗
存的价值，以全其效用，这也成为探索当代新材料、新技术的一个契机。

"人人屋"是一处给市民提供休憩驻留、日常服务、医疗救助的滨江驿站，其所在区域
是始于 1902 年的祥泰木行的旧址，直到 20 世纪 90 年代还有大量直径 1 米以上的木材在
这个区域运输、加工、分解。基于对场地记忆的暗示，"人人屋"被设想为消隐在丛林之中
的温暖小屋，这就决定了在结构体系选择上要摒弃构件粗大的梁柱结构。"人人屋"的结
构设计是：由八榀木斜杆形成的空间木结构体系以 800 毫米作为基本模数，四榀直接落
地，四榀悬空。内侧为与木结构网架完全对应的玻璃幕墙体系，即将四榀悬空的木斜杆结
构通过钢节点连接件与内侧空间钢框架结构有效连接，从而形成了有足够刚度的钢木整
体受力的空间网架体系。外围木斜杆空间结构体系采用受力性能较好的欧洲云杉胶合木
材，将斜杆截面、水平支撑杆截面、钢框架截面尺寸压缩到近乎极限的 40～60 毫米。经过
2 个月的紧张施工，这个玲珑的现代木构在密林芒草之中诞生了，成为滨水景观之中的一
抹亮色（图 11-11—图 11-13）。

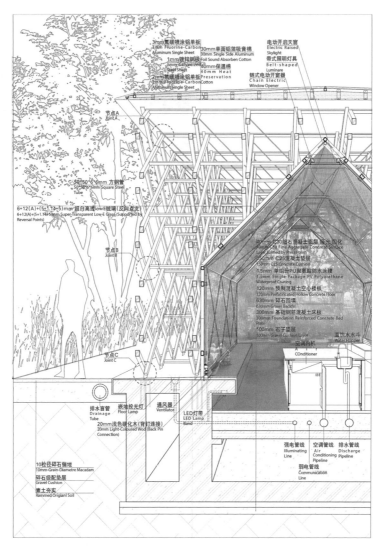

图 11-11 "人人屋"墙身剖透视

图 11-12 江岸融入景观的杨树浦驿站"人人屋"
来源:章勇摄影

图 11-13 雨后温馨的小屋
来源:同上

位于"人人屋"西北方向的滨江附属设施用房,因其绝佳的观景位置和上下分离的体量特征被称为"坐石观云"。建筑形体在规则长方形的基础上植入通透的中间层,使60米长的体量被拆分为上下两个部分:上部为轻盈温暖的木材,下部为厚重沉稳的混凝土。上部形体一部分向下延伸,下部形体一部分向上拓展,形成交融与渗透的关系。建筑上部的木梁采用双梁夹钢柱、纵横分离叠加的形式。纵横叠加的木梁形式一方面回应了中国传统木构的抬梁形制,另一方面则是以相互之间脱离的构件来强化构件本身,解决了不同材料构件之间的连接问题。与此同时,这种建构模式也形成了一个"有厚度"的结构空间,使中间层的状态更为立体与松散,与景观的因借引用关系也更为自然(图 11-14)。

图 11-14 "坐石观云"(左:二层东向视角,右:二层南向视角)
来源:章勇摄影

11.3.3 生态系统的修复:雨水花园

一般意义上滨水生态系统的修复是期望在江边滩涂的原生自然态与码头及防汛设施的人工态之间建立一种介于二者之间、环境友好、景观优美的江岸生态亲水体系,而在杨浦滨江生态系统中原有的工业码头占据了大部分岸线,因此我们尽量在高桩码头的连接处和防汛墙内侧保留原生植物群落与原生水系。

防汛墙之后、靠近原怡和纱厂大班住宅的地方原本是一片低洼积水区,杂草丛生,但其透露出的原始生命力却提供了探讨滨水生态系统修复的契机。设计运用低冲击开发和海绵城市等设计理念,保留了原本的地貌状态,形成可以汇集雨水的低洼湿地。池底不做封闭防渗水处理,使汇集的雨水可以自由地下渗入土地中,补充地下水,既解决了紧邻大班住宅地势低、排水压力大的问题,也改善了区域内的水文系统,大雨时还能起到调蓄降水、滞缓雨水排入市政管网的作用。另外,通过设置水泵和灌溉系统,湿地中汇集的水还可用于整个景观场地的浇灌。在低洼湿地中配种原生水生植物和耐水乔木池杉,形成别具特色的景观环境。新建的钢结构廊桥轻盈地穿梭在池杉林之中,连接各个方向的路径,同时结合露台、凉亭、展示等功能形成悬置于湿地之上的多功能景观小品。不同长度的圆形的钢管形成自由的高低跳跃之势,圆形的钢梁随之呈对角布置,有意与钢板铺就的主路径脱离开来。在清晰表达建构方式和受力关系的同时凸显了钢结构自身的表征。傍晚时分,钢管顶部的灯光点阵跳跃在湿地中的池杉林和芦苇丛间,轻介入的人造物与自然相映成趣(图11-15—图11-18)。

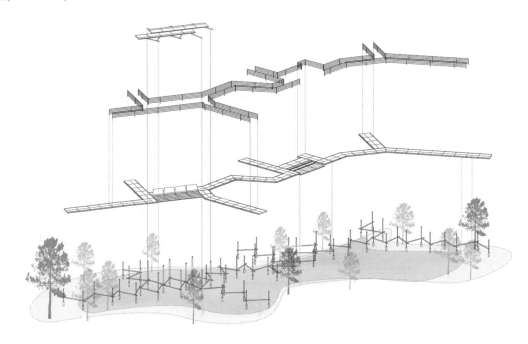

图 11-15 湿地通道方式结构示意图

图 11-16 雨水花园内的钢结构廊桥和凉亭
来源:战长恒摄影

图 11-17 雨水花园鸟瞰
来源:章勇摄影

图 11-18　雨水湿地钢结构栈桥和历史建筑
来源：章勇摄影

11.4　城市缝合

除了面临挖掘场所记忆、探索当代特征的问题之外，滨江公共空间的复兴注定涉及大量既有市政基础设施的更新，涉及从滨江的线性空间向城市腹地的延伸拓展，也势必触发并带动城市的有机更新与迭代。我们以实践中遇到的复杂的土地利用问题为契机，研讨了建筑学的边界拓展，促使市政基础设施介入城市日常，成为城市公共空间的一部分。同时在相关部门的多方协调与通力合作下，终于实现了城市不同功能需求的复合链接，形成将松散的碎片化空间串联起来的城市复合体，推动了规划与管理的复合化与精细化。

11.4.1　基础设施建筑学：宁国路轮渡站

曾经遍布黄浦江两岸、肩负日常繁忙运输功能的轮渡站是滨江环境中最为普遍的基础设施。随着跨江大桥、越江隧道和城市轨道交通的兴起，摆渡船逐渐淡出人们的视线。即便如此，轮渡站仍旧是属于黄浦江不可或缺的集体记忆。在滨江公共空间贯通工程中，轮渡站因为紧贴江岸成为贯通的巨大障碍，也成为将基础设施与其他功能相复合进行思考的契机。

位于杨浦大桥下的宁国路轮渡站就是黄浦江边客货两用的普通渡口之一，原先五层的砖混建筑被拆除后需要以一个预制装配式的临时建筑作为过渡之用，并同时为滨江公共空间的贯通提供条件。三个月的建设周期决定了钢结构体系成为设计首选，并在此基础上提供尽可能大的覆盖空间以满足过江人流量和景观公共空间的需求。于是，一个类似于"伞"的结构原型被纳入考量之中。将伞形结构原型演绎成为顶部平整、下部有高度变化的结构单元，相同单元互相支撑形成一个连续的"伞阵"，以细钢柱支撑伞形结构并悬挑 4 米，形成覆盖与通透兼备的"亭"的空间状态。轮渡渡口的办公、会议、值班等功能被构想成为

"伞"下的"小石块",同样采用预制拼装的单元化构成方式。为了解决轮渡渡口人流交叉问题,我们设计修建了一个逐级抬升的立体步行系统,轮渡渡口的屋顶(伞阵的顶部)被设计成这个步行系统的放大平台。由于上层公共空间的开放,伞阵的体系也随之发生变化,其中三把"伞"被抬升至平台之上,并在格构之间以钢索形成半通透界面,用以攀爬植物,并为上层的游人提供休憩之处。复航后的宁国路轮渡站如同比肩而立的轻盈伞阵,为日夜奔波的人们遮风避雨(图 11-19,图 11-20)。

图 11-19　宁国路轮渡上层开放空间平台
来源:章勇摄影

图 11-20　宁国路轮渡站入口
来源:同上

11.4.2　城市缝合:一座削切出来的生态之丘

　　烟草仓库是杨浦滨江南段复兴中对既有建筑实现转型的最特殊的案例。起初,它被拆除的命运似乎难以逆转。一方面,由于烟草仓库的庞大体量占据了江边 60 米宽、250 米长的地带,不仅在视觉上阻断了城市与滨江的联系,也阻断了规划在这个区域新增道路的通行。另一方面,建于 20 世纪 90 年代的 6 层仓库有着与同时期仓库建筑相仿的带型高窗、瓷砖贴面、框架结构的普通样貌。然而,拆除该建筑会引发水上职能部门用房、市政电网变电站、公共交通站、公共卫生间、防汛管理物资库以及滨江综合服务中心等市政及服务设施无处安置的问题。烟草仓库的位置正是上述各项功能较为理想的布点之选。权衡利弊后,我们建议有条件地保留烟草仓库,对在单体建筑中垂直划分使用权属的新模式进行尝试,将其改造为集城市公共交通、公园绿地、公共服务于一身、被绿色植被覆盖、连通城市与江岸的建筑综合体——生态之丘(图 11-21)。

图 11-21　绿之丘鸟瞰
来源:同上

鉴于仓库巨大体量造成的阻碍和压迫感,我们首先将建筑的第六层整体拆除,将建筑高度控制在 24 米以内,然后面向西南方向做斜向梯级裁切,形成朝向陆家嘴金融中心方向的层层跌落的景观平台,同样将建筑形体在面向城市的东北方向也做了一次斜向裁切,以消解建筑形体对城市空间的压迫感。我们在既有建筑的北侧设计新建了一个缓斜坡状体量,引导人们由城市一侧通过景观斜坡跨越市政道路直达江边,并以拟建的规划道路安浦路下穿建筑的设计方案巧妙解决了道路的权属问题。

拆除后保留下来的部分并未被当作一个传统意义上的封闭空间来考量,而是被设想成在层层绿化平台中放置着一些离散的小单元。插入的体量自成一体,同原有框架结构相脱离,形成清晰的比对态势。建筑正中位于车道上方的原有结构拆除后形成一个悬置的"天井",在天井正中设置一组双螺旋楼梯,形成既有框架体系中的一条漫游路径,于建筑的第五层向南北两端挑出,提供了一个远眺江景的全景视野。挑出的环形游廊长 26 米,受力支撑与水平稳定性主要依靠作为扶手的梁同混凝土框架结构锚固来提供。生态之丘的东西立面由垂直绿化索网体系构成,梯级状绿化平台拥有充足的日照,并通过降板处理增加覆土深度,保证各类植物苗壮成长,以期实现工业建筑向绿色生态建筑的转变。

11.4.3 区域发展:船厂地区的城市设计研究

上海船厂位于杨浦滨江南段的尽端,隔江与陆家嘴金融中心相望。因为历史原因,这个地区为东西向的杨树浦路所横切,南面为黄浦码头、瑞镕船厂和怡和纱厂等工业生产单位所占据;北面是以八埭头为代表的旧式里弄聚居区,居住状况与生活配套设施较差。如何将滨江的开放空间延伸至后方的城市区域,统筹零散分布在该区域内的历史建筑和开放空间,延续正在消失的历史肌理和空间关系,改善沿江封闭的尺度过大的街区,成为我们在滨江公共空间设计时重点思考的问题。

我们从区域渐进式发展系统性研究、城市空间公共可达链接性研究、城市遗产综合利用研究等方面进行规划考量,提出"重新起航——百年工业遗存重返城市舞台"的设想。首先,在原有街区的基础上调整街区类型与尺度,体现功能混合性、密度组合性、场所交往性、绿化网络性和管理智慧性。其次,打通滨水与腹地的廊道,增加滨江开放空间的可达性,紧密连接水岸与城市腹地,将既定的历史建筑与历史风貌街区作为空间文脉塑造的基点,为新的城市空间提供生长基因。最后,对滨江资源、交通资源和现状条件作通盘考虑,使建筑功能形态与土地价值相匹配,创造新的资源,平衡土地价值,促进良性开发(图 11-22)。

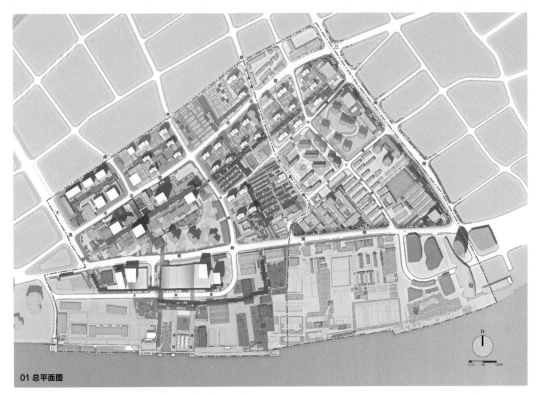

01 总平面图

图 11-22　杨浦滨江上海船厂地区城市设计总图
来源：原作＋HPP

11.5　涤岸之兴：当代中国滨水公共空间复兴的探索

"在滨水区出现的典型的与众不同的环境，为城市的所在区域或者在与其竞争的其他城市面前提供了巨大优势。"①杨浦滨江通过公共空间的复兴，从过去人们记忆中"大杨浦"的印象中蜕变而出，迎来新的身份认同。

我们当初对杨浦滨江的预期是将一个雄心勃勃的构想分解在每一处挖掘和设计中，消化于江边的每块碎石和每株草木中。这种宏大与细微并存的思考方式促成了一个不断成长的场所，成就了锚固于场所的物质留存与游离于场所的诗意呈现。回首既往，从最初公共空间示范段的艰难尝试，到 5.5 千米长度范围总体概念方案的一气呵成，再到 2.8 千米长公共空间的全新亮相，直至 5.5 千米长的公共空间开放在即；从对工业遗存全面的甄别、保留与改造，到对现代技术与材料的探索，再到对水岸生态系统的修复、基础设施的复合化利用与景观化提升，最终拉开了城市腹地复兴的序幕，可谓发端于滨水场所的研究，放眼于城市公共生活的复兴。其中的深入思考与鲜活案例为当代中国滨水公共空间的研

① 克里格.城市滨水区的发展[M]//美国城市土地研究学会.城市滨水景观规划设计.马青，马雪梅，李殿生，译.沈阳：辽宁科学技术出版社，2010.

究和发展提供了新的视野与有价值的经验。

　　"现代公共景观的设计既需要对所处环境的敏感度,也需要一种传达能力,同时还需要清晰的思绪和克制力,这些都是最特别的品质。娱乐、艺术、建筑和文化与自然界在更广阔的地理环境中以相互作用的方式允许我们创立新的魔力空间。"①2019 年 3 月,杨浦滨江南段被选定为 SUSAS 上海城市空间艺术季的主办场地。2019 年 9 月开幕的艺术盛会将艺术品布置在绵延 5.5 千米的杨浦滨江公共空间中,以艺术植入空间的方式触发"相遇"的主题,搭建了一个探讨"滨水空间为人类带来美好生活"的世界性对话平台。杨浦滨江公共空间也许是其中最大的一件公共艺术品。

参考文献

[1] 张庆秋.城市滨水地区建设与更新策略研究[J].建设科技,2018(5).

[2] 美国城市土地研究学会.城市滨水景观规划设计[M].马青,马雪梅,李殿生,译.沈阳:辽宁科学技术出版社,2010.

[3] 卡尔塔.蓝色的纹路[J].C3,2010(1001).

[4] ALLEN S. "Infrastructural Urbanism" in Points + Lines: Diagram and Projects for the City[M]. New York: Princeton Architectural Press, 1999.

[5] 方慧倩.滨水景观[M].沈阳:辽宁科学技术出版社,2011.

---

① 方慧倩.滨水景观[M].沈阳:辽宁科学技术出版社,2011:5.

12 环同济地区城市更新规划与建设实践

项目负责人：张尚武*

项目组成员：冯高尚　李继军　阎树鑫　戚常庆

何惠涛　盛玉杰　甘　惟

12.1 主要规划内容

12.1.1 规划背景与项目概况

　　上海已步入存量发展时代，作为超大城市，通过城市更新不断提升生活空间品质，是上海迈向卓越全球城市的重大战略之一。杨浦区作为上海"建设具有全球影响力的科技创新中心"是应时代要求。环同济地区作为杨浦区优先发展的重要地区之一，是上海市产学研一体发展较为成熟的地区，是被熟知的校区、产业园区和社区三区融合发展的典范，具备建设创新发展的产业基础，具有建设成为杨浦区乃至上海市创新发展示范试点的潜力。在新的发展形势和发展要求下，环同济地区城市更新需要厘清现行单元控规等相关规划的实施情况以及地区现状发展存在的问题，为进一步的更新建设提供规划基础和依据。

　　该项目以四平路街道辖区为重点研究对象，其范围东至走马塘，西至密云路，南至大连路—控江路，北至中山北二路，总面积约 2.69 平方千米，包括四平路街道 23 个居委会及同济大学等相关单位。环同济地区位于杨浦区西部，与虹口区交接，北靠上海内环，南抵城市主干道大连路，东、东南临城市次干道江浦路、控江路，西临城市支路密云路，内部有城市主干道四平路，向北至城市副中心五角场，向南连接上海市中心，交通便捷。区域范围内有轨道交通 8 号、10 号线以及规划中的 18 号线，还有若干公共交通线路，公交系统发达，交通区位优越。《杨浦区四平社区控制性详细规划》提出，四平路街道的功能布局和结构为：以教育、科研、商办和居住为主。在赤峰路、四平路沿线，依托同济大学的资源优势，重点发展商务办公和科技研发，突出"知识杨浦"的特色，为杨浦知识创新区的发展提供服务。在控江路和四平路沿线，依托轨道交通的建设，加强站点周边地块的开发，大

---

* 张尚武，同济大学建筑与城市规划学院副院长、教授，上海同济城市规划设计研究院有限公司院长，中国城市规划学会常务理事、乡村规划与建设学术委员会主任委员。邮箱：zhshangwu@tongji.edu.cn。

力发展商务办公、商业配套设施,提高区域的服务设施水平,形成地区级服务中心。四平路以东的区域以居住功能为主,且大多为建设成熟的居住社区,规划主要结合现状零散工业用地的置换,积极完善各项社区服务设施,改善社区居住环境,提升社区生活品质。

以需求为导向建立规划评估体系。具体内容包括:需求导向——尊重现状,实地了解并满足各类实际诉求;公共效应——以公共服务设施的最大化效应来评估现状情况;环境营造——按照高标准的生产生活环境评价现状,积极营造适宜的环境,满足创意、创新的空间需求。

经综合评估,总结环同济地区的主要特征有:①建筑规划等相关大设计为地区产业核心、其他相对较弱;②社区资源未充分利用;③设计产业趋于两极化,大型领军设计研究院与小型设计公司并存,但中等企业较为缺少;④中小企业对促进地区活力发挥重要作用;⑤具有较强的企业孵化能力。目前面临的困境有:创新需求旺盛但创新空间供应不足;新建商业办公地区高企的办公租金增加了创新创业成本;非设计类优势学科外溢不足,产业链相对单一;社区品质、公共空间有待进一步提升;新增居住面积有限,缺乏满足创新人才需求的居住配套和服务设施。

12.1.2　总体规划目标与思路

12.1.2.1　制定符合地区发展阶段的目标

规划将四平路街道作为全市城市更新试点项目之一,与杨浦作为科创中心重要承载区和万众创新示范区的定位高度契合。依托同济大学学科优势,积极推进产学研结合,形成集群效应明显的知识型服务业创新集群,增强辐射力和影响力,打造"环同济"升级版。

强化科创街区的功能定位。拓展以人居环境建设为核心的大设计产业集群,建设环同济科技创新智慧街区。满足提供更多适合创新创意空间的需求,满足创新人才居住及配套服务设施的需求,营造和强化创新创意氛围,进一步深化三区联动发展,增加地区活力。

注重创新创业人群的需求。增加创新人才居住空间和配套服务,营造创新创意公共空间,控制创新创业成本。

12.1.2.2　总体更新思路

1) 以精细化设计提升地区品质

精细化设计是以系统化评价为基础,将精细化设计策略和精准化行动加以整合的整体设计思路。通过系统化评价建立精细化设计的任务清单。识别四平路街道空间的特点和问题,明确亟待整治的地区、需完善功能的地区和需重点打造的地区,汇集以上信息作为精细化设计的基础。

2）以大设计为主导带动产业升级和多元发展

依托同济大学优势学科群,在强化建筑设计、规划设计、市政设计基础上,加快发展工业设计、动漫设计、游戏设计、时装设计等设计产业,延伸大设计产业链。同时,重点发展工程总承包、市场运营、咨询策划等产业链环节,推动大型设计企业向工程全过程咨询服务商身份的转变,推动成熟设计业态向价值链高端提升。

3）优化创新环境,推动地区整体更新

打造区域品牌,扩大国际影响力。依托同济大学影响力和专业学科优势,借助产业集群的软硬件打造区域品牌,同时以国际化作为地区发展的重要策略。

培育创业创新氛围,打造创新街区。建设创新平台,加强交流;增加创意空间和艺术氛围;增强科创与商业服务活动的互补,培育地区创新氛围。

优化空间环境品质,推动整体更新。提升空间环境品质,打造宜人的步行街区,营造精致、特色环境。

提升公共服务,完善服务平台。构建与完善公共服务平台,推动环同济地区智慧街区建设,引导设计行业价值链延伸,加快以设计为核心的现代服务产业的全面升级转型。

4）三区融合,提升地区科创氛围

推进大学校区、城市社区、科技园区切实的功能融合与联动发展,推动在经济建设、基础教育、人才培养、精神文明创建、资源共享和科技合作等方面进行良好的合作。

12.1.3　建立精细化的更新方案

12.1.3.1　总体更新框架

环同济地区城市更新分为四个片区实施。东部片区:促进中小型企业的网络化合作,塑造开放式的创意街区;进一步增强与同济大学的关联,包括空间的联通和功能的联系;提升周边社区的公共服务水平,增加适合科创从业人员的服务设施;逐步对同济新村、胜利村、公交新村进行改造,融入部分科创办公功能。

西部片区:依托石油大厦融入研发、办公功能;结合同济大学建设类的优势学科形成功能联动;强化工程试验中心与其他核心要素的联系,包括建筑规划学科产业集群、石油大厦等,增强学校内部的步行可达性。

南部片区:在同济大学南校区及赤峰路沿线营造人文艺术氛围,鼓励创新创业和中小型企业发展,打造中小型企业的合作交流平台;进一步增强与同济大学南门周边学科的功能联系;增加公共文化活动场所,例如表演、展览等,提升周边社区的公共服务水平。

北部地区:为促进大型企业之间的协同提供合作平台;增强与同济大学关联的同时,整体协调与复旦科技园、工程试验中心、国际学生交流中心、联合广场等科创办公场所的关联;与周边社区紧密联系,平衡职住关系,改善通勤路径环境;增加周边公共服务设施,提升服务水平。

12.1.3.2 根据需要划定更新类型

项目总体划分为五种更新区域,即核心提质升能地区、重点更新地区、更新试点地区、校园空间提升地区和综合商业提升地区。核心提质升能地区包括同济大学校园正门附近的国际设计一场周边地块和国康路周边地块,这是由大型设计企业构成的创意核心地区,主要为提质升能的内部改造。重点更新地区包括四平路、赤峰路周边的一些工业企业和老旧居住社区,同时紧邻创意核心企业的也被划分为重点更新地区。更新试点地区包括赤峰路、四平路和国康路沿线一些近期可操作性较强的地块,如胜利新村、邮电设计院底层、同济大学出版社和英联马利食品厂等,以点带面,局部更新改造,提升区域功能。校园空间提升地区包括同济大学校园内部的广场、绿地、运动场地等,加强步行系统整体联系,改善和提升空间环境设施。综合商业提升地区主要是地铁和控江路、大连路沿线的商业街区。

更新道路分类。更新道路划分为交通性道路、创意街区道路、林荫休憩大道和商业街道四种类型。其中,国康路、赤峰路、阜新路、彰武路、苏家屯路和阜新路 6 条道路为重点更新道路。

重点更新地块和节点。详细制订 11 个重点更新地块和 8 个城市广场节点更新的方向和内容(详见表 12-1,表 12-2)。

表 12-1　11 个重点地块更新

地块编号	地块位置	主要更新内容
1	英联马利地块(赤峰路口)	小型创意产业园区,吸引创意设计单位入园
2	胜利村	扶持初步创业企业,小型设计工作室等
3	同济大学出版社地块	图书出版、数字媒体等文化传媒功能
4	鞍山五村地块	局部社区功能置换,底层创意街区,休闲餐饮、小手工艺作坊、特色文化商店等
5	鞍山七村地块(四平路地铁口)	特色商业、精品文化展示等
6	同济新村第 8 幢、10 幢地块	创意文化展示交流、文化会所等
7	同济戴斯南侧住宅地块	底层局部功能置换,文化商店、创意平台服务等
8	国康路地块(邮电院、综合楼)	完善国康路配套设施。国康路整体地下空间的利用,通过二层超级连廊系统串联各个办公建筑以及校园内的教学建筑,底层增加公共活动空间与商业休闲设施等
9	铁岭路 115-123 号	沿街店铺业态置换,改造为一些创意功能衍生服务
10	阜新路 260 号	搬迁废品回收站,打造为全上海第一家 Living Lab
11	国康路四平路路口	以集装箱改造为主,在四平路国康路口打造 BOX 主题

表 12-2　8 个城市广场节点更新

地块编号	节点位置	主要更新内容
1	同济联合广场北广场	北侧增加步行通道
2	同济联合广场南广场	结合业态调整,完善设施,功能提升
3	同济密云路口广场	环境改造,增加硬质活动空间,提升品质
4	赤峰路入口广场	结合地块更新,设置入口门户广场,提升地区形象
5	同济南校区入口广场	环境改造,南校区校园大门适当后退,提升品质
6	四平地铁站入口广场	结合地铁站出入口人流集散广场综合改造,环境整治
7	彰武路街旁广场	环境整治,提升街区品质
8	规划四平路口广场	结合国际设计一场设计,标志性地段广场

12.1.3.3　制订城市更新项目库和年度更新计划

注重总体目标与近期实施的结合,明确近期更新项目库与中远期更新计划项目库。近期更新项目以梳理步行环境和局部建筑功能改造为主。中远期更新项目以拓展公共节点、完善功能框架以及增加联系通道为主。划定机遇发展控制地区,现阶段控制此类区域的开发建设,待时机成熟进行统一改造更新。

按照政府主导、以点带面、成熟一个推进一个的原则,编制《环同济地区城市更新项目库》,包括重点地块更新计划、三类街道整治计划、广场更新计划、旧住房改造计划等内容。积极编制城市更新项目年度实施计划,如《环同济地区城市更新 2016 年度计划(第一批)》等,有序推进城市更新项目的实施。

12.2　规划实施情况

项目团队通过多年的陪伴式规划,深耕四平路街道,促成了以精细化设计为特色的多个项目实施,体现了贯穿精细化设计全过程的协作式规划工作方法,为建设共建、共治、共享的人民城市作出贡献。在项目实施过程中,充分发挥社区规划师的作用,形成多层次的上下联动工作机制,保障了项目的顺利开展和实施效果,激发了居民对社区事务的关注和参与社区治理的责任感。

12.2.1　在社区空间更新中逐步贯彻落实老龄友好、儿童友好等理念

苏家屯路是上海十大景观道路之一,修建于 1954 年,是四平路街道鞍山新村内的一

条车行道,宽约 6 米、长度不足 400 米,道路两侧为 20 世纪 50—80 年代建设的工人新村,具有独特的文化烙印。道路两侧高大整齐的悬铃木行道树和开敞的绿化空间,使苏家屯路成为周边居民休闲活动、邻里交往的重要场所,特别是老年人和儿童使用较多。然而改造前,两侧绿化场地内存在较多台阶,高低起伏,为老人行走带来诸多不便,另外,还存在休闲座椅不足或位置不合适以及局部空间闭塞、消极等问题。社区规划师在充分走访周边居民、居委会、街道等主体的基础上,从细微处体现精细化设计,以微改造的方式,通过取消台阶平整空间(图 12-1)、设置适度照明设施、根据需求优化拓展活动空间等措施,将适老无障碍化设计、儿童友好设计贯彻在更新改造项目中,形成良好的示范效应,受到居民的广泛好评。

图 12-1 平整空间的设计

12.2.2 综合利用街角空间,形成社区居民的交流场所

街角空间是城市更新过程中需要特别重视的节点,好的街角空间可以促进居民交流,形成地区的标识性节点。

1) 苏家屯路-阜新路街角空间微更新实例

此处街角对面为社区菜场,来往行人较多,但现状的人行空间较窄小,造成通行不便。项目团队在征询居民和相关部门意见后,为促进地区活力,提出适当拓展街角空间、设置座椅等措施。规划实施后,该街角空间成为周边居民休闲活动和日常交流的场所(图 12-2)。

图 12-2 阜新路苏家屯路更新前后对比

2）抚顺路-鞍山路社区睦邻中心前街角空间微更新实例

抚顺路-鞍山路路口一角原建有商店，街道收回后拟作为社区睦邻中心使用。更新规划将该睦邻中心功能拓展到街道空间上，将二者结合，在街角形成极具吸引力的儿童和老人互动场所，成为一处高品质的社区公共活动节点（图 12-3，图 12-4）。

图 12-3 抚顺路-鞍山路社区睦邻中心前街角空间微更新

图 12-4 抚顺路-鞍山路社区睦邻中心前街角空间微更新

12.2.3 保障街道基本步行空间

环同济地区城市更新规划与实践中的阜新路人行空间拓展。阜新路是位于杨浦区四平路街道的一条城市支路,机动车道宽约 12 米,全长约 1 125 米,道路两侧多为 20 世纪 80 年代建设的老公房,局部有商业和同济大学的部分建筑。道路两侧有高大的法桐行道树,林荫道优美,但人行空间不足,影响街道空间的安全性。部分狭窄人行道路段因变电箱阻隔等原因中断,行人多在车行道上行走。此外,街道无障碍设施也不成体系,多处因企业、社区进出口而中断。阜新路南侧一墙之隔是小区内部废弃闲置的宅后空地,因处于背阴面,且无法进入,多年来无人管理,导致这片空地杂草丛生、垃圾遍地,成为城市卫生的"死角",夏天,空地污水横流,导致蚊虫滋生,紧邻的几栋楼内居民夏天无法开窗。

针对上述问题,政府管理部门、社区规划师、社区居民等多方努力,共同推进阜新路公共空间微更新高品质、高效率地实施。与传统的规划设计和专家咨询模式不同,社区规划师在阜新路等"美丽街区"建设项目中作为第三方,通过"在地化"设计方式,充分参与了项目设计、施工、验收的全过程,成为政府和居民之间沟通的桥梁,对社区空间微更新类项目的实施起到了很好的促媒作用。

在规划设计阶段,社区规划师团队一方面在详细调研和充分听取居民意见的基础上,通过技术手段将居民对于社区公共空间改造的诉求落实在具体的设计方案中,并反映到政府主管部门。另一方面,社区规划师通过多轮社区座谈,让居民充分了解政府部门的相关政策,提升了相关项目的居民支持率,推进了项目更快落地实施。

在施工和验收阶段,考虑到可能存在的各种问题需要及时动态修正,社区规划师团队定期到施工现场,配合指导和解决施工细节问题,如路侧绿化带内植物品种的选择、道路铺装形式的选择以及街道家具的样式选择等,并在施工验收过程中严格把关,真正将社区微空间更新的"在地化伴随式"设计理念落在实处。

在社区规划师团队的协调下,阜新路公共空间改造项目改变了以往此类项目由政府单方面推行的传统模式,通过与各方利益相关团体充分协商、讨论,在得到充分理解和支持之后,将各方共识落实在具体的方案中。社区规划师团队不仅是专业技术人员,也是规划设计的参与者和项目实施的推动者,通过全过程的"在地化"跟进,发挥了重要的项目协调作用,有效保证了项目从规划到实施的衔接,更起到了政府和居民之间"润滑剂"的作用(图 12-5,图 12-6)。

图 12-5　阜新路人行空间拓展

图 12-6　社区规划师团队详细调研，充分听取居民意见

12.3 项目规划特色

12.3.1 以全面系统性评估为基础提出针对性的更新策略

通过对更新区域的系统性评估与研究,明确完善社区公共配套、提升地区品质的整体要求,将之作为城市更新的底线,提出针对性的更新策略。更新模式以政策分区引导更新为主,同时结合项目实施推动,强调多元化,强化社会调研。项目组在规划进行中,持续进行与环同济地区相关的社会调研,包括细化的社区走访、问卷,并针对同济大学和相关企业进行细致的走访和调查,摸清各利益相关主体的诉求与想法,使城市更新工作落实到实处。

12.3.2 探索协作式规划模式,促进多方参与城市更新

充分发挥社区规划师的作用,形成上下联动的工作机制。在相关规划项目中,从调研到设计再到实施方案,社区规划师组织了大量公众参与活动,相关建设项目受到政府、周边企业和居民的一致好评。多个媒体对典型项目经验进行了跟踪报道,形成良好的示范效应。建立多方利益参与的规划体制,以多方沟通协调面向实施。通过多方利益主体共同参与规划过程,使更新规划能够从项目计划、开发模式、实施时序等方面更好地融入政府操作层面计划,保证更新规划的实施。

12.3.3 以典型项目实施示范,带动地区亮点提升

项目实施结合同济大学老师们的研究成果,将无障碍街道、健康街区、创新社区、儿童友好街区、社区共建等设计理念落实在更新建设中,形成良好的示范作用。苏家屯路、阜新路、抚顺路等街道空间成为第一批全路段无障碍街道。通过嵌入口袋公园等方法建设了一批受到居民欢迎的儿童友好街道。四平街道社区花园微更新项目入选联合国人居署社区治理实践案例(图 12-7—图 12-14)。

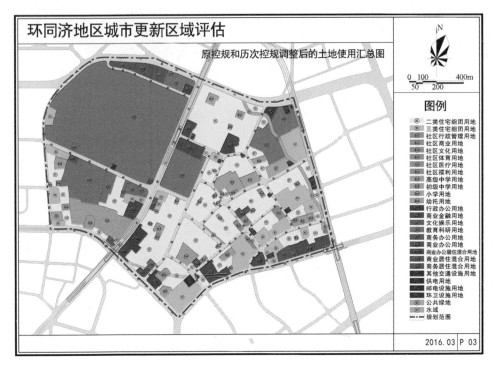

图 12-7   原控规和历次控规调整后的土地使用汇总

图 12-8   开发建设动态

图 12-9　公共开放空间规划

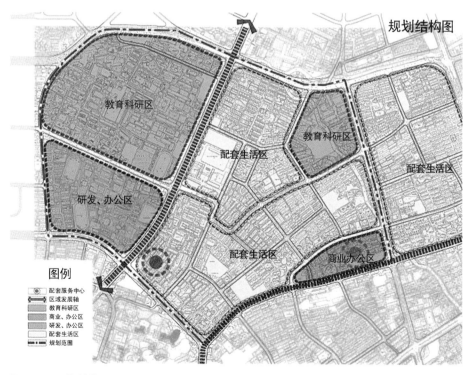

图 12-10　规划分区

图 12-11　慢行系统

图 12-12　自行车系统

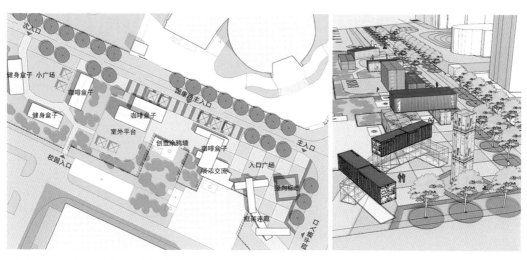

图 12-13   四平路国康路口更新方案

十个重点更新地块

① **英联马利地块（赤峰路口）**
小型创意产业园区，吸引创意设计单位入园

② **胜利村**
扶持初步创业企业，小型设计工作室等

③ **同济出版社地块**
图书出版、数字媒体等文化传媒功能

④ **鞍山五村地块**
局部社区功能置换，底层创意街区、休闲餐饮、
小手工艺作坊、特色文化商店等

⑤ **鞍山七村地块（四平路地铁口）**
特色商业、精品文化展示等

⑥ **同济新村第8幢、10幢地块**
创意文化展示交流、文化会所等

⑦ **同济戴斯南侧住宅地块**
底层局部功能置换，文化商店、创意平台服务等

⑧ **国康路地块（邮电院、综合楼）**
完善国康路配套设施，底层增加公共活动空间与
商业休闲设施

⑨ **铁岭路115-123号**
沿街店铺业态置换，改造为一些创意功能衍生服务

⑩ **阜新路260号**
搬迁废品回收站，打造为全上海第一家Living Lab

图 12-14   环同济近期更新项目建议库

13 杭州 2022 年亚运会亚运村城市设计

项目负责人：孙彤宇*

项目组成员：许 凯 李 勇 赵玉玲 赵博煊 刘亚飞
李画意 张家洋 朱薛景 张黎晴

13.1 项目概况

规划背景：杭州 2022 年亚运会(杭州 2022 年第 19 届亚运动)的亚运村坐落于萧山区钱江世纪城中心区以北,该区域位于杭州市"拥江发展"战略的重要区位,是杭州"新中心"的重要组成部分。亚运村项目的成功与否关系到杭州"西湖时代"向"钱塘江时代"过渡的成败。

规划范围：东起杭甬客运专线,西至钱塘江,北至沪杭甬高速公路,南至民祥路,面积386.42 公顷(图 13-1,图 13-2)。

规划目标：以杭州 2022 年亚运会为契机,推动杭州国际化水平和"拥江发展"建设进程,实现钱江世纪城从中央商务区向中央活动区转型,建设中国城市化新模式的样板。

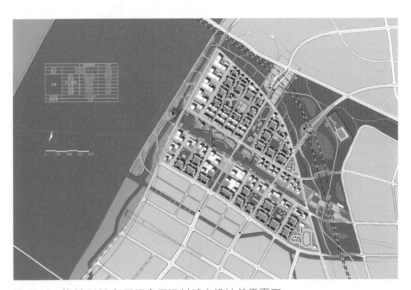

图 13-1 杭州 2022 年亚运会亚运村城市设计总平面图

---

* 孙彤宇,同济大学建筑与城市规划学院城市设计专业负责人、教授,奥地利维也纳工大客座教授,中国建筑学会城市设计分会常务理事。邮箱：sty@tongji.edu.cn。

图 13-2　亚运村城市设计鸟瞰图

　　功能定位:以产业创新和文化体验为核心,通过窄街密路网高效集聚复合功能区块,形成集商业商务、文化博览、休闲娱乐、生态居住为一体的宜业、宜居样板城区。赛时功能定位:服务杭州 2022 年亚运会,展示杭州城市形象,形成集体育训练、媒体服务、国际交流、休闲娱乐、生态居住为一体的绿色智能亚运村(图 13-3—图 13-6)。

图 13-3　亚运村社区公共空间城市意象

图 13-4　亚运村普通街道空间形态

图 13-5　亚运村典型商业街道空间形态

图 13-6　亚运村酒店集聚区街道空间形态

13.2 "拥江发展"与区域定位

将亚运村的建设作为杭州城市实现"拥江发展"战略的重要落脚点,同时确定世纪城北单元的基本定位和空间规划方向(图 13-7)。

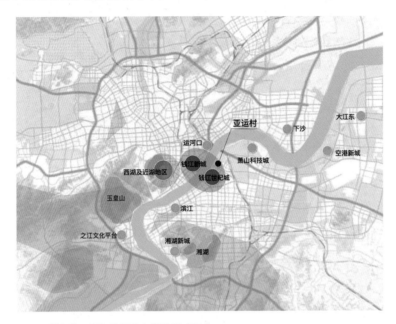

1. 亚运村坐落于拥江发展中心段的战略区位

2. 亚运村作为拥江发展的功能组成部分

图 13-7

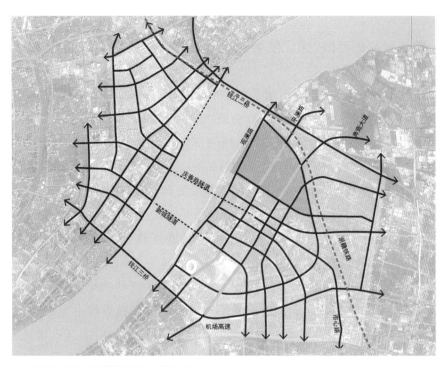

3. 亚运村在拥江发展道路结构上的位置

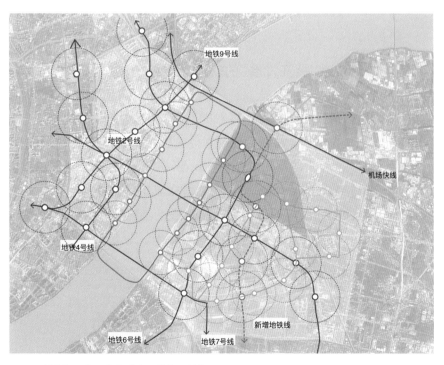

4. 亚运村在拥江发展的轨道交通结构上的位置

图 13-7　亚运村区位、区域用地关系、机动交通及轨道交通关系

13.2.1 亚运村规划反映"拥江发展"的功能特色,对其提出规划建议

亚运村所涵盖的 3.86 公顷用地是"杭州新中心"内最后一片可以完整开发的集中用地,也是在杭州新中心内呈现城市发展"创新模式"的最后阵地。钱江世纪城核心部分金融商务功能的集聚程度已经远超钱江新城,具有成为钱江新城 2.0 的功能基础。亚运村的主要功能除了沿江片区继续展示商务功能集聚的特征,整体应该更加社区化,成为功能混合、空间宜人、特色产业聚集的休闲商业区。

13.2.2 亚运村规划反映"拥江发展"的道路交通结构,对其提出规划建议

在拥江发展中心段,钱塘江两岸的道路交通必须强力支持两岸一体化发展,而城区内部道路则需要考虑在保留机动性的条件下过境道路不对城市产生切割。平澜路、奔竞大道作为钱江世纪城主要道路,必须同时承担主要的城市性功能,其机动交通应在重点城区局部下穿,以平衡、兼顾过境交通与城市品质。这两条道路在亚运村都做下穿处理,并保留地面道路,缩小断面。与亚运村相关的五条道路下穿浙赣铁路和高铁,与外部城区衔接。

13.2.3 亚运村规划反映"拥江发展"的轨道交通结构,对其提出规划建议

原规划的轨道线网对钱江世纪城覆盖密度不足,尤其是亚运村境内只有 6 号线丰北路一个普通站点。本次规划对轨道线网规划提出如下几点提升要求:增加地铁 X 线,服务南部世纪城,贯穿亚运村形成丰北路换乘节点,向北与机场快线形成换乘节点,并进一步沿钱塘江南岸延伸,连接科技城。机场快线在亚运村北部 500 米处设置站点,与 X 线连接,服务亚运村北部门户。6 号线增设一处站点,服务沿江商务区。建议规划环状滨江空轨系统,服务城市观光和中央商务区内部通勤。世纪城内部增设地面有轨电车系统。

13.3 总体空间结构

亚运村的规划设计在与周边区域空间结构充分衔接的基础上,强调以大型开放空间作为统领,确定清晰的功能布局、景观框架、产业安排、街道网络和开放空间设置等。

13.3.1 规划结构:"十字轴"

亚运村的"十字轴"规划结构:"中央水轴"拉通钱塘江的沿江空间与铁路两侧的景观空间,体现杭州"水之城"的特点,承载"城市风廊""海绵城市"等理念,成为亚运村的中央活力区,以及钱江世纪城三条主要景观空间结构之一。"亚运轴"作为城市发展主轴,是亚运村的南北门户,也是城市景观和空间的主要轴线。通过该轴线向南进一步延伸,串联"市心路中央商务核心区"和"奥体核心区",形成三个城市区块相互连接的结构体系(图13-8)。

13.3.2 景观开放空间:"T 字轴"

亚运村的"T 字轴"景观开放空间结构具有如下特点:激活滨江景观带,成为市民活动的主要空间,布局主要景观节点,并加强与滨江第一排建筑的联系。在"亚运村中央水轴"的两侧区域形成"滨水复合景观功能带",由大型文化建筑、特色街区、创意产业聚集区组成,与开放水面和景观广场一起,构成亚运村最具特色的中心区。"T 字轴"成为钱江世纪城"一环、三轴、多节点"景观开放空间结构的重要组成部分(图13-9)。

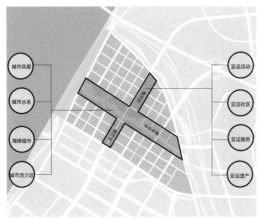

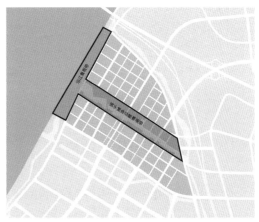

图 13-8　规划结构:"十字轴"   图 13-9　景观开放空间:"T 字轴"

13.3.3 交通结构:"一环"+"两纵一横"+密路网

亚运村道路交通规划本着优化对外交通,分离过境交通,区内窄街密路的原则,采用如下措施：平澜路、奔竞大道两条主要过境道路采用下穿处理，南侧在民祥路与五堡直河之间，北侧穿过浙赣铁路。"一环"：亚运村外围道路民祥路、飞虹路和观澜路维持规划宽度。"两纵一横"：平澜路、奔竞大道，滨中央水轴南北两条道路，均为片区内主要交通道路，断面控制在 4 车道，红线 30 米以下。"窄街密路"：除上述道路，片区内其余道路均采用双向车道或作为共享道路，规划密度达到欧美中心城市标准，主要承担公交、步行和少量私家车的通行功能。为避免机动车辆进入地块内部，将大部分开发地块的地下车库出入口设置在外围道路上（图 13-10）。

13.3.4　街道与开放空间结构：窄街密路下的公共空间网络

窄街密路网与丰富的城市广场、社区公园、大型开放绿地空间结合，形成城市公共空间网络，提升亚运村的步行环境（图 13-11）。

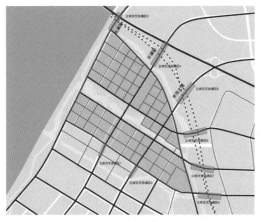
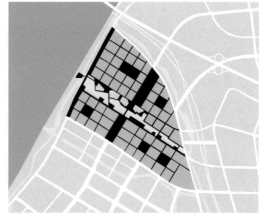

图 13-10　交通结构："一环"+"两纵一横"+密　　图 13-11　街道与开放空间结构：窄街密路下的公
路网　　　　　　　　　　　　　　　　　　　　共空间网络

13.3.5　开放空间与街坊结构

开发地块与开放空间按照如下的原则规划："蓝绿交融"——大型绿化、水体贯穿城区，与城区相互交织。"大梳大密"——"十字轴""T 字轴"是片区中密度比较低的区域，其余区域则采用比较高的密度，打造休闲和活力并重的城市区域。"社区绿芯"——规划布置大规模的绿化开放空间，在每个高密度开发片区内设置中等尺度的社区公园，并结合社区中心、幼儿园、社区医院等功能进行综合布置（图 13-12）。

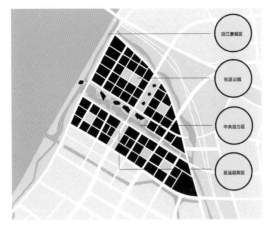
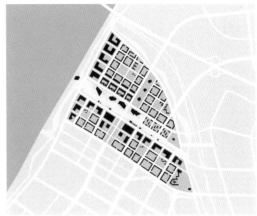

"蓝绿交融"+"大梳大密"+"社区绿芯"开放空间结构   国合街坊 + 大型公共建筑的街坊结构

图 13-12　开放空间与街坊结构

13.4　TOD 节点与地下空间开发

统筹考虑基础设施建设,对城市轨道交通规划提出新的建议。与市政交通团队紧密合作,确定多层面、复合功能,涵盖轨道交通、综合管廊、地下环廊和 TOD 节点的地下空间整体设计方案,包括竖向设计和断面形式,并在设计导则中对各地块与基础设施的衔接方式提出要求。

13.4.1　公共交通结构:新增地铁 X 线及中运量轨交系统

增设地铁 X 线,增加 6 号线站点数量为 2 个,升级丰北站为枢纽站,增设机场快线亚运村北站,通过以上措施极大提高亚运村片区的轨交支持。此外,建议增设沿江环形空轨和地面电车系统,以服务市民观光和地面通勤(图 13-13)。

13.4.2　TOD 节点规划:高强度用地开发

亚运村片区境内 2 个地铁站点均为 6 号线站点,规划遵守土地高效利用、TOD 综合高强度开发的原则:在地铁站周边,以 800 米为半径(步行 15 分钟)设置混合功能。地铁站临近地块及上盖物业地块均采用高强度综合开发,半径 150 米内容积率达到 8.0。这些地块均采用大开挖形式进行建设,实现上盖物业与地铁站的优化整合(图 13-14)。

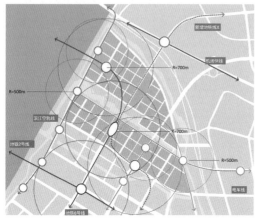

图 13-13　公共交通规划图

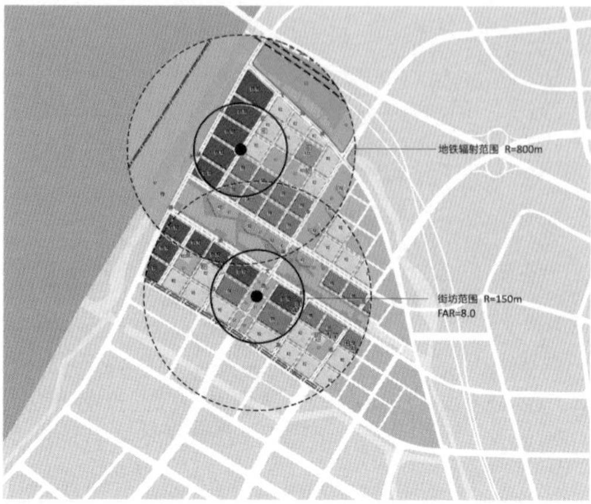

图 13-14　TOD 节点规划图

13.4.3　地下空间规划：结合 TOD 节点的地下商业综合开发，实现普通街坊地库一体化

亚运村片区地下空间的开发遵循如下原则：丰北路站点、沿江商务区站点实现地下商业与地铁站点的综合开发，相互连接。这两个片区地下开发三层。其余的一般性街区地下开发一或二层，满足自身配建停车位要求。要求各个小街坊之间车库相互连接或采用共建方式，并规定海绵城市率，防止地下开挖覆盖面过大（图 13-15）。

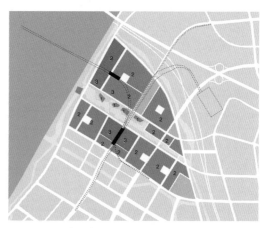

图 13-15　地下空间规划图

13.5　未来宜居城市的"时空并置"

杭州 2022 年亚运会亚运村的城市设计改变了以往亚运村建设主要满足赛时需要，后续再考虑赛后转化利用的做法，利用时序为建设未来宜居城区埋下伏笔。主要体现为时间上的连续性和空间上的整体性。

时间上的连续性指将"运动员村""媒体村""技术官员村"规划为未来国际社区的商品住宅组团，赛后直接进入市场。

空间上的整体性体现为亚运村与整个钱江世纪城的城区融为一体，与相邻城市路网充分衔接，作为产城融合、多功能共同发展的区域。

　　以城市发展的长期性和可持续性为指导,提出以赛后远期发展为目标确定规划需求,同时兼顾赛时使用的理念,体现了节俭办亚运的精神。利用亚运来提升城区品质的知名度,实现重大事件对城市发展的促进作用。

　　按照赛后发展的方向,确定"运动员村""技术官员村""媒体村"的设计和容量,以便其日后向商品住宅、酒店和人才公寓的转化(图 13-16—图 13-18)。

总平面图

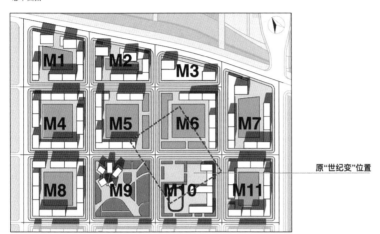

图 13-16　媒体村:赛后转化为人才公寓

总平面图

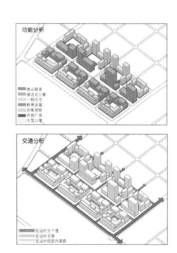

图 13-17　技术官员村:赛后转化为国际组织集聚区＋酒店集聚区

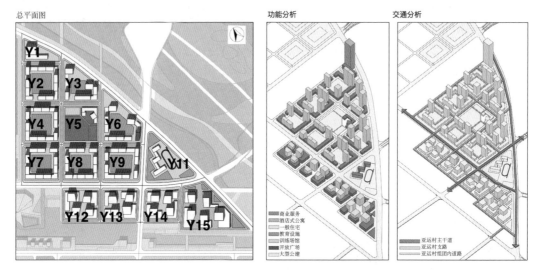

图 13-18 运动员村:赛后转化为商品住宅 + 创意园区

　　在未来承载城市主要公共活动的"中央水轴"和"城市轴"规划赛时服务运动员起居生活的"国际区"与"公共区"。其中的大部分设施可以在赛后直接转化为服务于城市的公共建筑,如博物馆、音乐厅和图书馆等(图 13-19,图 13-20)。

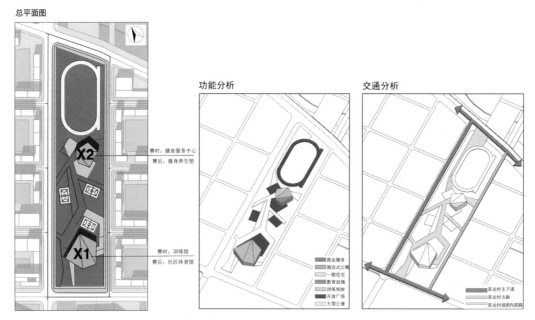

图 13-19 训练区:赛后转化为社区体育公园

总平面图

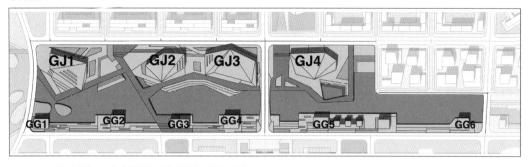

功能分析　交通分析

赛时：商业服务　赛时：膳食服务中心　赛时：商业服务　赛时：商业服务
赛后：亚运博物馆　赛后：图书馆　赛后：爱乐大厅　赛后：青少年活动中心

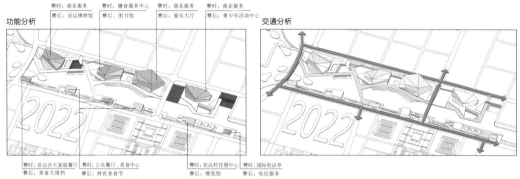

赛时：亚运会大家庭餐厅　赛时：公众餐厅、美食中心　赛时：亚运村注册中心　赛时：国际电话亭
赛后：美食大排档　赛后：特色美食节　赛后：展览馆　赛后：电信服务

图 13-20　"国际区"及"公共区"：赛后转化为城市滨水文化区

　　设计体现亚运特征的场所穿插于各片区，赛后将其转化为有特色的市民活动场所。亚运村核心区主要景观分区概念如图 13-21 所示。

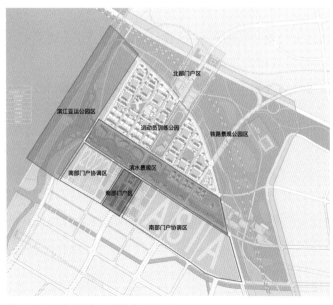

图 13-21　各区域赛后转化示意图

（1）滨江亚运公园区：亚运村的主要景观场所，是提供运动员日常休闲活动的场地，也是展现特色景观和亚运标志物的主要场所。戈布朗设计的300米观光塔将设置在这个区域。

（2）中央水轴滨水景观区：设置"群星璀璨"标志建筑群，由大型文化建筑组成。赛时成为亚运会的主要服务设施（如运动员服务中心、奥委会服务中心，训练场馆等），赛后转化为服务市民的公共建筑。

（3）南部门户区和北部门户区：提供亚运村南、北入口的礼仪性空间序列，并配备一定的服务设施和亚运标志物。

（4）南部门户协调区：设置巨型地景草坪，提供南部进入亚运村（亚运村主要入口）和空中鸟瞰亚运村的标志性景观。

（5）沿铁路景观公园区：协调、优化亚运北入口门户区和东入口门户区。

各个区域都避免做成封闭的住区和园区，用开放的街道网络进行串联，让亚运村服务于未来的城市空间格局。

13.6 "超级步行街区模式"

"超级步行街区模式"是指在一定数量的街块集合之中，通过基础设施和地面路网的设计，实现步行优先的城市空间格局。这个模式包括过境道路下穿、地下停车共享、窄街密路地面路网建设、轨交站点综合开发、土地利用适度混合、零售商业沿街布置、步行系统和公共空间节点网络化等七个要点，并以此创造具有城市生活活力的空间格局

在城市空间特色上，贯彻"窄街密路"的设计理念，设置150米×150米的街道网格和相应的城市街坊，突显街道和公共空间节点在城市中的积极作用。探索街坊尺寸对各种功能建筑布局的兼容性以及制定相应的规划技术要求，是"窄街密路"在中国的一种尝试。

13.6.1 街道网格设置

在研究国际高密度城区和国内成功案例的路网结构和尺寸的基础上，确定150米×150米的街道密度。通过形态预测和交通预测，认为该尺度适合人的舒适步行距离，可以适当降低车速，同时让街块尺寸趋于合理，并且可以满足城市住宅的功能要求（如日照、通风）和比较高的城市开发强度。

13.6.2 街道品质提升

充分认识到街道的界面特征、功能特征和街道断面设计是体现街道品质和提升街道

活力的重要因素,对其进行详细研究,提出相应的策略和措施,如设计连续的界面、开放公共的沿街功能、设置合理的断面(按照不同的道路功能分为三种)及与之对应的两侧建筑街檐口高度等。此外,尝试设置较小红线折角和道路转弯半径,用以在社区内部降低车速,提高步行体验。

13.6.3　网络状分布的公共空间节点

以街道网格为基础,小型化的公共空间节点呈网络状布置,包含各种尺寸的社区广场和社区公园,使其成为市民公共生活的主要地点。

13.6.4　建筑地块和建筑物的形态

"窄街密路"是否成立不仅在于路网的设计,还在于建筑的形态能否支持这个网络,以共同塑造城市空间。本次城市设计尝试对所有地块都进行分类研究,提出相应策略和导则,让建筑成为城市街道和公共空间的可以被人感知的空间界面。同时,考虑建筑本身的功能性需求,实现公共利益和个体利益的结合。

13.6.5　支持"窄街密路"的基础设施网络

提出联合开发地库、减少地库出入口的策略和措施,设置与管廊同构的地下车库中的快速连廊,让地下空间承担一部分机动车跨境交通的功能(图 13-22)。

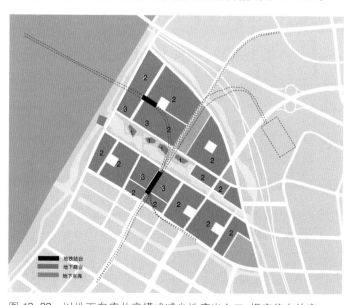

图 13-22　以地下车库共享模式减少地库出入口,提高停车效率

13.6.6　支持"窄街密路"的城市开发策略

鼓励地块联合开发,探索建立一套与之相应的开发策略和措施,如"代建城市支路"、地下地上不同权(指的是支路部分的地权),以及强制要求的不同开发主体之间地下车库联通等措施。

13.7　图则创新

通过城市设计导则与控规图则的结合,探索以城市设计导则指导实际城市开发建设之路,探索传统控规图则对建筑形态的控制力度。主要的创新如下:

尝试用通则、典型地块分布和控制图则、地块规划指标图则、地块形态控制图则和地下空间开发控制图则等五张图来对地块进行控制,涵盖传统规划图则内容的基础上,增加了和城市设计相关的要求。此外,本次城市设计图则还采用了针对街区而不是针对单个地块的控制方法。该方法的目的是更好地反映城市设计的总体原则和思路,追求整体性,也便于开发主体理解城市设计控制的要点。

通则是对基本概念的界定,如对公共空间、贴线率、联合地下开发等概念提出具体要求,这些定义都结合具体的图示和执行方法进行解释,避免在形态控制的实际操作过程中出现歧义(图 13-23)。

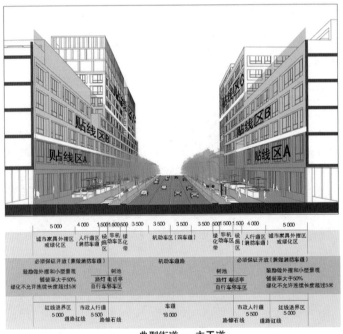

典型街道一:主干道

图 13-23

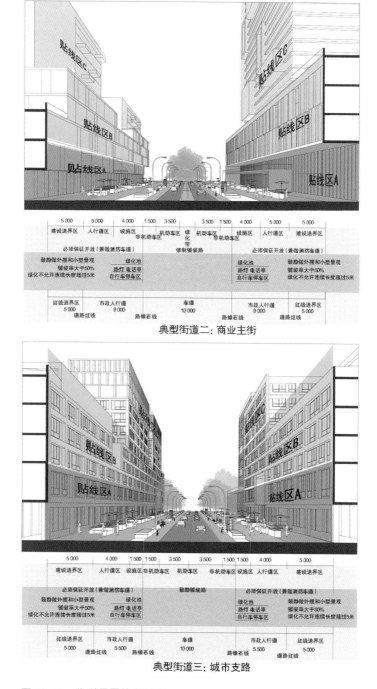

图 13-23　街道界面控制导则

　　典型地块分布和控制图则用于阐释地块控制的基本原则，对地块进行分类，指出每个类型的控制要点，并运用三维简图的形式进行标识。该方法突破了传统城市设计导则和控规仅对二维空间进行控制的惯例，尝试使用三维方法进行控制，其中借鉴了中国香港、新加坡和欧洲一些城市设计导则的方法（图 13-24）。

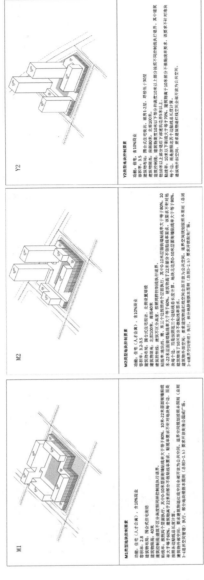

典型地块分类索引图

图 13-24　典型地块分布和控制图则

　　地块规划指标图则是传统城市控规图则的内容,主要针对用地性质、地块指标、地块主导功能、配套设施、规划管控要点等进行规定(图 13-25)。

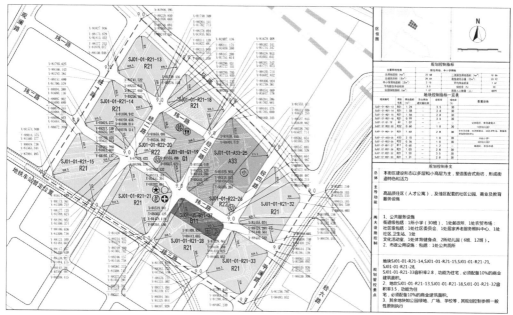

图 13-25　地块规划指标图则

　　地块形态指标图则是传统城市设计图则的内容,在标识密度、强度、高度、覆盖率、绿地率要求之后,增加贴线率(针对各边总和贴线率或者单边贴线率,以及反映三维建筑形体的针对高度的贴线率)要求和私人使用的公共空间要求(通过控制线和退界空间管理细则实现)。值得关注的是,针对窄街密路的模式,很多城市用地都被用于街道及地块外的公共空间和绿地中,因而具体建设地块的建筑覆盖率会相应提高,绿地率会降低,需要将以上指标经过演算后反映到该图则中(图 13-26)。

图 13-26　地块形态指标图则

　　地下空间控制图则是对地下空间开发进行控制，主要是针对联合开发的情况和分别开发的情况进行规定，对可能出现的地下复合功能、地上地下不同权属、联合开发地库、地库连接以及与 TOD 地铁节点连接的情况进行规定（图 13-27）。

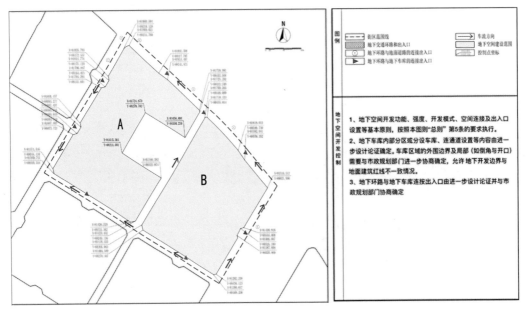

图 13-27　地下空间控制图则

14 廊坊市中心城区"城市双修"总体规划

项目负责人：李继军*

项目组成员：韩胜发　吴　虑　董亚涛　赵　倩　余美瑛

李　潇　魏水芸　刘庆余　崔文武　杨肖明

韩志鹏　陈俊杰　郭燕妮　马　楠

　　党的十八大以来,中央高度重视"城市病"的治理,提出了"生态修复、城市修补"(简称"城市双修")的工作要求,以改善快速城镇化粗放发展导致的历史欠账问题,实现人民对美好生活的向往。廊坊市以现场踏勘、部门座谈等传统方法为基础,结合诊断学思维,运用包括110报警信息、市长热线、微信问卷等在内的多源新型数据,为城市双修策略提供了有力的数据支撑。在规划策略方面,以生态修复、城市修补为基础,增加社会修补,重点考虑犯罪防控问题,推动物质环境和精神文明双提升。在规划实施方面,建立城市双修项目库,明确各项目责任部门和完成时间;建设城市双修实施监测平台,确保项目如期完成。目前,在黑臭水体整治、城市公园与社区公园建设、道路交通改善、老旧小区改造等方面已取得了良好的实施效果。

14.1 规划背景

　　在时代背景下,廊坊城市双修需重点考虑世界城市的发展目标(图14-1)。从历史维度上,亟待改善快速城镇化导致设施欠账、粗放发展等问题;从区域维度上,随着北京非首都功能疏解推进和通州副中心、大兴机场的建设,廊坊市等北京周边城市空间承载能力和环境品质应达到更高的要求;从人本维度上,为实现人民对美好生活的向往,廊坊需要有效识别和解决城市建设的主要问题。

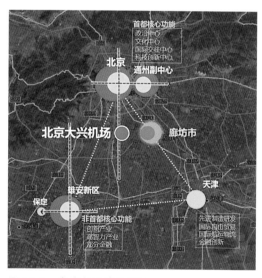

图 14-1　廊坊市区域分析图

＊ 李继军,上海同济城市规划设计研究院有限公司五所所长、教授级高级工程师,中国城市规划学会住房与社区规划学术委员会委员。邮箱：lijijun68@163.com。

14.2　规划创新

　　在研究方法上，从"分析"到"诊断"。在以人民为中心的发展思想指导下，精准识别城市问题。规划采用多种基础资料收集的方法，在传统现场踏勘、部门调研等数据收集的基础上，增加了微信调查问卷、市长热线和110警情数据等新型数据的收集，以识别市民最关心的城市问题。调研收集市民热线数据10.8万条、110报警信息3万条、有效微信问卷535份（图14-2）。

图 14-2　用多源数据诊断城市问题

　　在规划策略上，从"城市双修"到"城市三修"——生态修复、城市修补、社会修补，在解决常规城市建设问题的同时，兼顾犯罪控制与预防，提高城市居民生活品质。

　　在规划实施上，从"一张图纸"到"逐步落实"，建立城市双修项目库，明确各项目责任部门和完成时间。结合实际情况明确"城市双修"重点建设工作，最大化短期实施效益，通过实施项目有效宣传城市双修的重要性。建设中心城区"五大战役"工程和主城区"活力绿廊"工程，力争在短期内快速改善城市环境品质与城市风貌。

14.3　规划特色

14.3.1　生态优先，保障底线

　　构建生态格局，进行生态评估及规划，形成"水、林、田、绿"的生态本底（图14-3）。完善水网系统，连通、拓宽河渠，打造"一库、四河、七渠、多支"的河湖水系（图14-4）。控源截污，进行生态水补偿，全面消除黑臭水体。构建海绵系统，减少地表径流量。中心城区

构建"点、线、面"相结合的大海绵系统(图 14-5),其中,建成区构建从"快排"到"慢排"的中海绵系统,地块内配置采取低影响开发措施的小海绵系统。加快能源结构调整,加大天然气等清洁能源的供应,建设分布式能源中心。

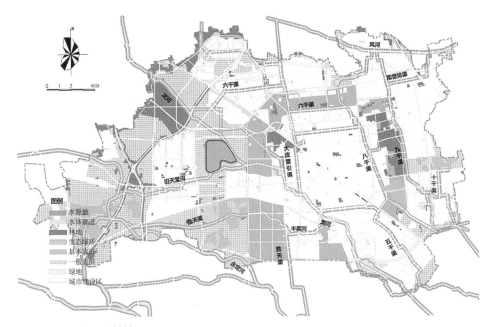

图 14-3 生态要素管控图

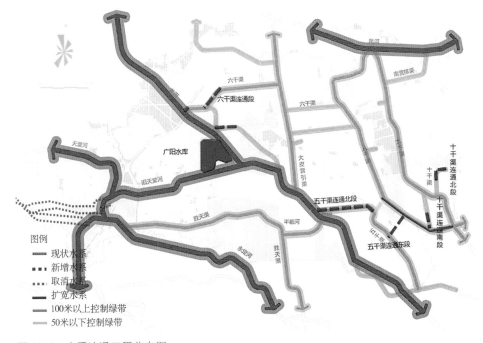

图 14-4 水系连通工程分布图

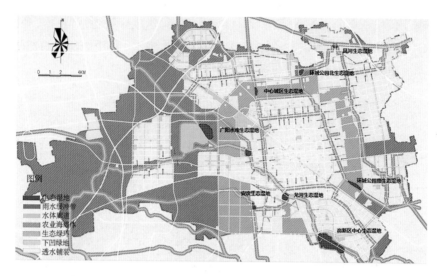

图 14-5　海绵系统规划图

14.3.2　多源数据,心系百姓

　　以市民诉求识别城市问题。据微信调查问卷的分析显示,市民对专类公园等生态休闲功能的需求强烈,行车难和停车难是城区的主要交通问题(图 14-6)。市长热线反映出的是城市停车和市政问题,其中老旧小区的问题尤为突出。由此确定了廊坊市中心城区设施弥补的重要方向。

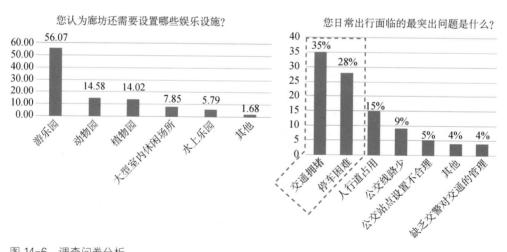

图 14-6　调查问卷分析
来源:笔者对微信问卷结果的统计

　　构建绿地网络。规划在主城区外围环形绿带中植入生态、文化、休闲等功能,有效保护绿带不被侵蚀。打造一条外围郊野生态环、一条中央休闲活力环、一张社区服务网,串联城市公园、社区公园与重要公共设施等节点,形成网络化的城市开放空间系统(图 14-7)。

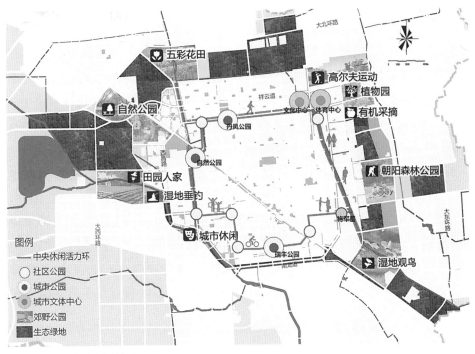

图 14-7　绿地系统规划图

完善道路系统。由于廊坊市中心城区现状路网级配不合理,严重缺乏次干路和支路,本次规划旨在打通断头路,目前已建设道路 25.2 千米。运用空间句法测度分析,使规划后道路的连接度得以提高,有效缓解了道路拥堵问题(图 14-8)。通过共享停车、错峰停车和大数据管理,兼顾基本需求停车和出行需求停车等措施,有效缓解停车难问题。

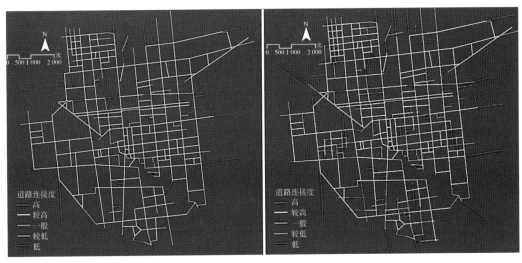

图 14-8　道路网络联系度改善对比图(左:改造前,右:改造后)

14.3.3 犯罪防控,社会治理

通过 110 警情数据识别城市安全问题后发现,廊坊市区犯罪热点地区呈现单中心分布格局和距离衰减的特点,与道路可达性、道路等级、人口密度等因素呈正相关(图 14-9)。其中,居住区是发生警情数量最多的地区,与道路连接度负相关,与用地容积率正相关(图 14-10)。

通过本次总体规划改造老旧小区,以统建楼老旧小区改造为例。这种类型小区主要存在交通组织无序、公共空间缺乏、夜间照明不足、治安管理不善等问题。因此,规划在交通方面,从出入口控制、道路分级、停车位规划三个方面规范车行和人行入口及流线,加强道路安全(图 14-11)。在公共空间方面,设置健身步道,重塑中心花园,增强小区活力与归属感。在犯罪防控方面,增强夜景照明,保障夜晚可监视性;安装智慧安防安监系统,包括社区全覆盖传感器、数据综合管理平台等,以智能化手段支撑精细化社区管理模式(图 14-12)。

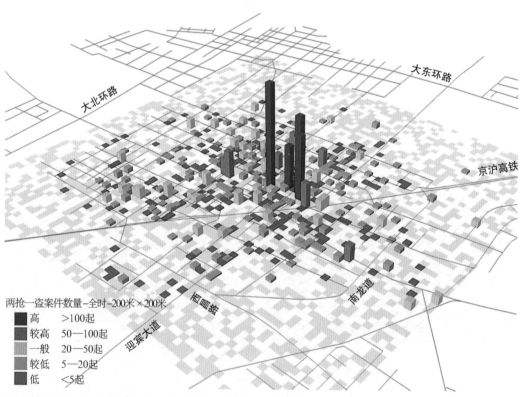

图 14-9　廊坊市区警情案件密度空间分布网格分析

图 14-10 廊坊市区居住区"两抢一盗"案件核密度分析

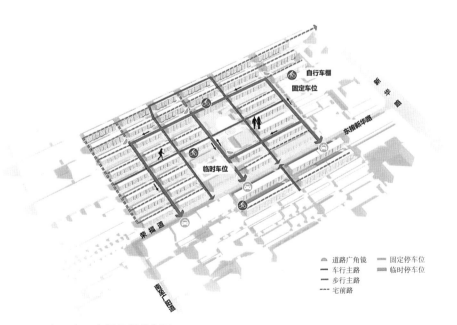

图 14-11 老旧小区交通组织规划图

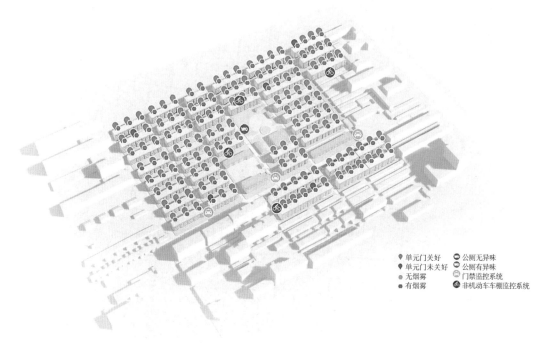

图中图例：
- ● 单元门关好　○ 公厕无异味
- ● 单元门未关好　○ 公厕有异味
- ● 无烟雾　　公 门禁监控系统
- ● 有烟雾　　标 非机动车车棚监控系统

图 14-12　老旧小区智慧管理规划图

　　变消极空间为积极空间，增强城市"灰空间"可达性，以八干渠规划为例。八干渠地区空间利用率低，夜晚存在安全隐患。因此，本规划增加进入滨水空间的支路和步道，增加滨水景观设施，打破街区藩篱，增强了滨水空间的可达性与活力。

14.3.4　落实近期，面向实施

　　制订近期重点计划，快速改善城市环境品质与城市风貌。规划近期建设中心城区"五大战役"工程（图 14-13），即构建一个水网体系，打造一个活力绿廊，改造一个老旧小区，建设一个郊野公园，提升一条街道风貌。力图短期内见成效，使市民尽快感受到城市双修带来的城市建设改善，例如主城区"活力绿廊"建设工程（图 14-14）。

　　建立项目实施监测平台（表 14-1），包括问题识别及优先级判定、项目库、监测反馈三个子系统，动态关注项目实施进展与市民满意度，增强城乡规划监测管理的科学性和时效性。

图 14-13 "五大战役"工程

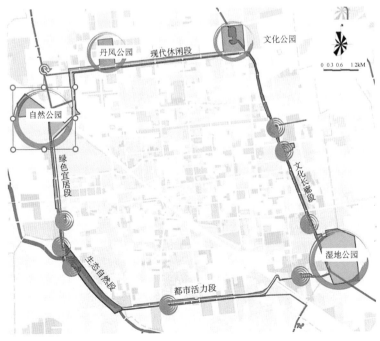

图 14-14 主城区"活力绿廊"工程

表 14-1　项目实施动态监测平台

项目类型	项目类别		项目库		牵头部门	完成时间	问题识别及优先级判定					监测反馈		
			项目名称	工作内容			110警情数据	市民热线	微信问卷	其他	实施情况	居民满意度	反馈
生态修复	山体修复	水体治理	六干渠生态整治工程	六干渠西段、六干渠东段,共7.5千米。实施截污工程等环境整治工	水利局	2019				✓	✓	✓	
			广阳水库	建设广阳水库	水利局	2020				✓			
	宗地修复	绿地系统完善	主要绿地海绵化改造	人民公园、广汇园、牡丹园、友谊园、龙盛园、火车站广场、龙轩园	园林局	2020			✓				
			环形郊野公园	外围郊野生态环境建设	园林局	2020			✓				
		增补设施欠账	公交场站建设工程	龙河高新区场站、广阳经开区场站	综合执法局	2020	✓						
		增加公共空间	社区公园景观工程建设	裕西园、解放园、北史园、永兴园、工业遗珠园、五干渠绿带景观工程建设	园林局	2020							
			小微绿地景观工程建设	幸福园、廉孝园、西宁园、永顺园景观工程建设	园林局	2020		✓	✓		✓	✓	
城市修补	改善出行条件		公共停车场改造工程	火车站地区、人民医院、管局医院	综合执法局	2020	✓		✓				
	保护历史文化		三角地地区整治修复	结合老火车站,进行历史文化展示、优化景观环境,注入新的业态,打造活力地区	建设局、自资局	2020	✓	✓			✓	✓	
	塑造时代风貌		建国道建筑立面改造	包括建筑立面、广告牌、空调机位整治以及地面铺装、街道小品、街头绿化、垂直绿化等内容	建设局	2019		✓	✓				
社会治理	稳治安		电子监控智能化管理	统建楼小区试点、推广	公安局	2019	✓		✓				
	改旧区		统建楼小区改造提升	市政、公共设施、道路、停车、绿化、建设立面改造、智能化管理等方面	规划局、建设局	2019		✓					

14.4 实施情况

在黑臭水体整治方面,六干渠开展了河道清淤工作,并建设绿道慢行空间(图 14-15)。在公园建设方面,龙河中央公园以"新城客厅"功能为主,提升城南环境品质。在环城绿地中,朝阳森林公园一期建设正在进行,目前已初具雏形(图 14-16)。在社区公园建设方面,利用城市拆迁腾退地、边角地,推进"见缝插绿"行动,建设翰墨园、东安绿地两处社区公园。

图 14-15 六干渠底泥改良施工现场
来源:廊坊市自然资源和规划局

图 14-16 朝阳森林公园

在道路交通方面,推进新华路断头路打通工程,有效缓解银河路与和平路的交通拥堵问题。在老旧小区改造方面,对银河小区进行了建筑、路面、市政工程、路灯设施的改造工作。

本规划运用空间句法、词频分析等方法和 GIS 等工具,通过对体现市民诉求的多源新型数据进行分析,提出"三修"规划策略,建立了项目库和城市双修实施监控平台,取得良好的实施效果。

参考文献

[1] 宋小冬,丁亮,钮心毅."大数据"对城市规划的影响:观察与展望[J].城市规划,2015(4).

[2] 王鹏,袁晓辉,李苗裔.面向城市规划编制的大数据类型及应用方式研究[J].规划师,2014(8).

[3] 祝颖盈,刘畅,厉奇宇.城市双修背景下的景德镇陶瓷产业空间修补研究[C].2018 年中国城市规划年会论文集,2018.

[4] 周宣东,李玲,柏森.徐州市城市修补、生态修复的规划实践探索[J].江苏城市规划,2017(4).

15 上海嘉定老城风貌区城市更新规划*

项目负责人：阎树鑫**

项目组成员：李麟学　卓　健　李　甜　鲍洁敏

万智英　单云翔　张　典

15.1 项目概况

嘉定老城具有 800 年建县史，在整体风貌上仍较好地保留着"环形＋十字"的古镇格局，内有西门和州桥两个历史文化风貌保护区。嘉定老城现状以居住用地和公共服务设施用地为主，并通过横沥河、城中路-沪宜公路、博乐路-沪嘉高速等道路与南部新建城区紧密相连，是"嘉定新城"区域的重要历史人文发源地。

目前，老城作为地区中心，一方面需发挥其文化优势，在"新老联动"的格局下，形成与"教化之城"匹配的文化辐射作用和彰显"新旧融合"的城市整体风貌，另一方面亟需在城市定位提升、区域融合发展的要求下，通过渐进式的有机更新，满足居民对工作与生活环境品质的更高要求，打造今古辉映、人文教化的活力城区。

本次规划以嘉定老城为总体研究范围，规划面积约 3.92 平方千米，需整体考虑老城的空间形态、活力网络、人文风貌以及功能业态格局（图 15-1）。以西大街片区（18.7 公顷）、南门片区（28.89 公顷）和法华里地块（1.94 公顷）为重点设计对象，需明确"留改拆"措施，确定功能业态和风貌定位，优化城市空间形态，改善交通流线组织。同时，还需要对老城最重要的四条道路进行风貌塑造和环境品质提升。

15.2 古城整体更新五大策略

本次规划设计以系统性研究为基础，重点片区设计为核心，围绕整体风貌控制、功能业态提升、生活环境创优等发展目标，提出总体规划设计思路。在具体设计过程中，首先提出五大总体发展策略；其次以策略为统领，结合两个重点片区的现实基础，有序落实风貌、业态、交通、开放空间等发展计划；最后，以法华里地块的概念设计及重点道路的提升设计方案为后续项目落地提供可行的依据。

　＊　本案例获得"嘉定新城重点地区——嘉定老城风貌区国际设计竞赛"第一名。

＊＊　阎树鑫，上海同济城市规划设计研究院有限公司主任总工，社区规划与更新设计所所长、高级工程师。邮箱：108315549@qq.com。

图 15-1　嘉定老城鸟瞰图

15.2.1　古今融合的总体空间结构策略

　　注重老城历史风貌格局的延续,在保护的基础上更强调城市风貌的延续性发展以及对现代功能需求的适应,形成新旧融合、凸显人文特色的整体风貌意象结构(图 15-2)。

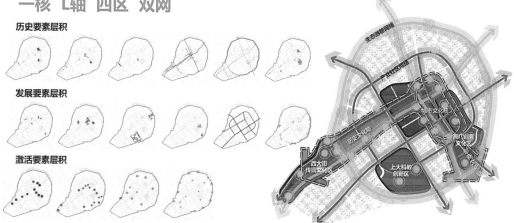

图 15-2　总体空间提升结构

15.2.2　创新文旅串联的黄金业态走廊策略

从西大街到州桥再到南门的 L 形走廊聚集了老城最重要的历史文化和公共服务资源，规划串联三个重点区域进行业态统筹布局，充分发掘、释放老城的发展潜力与机遇（图 15-3）。

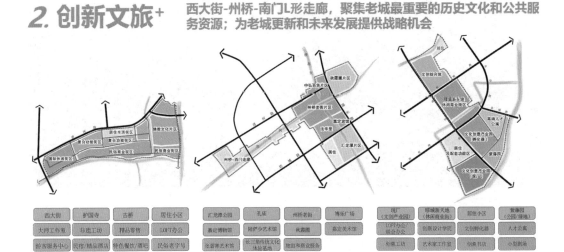

图 15-3　总体功能业态布局

15.2.3　慢行漫游的交通提升策略

基于高峰时段道路拥堵和核心区域停车困难两大老城面临的棘手问题，提出慢行漫游的解决思路，具体包括统筹停车、公交优先、慢行友好、限速分区四项具体措施（图 15-4）。

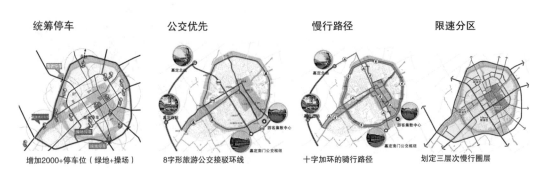

图 15-4　总体交通发展策略

15.2.4 乐育乐享的空间激活策略

在传承"教化嘉定"精神内核的基础上,本次规划设计提出对现代青年创业人群的吸引驻留、对周边社区学龄期子女家庭的文化熏陶,以及对旅游客群历史文化宣传等多重社群培育的新时代发展诉求;提出对六类文化活力空间进行激活,提升嘉定老城文化旅游与休闲的吸引力(图15-5)。

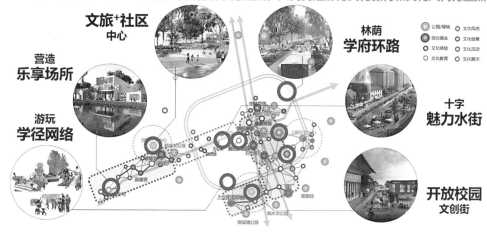

图 15-5　活力空间策略

15.2.5 典雅繁华的风貌融合策略

本次规划提出总体风貌新旧融合,街区风貌繁雅相彰,建筑风貌特色杂糅的总体发展目标与愿景,并从片区、街区和建筑三个尺度上进行深化,塑造嘉定老城独特的地方韵味和城市气质。总体提出八个不同类别的风貌分区,根据两大片区位置落实片区风貌的引导,以及根据建筑功能及管控要素对建筑风格的具体引导(图15-6)。

15.3 三个重点片区与四条风貌道路的更新方案

15.3.1 傍水双街——西大街片区详细设计

西大街片区位于西练祁河畔,古称"练祁市"。在历史上,街区因寺而聚、因商而兴、因教而盛,追根溯源可称之为"嘉定城之母"。

基于西大街历史风貌街区的空间管控要求、历史文化特色和时代诉求,提出在延续传统街巷肌理的同时,对历史河道清镜塘进行景观性恢复,形成一条与西门老街并行的西门

5. 典雅繁华 历史与现代共荣的总体风貌；商业繁华文艺典雅的街区风貌；特色凝练，杂糅辉映的建筑风貌

街区风貌引导

建筑风貌引导

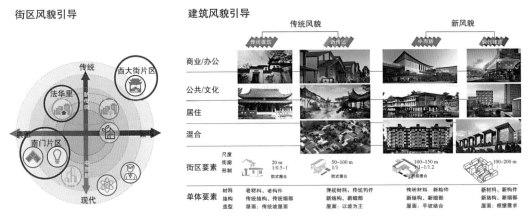

图 15-6　总体风貌策略

新街。在东西狭长的基地上，增加南北通路、西部连通轨交站点的步行系统；在更新路径上，提出保留活化、功能提升、局部更替、有序传承的设计思路，以新老两条商街动线为线索，串联五个主题功能，设置业态及活动激活节点（图 15-7，图 15-8）。

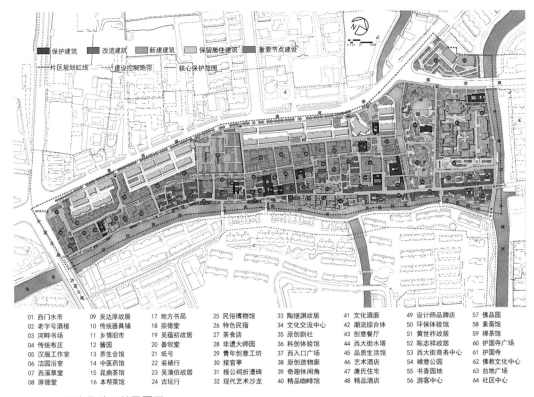

01 西门水市	09 吴达厚故居	17 地方书局	25 民俗博物馆	33 陶继渊故居	41 文化酒廊	49 设计师品牌店	57 佛品园
02 老字号酒楼	10 传统器具铺	18 崇德堂	26 特色民宿	34 文化交流中心	42 潮流综合体	50 环保体验馆	58 素斋馆
03 河畔书场	11 乡情旧市	19 吴蕴初故居	27 茶食店	35 原创街社	43 创意餐厅	51 黄世祚故居	59 禅茶馆
04 传统布庄	12 酱园	20 善牧堂	28 非遗大师园	36 科创体验社	44 品质生活馆	52 陈志祥故居	60 护国寺广场
05 汉服工作室	13 养生会馆	21 纸号	29 青年创意工坊	37 西入口广场	45 品质生活馆	53 西大街商务中心	61 护国寺
06 洁园浴室	14 中医药馆	22 装裱行	30 接官亭	38 原创造物廊	46 艺术酒店	54 禅意公园	62 佛教文化中心
07 西溪草堂	15 昆曲茶馆	23 吴清伯故居	31 报公祠折漕碑	39 奇趣休闲角	47 唐氏住宅	55 书香园地	63 台地广场
08 厚德堂	16 本帮菜馆	24 古玩行	32 现代艺术沙龙	40 精品咖啡馆	48 精品酒店	56 游客中心	64 社区中心

图 15-7　西大街片区总平面图

图 15-8 西大街片区表现图

15.3.2 有机织造——南门片区详细设计

南门片区为嘉定老城南部门户核心区,也是未来最具发展潜力的片区。现状四个街区建设于不同时期,具有鲜明的时代印记及功能特征。规划在此基础上,通过创新业态与商业文化活动的结合,以有机更新的手段打造四个主题鲜明的特色街区(图 15-9,图 15-10)。

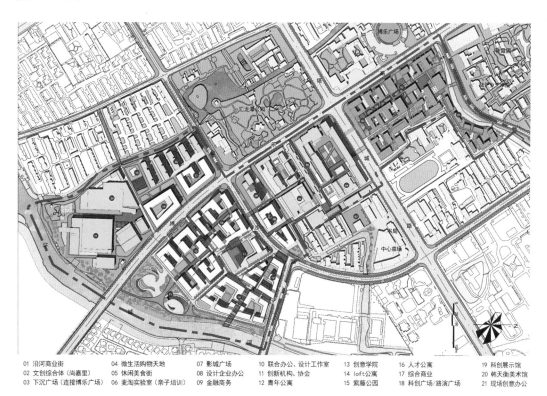

01 沿河商业街	04 微生活购物天地	07 影城广场
02 文创综合体(尚嘉里)	05 休闲美食街	08 设计企业办公
03 下沉广场(连接博乐广场)	06 麦淘实验室(亲子培训)	09 金融商务

10 联合办公、设计工作室	13 创意学院	16 人才公寓
11 创新机构、协会	14 loft公寓	17 综合商业
12 青年公寓	15 紫藤公园	18 科创广场/路演广场

19 科创展示馆
20 韩天衡美术馆
21 现场创意办公

图 15-9 南门片区总平面图

图 15-10　南门片区表现图

15.3.3　筑园相生——法华里地块概念设计

　　法华里地块北邻州桥老街，南接孔庙，是州桥历史街区南北轴线上的重要节点。本次概念设计以"秦家花园"复原图为蓝本，再现嘉定颇具代表性的园林建筑格局特色与风貌，建筑形式雅致、活泼（图 15-11）。

图 15-11　法华里地块概念设计

15.3.4 道路风貌——开放、共享、特色、活力

基于四条重点道路在各风貌片区的分布,提出特征段、融合段、一般段作为街道风貌控制总体原则;针对不同道路的沿街界面、口袋空间、沿街界面、慢行路径提出具体的更新提升方法,塑造开放的绿地空间、活力的业态节点、特色的门户形象、共享的街道空间(图 15-12)。

1. 博乐广场与尚嘉里整体联通,扩大过街面积
2. 自行车路增加识别性(文旅慢行环线)
3. 取消机非围栏栏障,更换为地面挡石
4. 增加前广场庇荫,提供驻留空间
5. 扩大地下空间,复合利用
6. 增加雕塑小品,提高识别度
7. 临街二层平台,多样空间体验/互动

图 15-12 博乐路更新提升设计

15.4 规划设计创新

15.4.1 创新 1:文化赋能——基于 HUL 方法的嘉定老城文脉传承模式

规划基于 HUL(历史性城镇景观)方法,提出嘉定老城的文脉传承模式(图 15-13)。历史性城镇是文化、自然、经济成果的历史层叠,强调在保护中重视发展,强化城市的时空多样性。通过在嘉定老城中挖掘其文化资源要素,认知这些不同类型的要素在嘉定老城的时空背景下所形成的内在关系与空间秩序,即嘉定老城的空间文脉结构,对后续城市空间的可持续发展与可识别性强化至关重要。

15.4.1.1 老城文脉传承模式

将文化资源要素按时序分为历史要素、发展要素和激活要素。历史要素主要包括现存的历史遗产、遗迹以及历史记忆等,发展要素指在城市后续更新发展中有重要空间文化意义的要素,激活要素则是指通过规划手段能够激发城市文化活力的要素。

空间文脉结构的组成部分主要包括活力片区(例如州桥老街、现厂创意园区等)、空间廊道(例如练祁河绿道、博乐路商业廊道等)以及城市节点(有空间文化意义的地标、节点,例如法华塔、博乐广场等)。

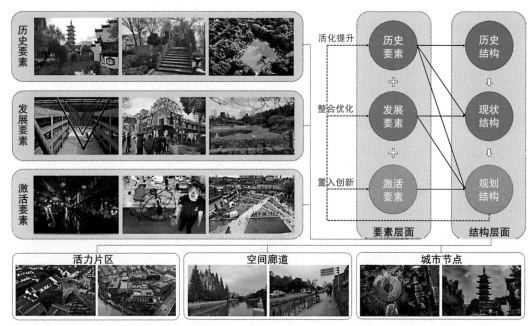

图 15-13　嘉定老城文脉传承模式

　　通过将历史要素、发展要素和激活要素层层叠入老城空间,并进行空间文脉结构分析,可以直观认知嘉定老城从历史结构到现状结构的演化过程,并最终生成规划结构(图 15-14)。同时,对不同类型的文化要素要采取相对应的规划策略:活化提升历史要素,整合优化发展要素,置入创新激活要素。

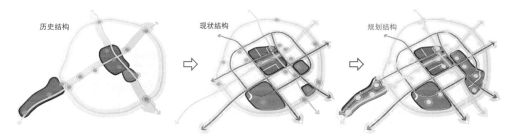

图 15-14　嘉定老城空间文脉结构演化示意图

15.4.1.2　四大类老城激活点

　　本次规划主要通过延续式、重组式、激活式三种方式将激活要素置入嘉定老城空间中,最终形成"记忆、产业、社区、环境"四大类老城激活点(图 15-15):

　　记忆激活点主要采用延续式激活方式,以历史要素为依托,以静态展示和活态体验相结合的方式延续嘉定老城的历史记忆和传统文化内核;

　　产业激活点主要采用重组式、植入式激活方式,以片区文化要素构成特点为导向,顺应时代发展趋势,注入创新发展动力,实现各片区产业业态差异化互补发展;

社区激活点主要采用重组式激活方式,以骨架路网为依托,整合周边社区公共资源,完善社区服务功能,提升社区文化活力;

环境激活点主要采用延续式、重组式激活方式,以历史水系和绿地开放空间为依托,强化城市"环形 + 十字"蓝绿空间体系,优化环境体验。

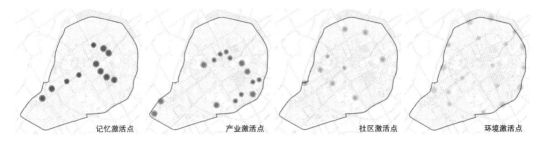

图 15-15　嘉定老城激活点分布图

15.4.2　创新 2:风貌延续——提出"协调区"作为新旧融合的策略工具

针对历史风貌区与现代城区建设发展割裂的问题,本次规划提出风貌"协调区"(coordinationarea)工具,它既可以作为一个城市设计空间管控区,也可以作为相关制度配套的政策区。

在具体内涵上,风貌协调区是指介于历史风貌区与近现代开发建设地块之间的连片的弹性控制区域,最小范围可以为毗邻历史风貌区的第一层及临街的建筑界面,更大范围可以为风貌区外围的第一层街坊或更多。本次城市设计提出风貌协调区以及风貌融合路段的范围,并针对这类区域和路段进行具体的设计引导。通过对风貌协调区的相关界面、建筑、景观要素的具体控制,实现从历史风貌区到外围一般风貌地区的有序过渡,实现新旧融合的风貌延续目标(图 15-16)。

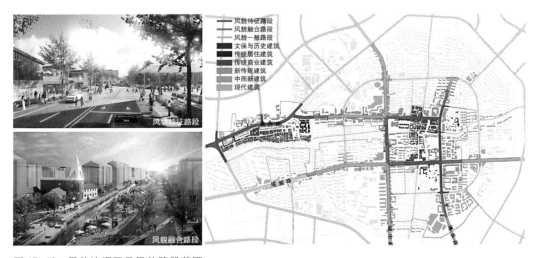

图 15-16　风貌协调区及风貌路段范围

此外,风貌协调区划定后可以配套相关的开发政策,如容积率奖励、空间共享共管条款等,也可以作为一般准则应用于其他具有同样新旧割裂的历史城镇区域。

15.4.3　创新3:设计方法——针对街道更新提出三阶次集成设计方法

嘉定老城风貌区的街道风貌提升是对街道微更新设计方法的一次集成式应用。本次规划提出三阶次设计方法,回答街道更新做什么、怎么做以及何时做这三个问题。

15.4.3.1　三阶次集成方法

三阶次集成方法的第一步,识别街道更新的三类重点:重要道路、路段及标识性节点。第二步,落实四类提升重点:以"界面开放、功能复合、慢行友好、休憩绿地"为街道品质提升的关键内容。第三步,更新实施层次。以补齐短板、提升品质、突出特色作为更新层次,结合项目实际情况指导方案设计,论证实施效果。

15.4.3.2　以清河路-梅园路交叉口设计为例

清河路-梅园路节点是位于嘉定老城历史风貌区边缘的交叉口之一,嘉鼎大厦是该交叉口上的标识性建筑。该交叉口周边用地多样、商业氛围较浓,是从州桥历史街区到西大街历史街区步行路径的关键节点。

在街道品质提升方面,通过在商业建筑前区增加活动空间、建筑立面增加门廊雨篷、塑造多种底层空间形式等措施,实现街道界面的开放;通过在该路段中丰富街道生活、提供教育服务等措施,凸显居住商业功能复合特质;通过将非机动车道路面铺地由灰色水泥路面改造成彩色沥青,强化慢行友好;通过将绿化隔离带单一绿篱改造成丰富的植物搭配,营造沿街休憩绿地。

该节点的改造提升在塑造城市形象、贯通慢行体系、优化机动交通、激活空间活力与绿地复合利用等诸多方面均具有突出价值。在更新层次上属于提升品质、突出特色,应随西大街片区更新的统筹实施项目(图 15-17)。

图 15-17　清河路-城中路交叉口节点改造鸟瞰图

15.4.4 创新4:更新实施——"政府适度干预"的"渐进更新"

在老城的更新实施中,以政府为主导,通过引入市场和住户等多种力量,形成"政府适度干预"的更新模式(图15-18)。以西大街为例,具体包括四种模式。

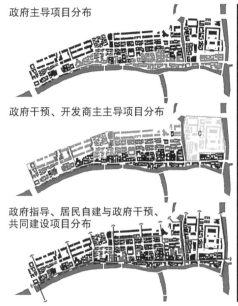

政府主导项目分布

政府干预、开发商主主导项目分布

政府指导、居民自建与政府干预、
共同建设项目分布

嘉定老城近期重点项目分布

危棚陋屋住区
机能衰退地区
景观冲突地区

图15-18 西大街片区更新模式示意图

(1)政府主导,主要针对公共性项目,如名人故居的更新利用,文保单位、区级不可移动文物、优秀历史建筑的修缮,主要街巷道路的梳理,沿街立面改造和区域性市政基础设施的接通与完善等。

(2)政府干预、开发商主导,主要针对以经营性目的为主的地块更新,包括商业地产项目、盈利性文化项目和旅游项目等。

(3)政府指导、居民自建,主要针对私房,基础设施入户和住房的修缮工作,可充分发挥个人住户的能力,提倡私房自建。

(4)政府干预、共同建设,主要针对公房,可通过引入开发商、个人和住户等多种责任主体进行共同建设,发挥市场机制作用。

在更新时序安排上,通过"渐进更新"的方式,逐步实现更新目标。以城市局部更新为主,兼顾整体统一。近期集中力量解决迫切需要改善的矛盾,重点关注民生问题,如加快建设老城的危旧住房地区、机能衰退地区和对老城风貌有重大影响的区域,远期逐步实现嘉定老城的全面更新。

参考文献

［1］上海市嘉定区人民政府,上海市规划和自然资源局.上海市嘉定区总体规划暨土地利用总体规划(2017—2035)［S］.2019.

［2］上海同济城市规划设计研究院.上海市嘉定西门历史文化风貌区保护规划［S］.2015.

［3］上海同济城市规划设计研究院,上海市嘉定区规划和土地管理局.嘉定城北地区行动规划(2010—2015)［S］.2010.

［4］联合国教科文组织.《关于历史性城镇景观(HUL)的建议书》在中国的实施——上海议程［R］.2015.